MANUEL QUIRÓS HERNÁNDEZ

Tecnologías de la Información Geográfica (TIG)
Cartografía, fotointerpretación, teledetección y SIG

VOL. I

EDICIONES UNIVERSIDAD DE SALAMANCA

MANUALES UNIVERSITARIOS, 86

©
Ediciones Universidad de Salamanca
y el autor

2.ª edición: septiembre, 2017
ISBN: 978-84-9012-798-8 (Obra completa en POD)
ISBN: 978-84-9012-799-5 (Vol.I en POD)
ISBN: 978-84-9012-800-8 (Vol.II en POD)

Ediciones Universidad de Salamanca
Plaza San Benito, s/n
E-37002 Salamanca (España) - http://www.eusal.es
Correo electrónico: eus@usal.es

Realizado en España - Made in Spain

Composición: Cícero S.L.
Teléfono: 923 60 21 64
Salamanca (España)

♠

QUIRÓS HERNÁNDEZ, Manuel

Tecnologías de la Información Geográfica (TIG) : cartografía, fotointerpretación,
teledetección y SIG / Manuel Quirós Hernández.—
1a. ed.—Salamanca : Ediciones Universidad de Salamanca, 2011
.—(Manuales universitarios ; 86)

1. Geografía-Tecnología de la información.

007.5:91

ÍNDICE

VOL. I

VOL. II

PRÓLOGO

La geografía atraviesa de lleno nuestras vidas. Espacio y lugar son coordenadas físicas que la presencia y actividad humana han trasformado desde fechas remotas en *oikoumene o ecúmene*. De ello nos hablaron en sus periplos hace más de dos mil años Herodoto, primero, y Estrabón, después. Mientras se avanzaba en el descubrimiento de mares y tierras lejanas o en el movimiento de los astros, Eratóstenes de Cirene nos midió con cierta exactitud los parámetros fundamentales de la Tierra, incorporando al conocimiento del mundo las nociones de latitud y longitud que enmarcarán desde entonces las referencias geográficas y nuestro propio devenir. Los mapas se convertirán con el Atlas de Ptolomeo en la síntesis más preciada para conocer y recorrer el mundo desde el siglo II hasta prácticamente el siglo XV. En La Biblioteca Antigua de la Universidad de Salamanca se custodia una magnífica copia de 1456, que nos resume con gran belleza las herencias cartográficas del pasado y la concepción del mundo en esos momentos. Las cosmografías estaban llenas de dudas y entreveradas por la mano de la divinidad. Luego vendrá el descubrimiento del Nuevo Mundo, la revolución copernicana y el desarrollo de la cartografía moderna, favoreciendo con informaciones geográficas más precisas a las monarquías absolutas en la dominación de sus reinos e imperios e impulsando las rutas mercantiles y el control de los recursos naturales.

En el cuadro *El geógrafo*, pintado por Jan Vermeer en torno a 1668, junto al paralelo del *Astrónomo*, se nos representa precisamente el cambio de paradigma en las ciencias, y se deduce el significado de los mapas como fuente de conocimiento y de riqueza. Hoy, la información cartográfica digitalizada y la capacidad de los ordenadores personales nos acercan con facilidad a esos dominios y datos ayer reservados a servicios especializados y a los estados mayores. Sin embargo, no es fácil manejar con delicadeza y con sabiduría cartográfica la complejidad de las informaciones espaciales que nos llegan. La banalización virtual de la realidad como objeto de consumo es un riesgo que nos conduce al desinterés y alejamiento de los problemas territoriales De ahí la oportunidad de este tratado sobre TECNOLOGÍAS DE LA INFORMACIÓN GEOGRÁFICA (TIG) de Manuel Quirós porque sabe unir, no sin esfuerzo personal e intelectual, la tradición geográfica y sus métodos con los nuevos instrumentos de información y análisis, integrando en el texto campos de las Ciencias de la Tierra y de la Informática que habitualmente aparecen dispersos o de manera muy fragmentada en manuales específicos sobre fotografía aérea, sobre teledetección o más recientemente sobre sistemas de información geográfica (SIG). El propio índice nos ilustra acerca de las virtudes que encierra el libro ya que los contenidos se ofrecen de una manera jerárquica y gradual, sabiendo que las proporciones y escalas están en la base de la representación cartográfica y del conocimiento geográfico.

El mapa, si sabemos leerlo inteligentemente y con rigor, nos interpreta y nos acerca a la realidad topográfica y a sus formas de ocupación. Se convierte en un compañero y amigo que nos ayuda a entender y a explicar el entorno inmediato y el más lejano. También a plasmar en él con exactitud y con sentido integrador y simbólico nuestros propios conocimientos o nuestras propuestas de intervención a diferentes escalas. Estos valores justifican su doble función actual: representación y conocimiento de la realidad, y transformación de la misma a partir de la toma de decisiones sobre el territorio.

No es extraño que este sentido pragmático, aplicado por diferentes entes, por instituciones públicas, o por corporaciones privadas y grupos de interés económico, haya convertido el manejo de los mapas, de la documentación aérea y de los sistemas más sofisticados de información geográfica en una verdadera *estrategia y cartografía del poder*. Pero también, si escudriñamos con imaginación y curiosidad, un buen mapa topográfico nos puede llevar a un mundo soñado y fantástico. Detrás de un hermoso topónimo o de un vértice geodésico cimero pueden encontrarse realidades nunca imaginadas. Y estamos, creo, muy necesitados de ellas.

Quien maneje este libro desde el aprendizaje y la especialización hallará, ciertamente, herramientas epistemológicas y metodológicas que, acompañadas de ejemplos prácticos, guían al estudiante y al experto en la adquisición de los fundamentos de la representación cartográfica y en el buen manejo de técnicas de interpretación y análisis de las imágenes aéreas y de satélite o de los programas más contrastados y recientes relacionados con la cartografía digital. Esta labor requiere de perseverancia, curiosidad y gran capacidad de relación. En un paisaje y mundo globalizado, profundamente fracturado y en diáspora continua, la cartografía se ha convertido en una enseñanza y conocimiento transdisciplinar que afecta en la práctica a toda la sociedad y a un colectivo muy amplio de profesionales entre los que cabe mencionar a geógrafos, ingenieros, arquitectos, etc.; en los últimos años, desde otras miradas sociales o desde la preocupación ambiental colectiva, nos enfrentamos a desafíos gráficos y cartográficos que deben tratar y recoger elementos y dinámicas que nos plantean problemas específicos de representación y de comunicación. La información temática y aplicada se multiplica. Cada día estamos más necesitados de buenas imágenes cartográficas sobre el espacio y el territorio. Son retos académicos y sociales frente al caos de la desinformación, frente al olvido premeditado de gentes y territorios, o frente al texto desnudo y aparentemente aséptico. No podemos concebir el tiempo y la historia, o los problemas socieconómicos y ambientales actuales sin verdaderas referencias espaciales.

En este manual encontramos las respuestas adecuadas, pues el rigor científico se compagina equilibradamente con formas pedagógicas asequibles y atractivas, que permiten la formación y preparación de «habilidades y competencias» profesionales y el fortalecimiento de sus capacidades para enfrentarse a la tarea de entender y explicar el territorio. Gestionarlo y ordenarlo de forma racional, sostenible y equitativa depende más bien de la sensibilidad civil y de la acción pública, aunque las TECNOLOGÍAS DE LA INFORMACIÓN GEOGRÁFICA (TIG) y los buenos mapas pueden contribuir decisivamente a la coherencia de las decisiones y al respeto de nuestro patrimonio natural y cultural. Manuel Quirós ha compartido con nosotros inquietudes científicas y sociales durante los últimos años, dedicándose a desentrañar con paciencia y precisión los pormenores de la cartografía y de las tecnologías de la información a los alumnos de Geografía y de Ciencias Ambientales. Lo ha hecho desde su experiencia profesional fuera de la universidad, y ha sabido incorporar los últimos avances y conocimientos a su trabajo, manteniendo siempre una sensata discreción en su quehacer y en su relación con los alumnos. Ahora, cuando se despide de la vida académica, buena parte del bagaje acumulado en estos años queda tejido generosamente y con seriedad en este libro, al que le deseamos y auguramos un largo periplo.

VALENTÍN CABERO DIÉGUEZ
Catedrático de Geografía
Universidad de Salamanca

PRESENTACIÓN

La extensión desde la Geografía del conocimiento de la realidad espacial y de su creciente utilidad social, económica y política ha adquirido en nuestros días una importancia básica para cualquier tipo de disciplina científica, de actividad económica y de profesión. Sin embargo, las claves de los lenguajes de representación gráfica de esta realidad espacial, de los conceptos en los que se basan, así como de los instrumentos que permiten los análisis para el manejo del espacio geográfico no se han extendido entre la población general de acuerdo a esta importancia. Cuanto más frágiles son las relaciones tecnológicas, económicas y políticas de las sociedades humanas con sus respectivos territorios y su medio ambiente, hasta llegar hoy a producir impactos generales planetarios, más necesarios son los medios informáticos avanzados de gestión espacial, de modelización y simulación y los métodos de análisis complejos espaciales basados, por ejemplo, en la Geoestadística. Todos ellos van constituyendo cuerpos epistemológicos coherentes que incorporan técnicas y métodos clásicos y antiguos como la *Cartografía*; modernos como la *Fotointerpretación* de las fotografías verticales aéreas captadas desde aviones; o contemporáneos, como la *Teledetección* desde los satélites artificiales y los *Sistemas de Información Geográfica*. El conjunto de todos ellos es lo que actualmente se conoce como TECNOLOGÍAS DE LA INFORMACIÓN GEOGRÁFICA (TIG).

La utilización cada vez más extendida de los ordenadores y de las informaciones procedentes de las radiaciones que refleja y emite la superficie terrestre que son captadas por los sensores de los satélites artificiales, puestos en órbitas alrededor de la Tierra a tal fin, ha hecho que los científicos y profesionales, sean cuales sean sus profesiones y disciplinas científicas siempre que sus objetos de estudio tengan una distribución y un desarrollo sobre la superficie terrestre, se hayan transformado *de simples usuarios de los mapas* producidos por los cartógrafos, que no necesitaban para su uso muchos conocimientos de los conceptos necesarios para su elaboración, *a productores de mapas* en los que se vierten sus conocimientos y análisis, que sí necesitan ya conocer con cierta profundidad todos los métodos cartográficos.

Además, la extensión acelerada de la Geomática, que funde la Geografía con la Informática y más en general las Ciencias de la Tierra con la Informática –como antes hicieron la Telemática (información e informática a distancia), la Ofimática (oficinas de administración y gestión e informática) o la Domótica (hogar e informática)–, hace cada vez más complejos los análisis espaciales; y hace aparecer a los científicos y profesionales como especialistas que se mueven entre dos mundos: el real del espacio geográfico y el virtual tecnológico. La labor de relacionar estos dos ámbitos, más o menos paralelos, ha dado lugar a lo que se conoce como Geomediación, campo de la Geografía que se desarrolló a partir de la constitución del Grupo de Trabajo de Geomediación de la Asociación Alemana de Geografía Aplicada (a la planificación espacial), quienes crearon los GeoMed (–*geomediation on line*– sistemas de mediación geográfica) orientados a la evitación de tensiones entre grupos humanos en relación con el territorio. Con ellos se pretende hacer los procesos de planificación más transparentes, facilitando la participación pública y la cooperación entre los distintos planificadores, expertos y comunidades; de modo que se eviten o resuelvan fácilmente los conflictos de intereses y se consiga una planificación urbana y regional más eficiente: una suerte de «e-gobernanza». Por todo esto, la Geomediación requiere una visión global basada en conocimientos no sólo tecnológicos y geográficos, sino también conocimientos de Sociología, Ecología, Economía, Antropología, etc., e incluso de Humanidades.

El desarrollo de esta ciencia de la información espacial (*science geomatique*) recoge el tratamiento de los datos en las geodatabases –incluidos los mapas tradicionales mediante su digitalización–, el posicionamiento global de los atributos espaciales (obtenido mediante GPS, Galileo, etc.), la percepción remota o teledetección (*remote sensing*), la fotogrametría, la cartografía automatizada y los sistemas de información geográfica (GIS en sus siglas en inglés).

Hoy no es fácil encontrar alguna publicación general en la que se encuentre una descripción amplia de cada uno de los métodos y técnicas desarrollados por cada una de las partes constituyentes de las TIG. Lo habitual es tener que manejar distintos manuales, artículos u otras publicaciones de Cartografía por un lado, de Fotointerpretación por otro, de Teledetección o de Sistemas de Información Geográfica separadamente. Esta carencia editorial ha animado a la elaboración de este tratado conjunto de todas ellas. De manera que cualquier profesional, estudioso o curioso de cualquier campo tenga en un único objeto de lectura la información y los conceptos necesarios para interpretar o elaborar las expresiones gráficas del conocimiento espacial más actualizado.

Está estructurado en cuatro bloques temáticos que siguen un orden temporal, en cuanto a la antigüedad y desarrollo histórico de sus conceptos y técnicas: el primero es el de la Cartografía en el que se pueden encontrar los conocimientos básicos para la lectura, interpretación y elaboración de los mapas, muchos de ellos procedentes de la Antigüedad y que aún nos sirven: existen mapas desde prácticamente los comienzos de la Historia. El segundo es el de la Fotointerpretación de las fotografías aéreas que nos permite analizar a gran escala la evolución de los territorios desde finales del siglo XIX. El tercero es el de la Teledetección que, a su vez, proporciona las claves para interpretar y analizar a cualquier escala la información espacial suministrada por los satélites artificiales y aviones, desde los años 60-70 del siglo XX. Y, por último, el cuarto es el de los Sistemas de Información Geográfica que permite un primer acercamiento a los programas informáticos de análisis espacial y de elaboración de mapas digitales actuales.

Una larga trayectoria académica y profesional del autor le ha llevado al uso intenso de estas herramientas en sus actividades de Ingeniería de Telecomunicación, diseñando proyectos de telefonía móvil, sistemas de fibra óptica, transmisión de datos, etc. por un lado; y, por otro, en las de su vertiente de geógrafo, impartiendo docencia universitaria de estas materias en facultades de Geografía y de Ciencias Ambientales. Esta suerte de encrucijada de técnicas, métodos y aplicaciones concurrentes le ha dado una visión global de estas tecnologías que ahora se vierten en este tratado. Esto también ha hecho que su elaboración se haya visto orientada por una vocación de aplicación de los conceptos, que se materializa en la incorporación de ejercicios prácticos.

INTRODUCCIÓN GENERAL

Siempre y en todo lugar ha existido una visión etnocéntrica del mundo conocido. De esta característica humana surge el concepto de *descubrimiento geográfico*, en el que se encierran dos aspectos de la relación entre los pueblos que explotan y habitan los distintos espacios geográficos: por una parte, el de quienes emprenden la acción del viaje exploratorio y del acto de descubrir; y, por otra, de quienes son y se sienten descubiertos. Debería darse un descubrimiento mutuo, pero en realidad se producen dos actitudes bien distintas ante lo que deberíamos calificar como un *encuentro*: una es la activa de los descubridores; otra es la pasiva que sostienen los descubiertos.

Los primeros poseen todas las bazas del dominio; es decir, el conocimiento directo de la realidad espacial y social del otro pueblo: conoce y descubre, mediante sus propios modelos sociales, una realidad sin posibilidad de ocultación por los segundos. Éstos, a su vez, sólo pueden conocer a los pueblos de los que proceden los descubridores a través, también, de las referencias que éstos quieran dar de su pueblo y su territorio.

Así pues, el *dominio* proviene y se basa en que los dos pueblos se conocen mutuamente a través de los modelos sociales y las referencias del pueblo descubridor. Por eso, una vez que se extendió el Colonialismo, los pueblos que lo sufrieron trataron de *ocultar* los aspectos más vitales de sus sociedades y territorios.

Todo lo expresado hasta aquí está fundamentado en algunas ideas, como las del pueblo guaraní que rezan máximas como: «Esconde a tu Dios para que no pierda su fuerza», «Esconde tu tierra para no perderla», o «Conoce la de tu vecino para dominarla».

Hay un párrafo en la obra *La muralla china* de Franz Kafka que, aunque algo largo, voy a citar:

> ¿De quién debía protegernos la Gran Muralla? De los pueblos del Norte. Soy de la China Sudoriental. Ningún pueblo del Norte puede amenazarnos aquí. Leemos acerca de ellos en los libros antiguos; y bajo nuestras plácidas glorietas, los horrores que cometen nos hacen gemir. En los cuadros de los artistas, fieles a la realidad, vemos estos rostros de maldición, desmesuradamente abiertas sus fauces, los dientes prontos a desgarrar y triturar; los ojos ya bizqueando hacia el botín. Si los niños se portan mal, les mostramos estas figuras; llorosos se nos arrojan al cuello. Pero eso es todo cuanto sabemos de los nórdicos. Nunca los hemos visto y si permanecemos en nuestra aldea no les veremos jamás, por más que fustiguen sus salvajes caballos y corran a nuestro encuentro... El país es demasiado extenso y no los dejaría llegar... Por más que corran se perderían en el aire...

Éste es el espíritu más común ante lo ajeno por parte de los que no salen a descubrir. Y muestra clara de un *colonialismo espiritual interno* en cada pueblo que sirve para someterse ante el que llegue.

Por otra parte, todo lo anterior es transferible a un orden de magnitud individual: sólo podemos definir lo que conocemos profundamente o lo que dominamos, porque lo transformamos a nuestro mundo conocido. Su demostración más palpable nos la suministran los *mapas mentales individuales*. Se puede hacer la prueba con cualquier persona: pedirle que dibuje, sin consultar ninguna fuente, un mapa de su ciudad. Podrá comprobarse que las calles en las que vive y por las que más transita suelen estar dibujadas con un tamaño mayor y con mayor precisión y detalle. El tamaño expresa una valoración del espacio. El espacio puede y de hecho es valorado como cualquier otro *producto social*. De ahí su papel actual y fundamental como *mercancía*.

Estas ideas se fundamentan también sobre el hecho de que el mayor desarrollo científico de la Cartografía ha sido producido siempre y en primer lugar por los *ejércitos* de cada pueblo o país. El espacio ha sido siempre un factor muy claro de expansión y dominio para unos, y de defensa y ocultación para otros. Entre ambos factores se entreveraban los juegos del espionaje.

Estos rasgos subjetivos –en todos los niveles étnicos e individuales– se reflejan en la manifestación gráfica del conocimiento del espacio.

La Cartografía es un lenguaje para la comunicación de las experiencias espaciales que, debido a su finalidad más expresa, está *escrito* en claves, signos y símbolos cuyo significado no es explícito[1]. Ha sido un *lenguaje* muy poco difundido, incluso en muchos casos secreto, hasta que el dominio espacial ha adquirido presupuestos y técnicas más abstractos, menos directos de los que empleaba durante las etapas del Colonialismo, tales como la amenaza nuclear, la amenaza del terrorismo, las técnicas de manipulación de los medios de comunicación o la publicidad encubierta que adquieren progresivamente una cobertura mundial. Así se está llegando a conseguir el dominio sobre los hombres sin la necesidad de dominar directamente los territorios que habitan. Dominar el espacio geopolítico era básico para la obtención de recursos y bienes ajenos territoriales; pero dominar a los pueblos y personas que los explotan directamente en sus propios territorios era y sigue siendo fundamental en el neocolonialismo que ha devenido en *Globalización*, para conseguir con muchos menos medios lo que realmente interesa: los recursos ajenos y sus mercados. Esto hace que no sólo no importe ya la extensión del conocimiento de las técnicas cartográficas, sino que se fomente.

En todo caso, se mantienen inercias de los juegos de ocultación versus desvelamiento. La misma disposición de los elementos del espacio geográfico que dependen directamente de la actividad y de la voluntad humana tiene un diferencial sentido de ocultación. Por ejemplo, compárese la estructura espacial simple, rectilínea, cuadrangular y repetitiva de una ciudad a otra –al margen de su localización en las áreas urbanas de menor valoración social y ambiental (espacios con las máximas pendientes, zonas más cálidas o frescas, según se trate, etc.)– de cualquier barrio obrero en cualquier ciudad, con la de sus espacios urbanos de la más alta valoración social, constituidos por urbanizaciones de lujo de trazado irregular, con un callejero que traza curvas sinusoidales, viviendas ocultas por la vegetación y glorietas de formas excéntricas, en las que los ajenos a ellas se sienten perdidos como en un laberinto; al margen de los factores directamente disuasorios como perros, guardas, barreras, garitas, etc., que simplemente impiden pasear por ellas.

Se puede concluir diciendo que el mayor dominio del espacio lo proporciona su conocimiento. Y que el conocimiento global del espacio no lo da nunca la visión individual, propia y personal, sino, o bien la colectiva de muchos observadores con muchas observaciones, o la más objetiva que proporcionan las fotografías aéreas y las imágenes de los satélites que proporciona la teledetección; pero siempre plasmada en los mapas. La difusión del conocimiento de su lenguaje es lo que se pretende, para que cuanto más conozcamos el espacio geográfico entre todos, menos dominable resulte para unos pocos: repartir el conocimiento del espacio para repartir el poder de utilizarlo de un modo sostenible.

La máxima que dice *información es poder* tiene su plena traducción en la que podemos formular como: *información espacial es poder territorial*. Esta idea es la que quizás deba servir para suministrar una herramienta más –seguramente una de las más importantes– que nos permita llegar a ser mujeres y hombres libres.

---

[1] *Símbolo*: cosa que representa convencionalmente a otra o a una idea, por ejemplo, la azucena a la pureza, la paloma a la paz o la moneda al valor. El término griego (σύμβολον) alude a una tablilla de hospitalidad que, rota en dos partes, se entregaba una de ellas al amigo extranjero para que él mismo o sus descendientes la pudieran exhibir a modo de salvoconducto de reconocimiento. *Signo*: señal, número o letra, pero sobre todo dibujo que no sea número o letra, que representa convencionalmente algo.

CAPÍTULO I
CARTOGRAFÍA

OBJETIVOS

- Dominar el espacio geográfico que siempre supera la percepción directa.
- Objetivar la percepción individual que siempre es parcial y se somete a la limitación del *punto de vista*.
- Adquirir un lenguaje gráfico para la comunicación e intercomunicación de las propias experiencias espaciales.
- Facilitar una herramienta que ponga en relación la realidad geográfica con la abstracción conceptual de los modelos científicos.
- Manejar las técnicas de traducción del lenguaje cartográfico plano bidimensional al tridimensional.

INTRODUCCIÓN

Desde el punto de vista etimológico el término Cartografía está constituido por la fusión de dos términos: *Carta* y *Grafía*.

Según el Diccionario de la Lengua Española de la Real Academia Española de la Lengua, se define la entrada *Cartografía* en su primera acepción como «Arte de trazar cartas geográficas» y en su segunda acepción como «Ciencia que las estudia».

Siguiendo las definiciones de este diccionario de referencia de nuestra lengua, nos encontramos que *Carta* en su 6.ª acepción viene definida como «Mapa de la Tierra o parte de ella». El término *Mapa* –que procede del latín «mappa»–[2] se define, en su primera acepción,

como «*Representación* geográfica de la Tierra o parte de ella en una superficie *plana*»; y en su segunda acepción como «Representación geográfica de una parte de la *superficie terrestre* en la que se da información relativa a una *ciencia determinada*: mapa lingüístico, topográfico, geológico, demográfico, del ocio, etc.». Es decir, se trata pues, por una parte, de una *representación* y, por otra parte, de una representación *selectiva*.

El término *Grafía* que procede del griego γραφωσ (grafós): escritura o modo de representar los sonidos, y aún más de γραφισ (grafía) que se traduce por descripción, tratado, escritura o *representación con imágenes y líneas*, viene a expresar una ausencia del objeto, una representación de algo que no está presente, que no se produce en este momento delante de nosotros, o es inabarcable por su tamaño, lejanía, complejidad, etc.

[2] Mappa: toalla, plano con textura y forma de toalla de una finca rústica.

Puede decirse que un mapa es una *representación simbólica de una selección* de los elementos constituyentes del espacio geográfico. Es un instrumento diseñado para el registro, el cálculo, la exposición, el análisis y, en general, *para la comprensión* de los hechos geográficos en sus relaciones espaciales. Su función principal es facilitar la visión de las cosas.

Así pues, la Cartografía es una disciplina que se dedica al diseño de métodos, técnicas y acciones encaminadas a la elaboración de mapas; así como a su propia utilización y manejo para captar y comprender la realidad de un territorio. El territorio produce lo que podemos denominar un *bucle cartográfico*: desde el territorio se forma su descripción gráfica, materializada en un mapa que, a su vez, permite la comprensión de dicho territorio. El mapa facilita la comprensión de los fenómenos, de los hechos y de los objetos geográficos que se producen sobre la superficie de la Tierra, tanto los de índole natural como humana, y de sus interrelaciones y causalidades espaciales.

Fernand Joly, de la Universidad de París, define mapa como «Representación geométrica plana, simplificada y convencional de toda o una parte de la superficie terrestre con una relación de similitud que se denomina escala». Mediante su análisis esta definición nos permitirá un acercamiento conceptual introductorio:

a) *Es una representación geométrica plana*: Es decir, sobre un plano bidimensional, como una hoja de papel o la pantalla del monitor de un ordenador. Esto nos lleva a la gran dificultad en Cartografía que supone el paso de una superficie curva y rugosa, como es la de la superficie terrestre, a una superficie plana.

* En primer lugar es necesario definir exactamente la forma del planeta: este es el objeto de la *Geodesia* (del griego γεωδεσια) ciencia matemática que tiene por objeto determinar la figura y magnitud del globo terrestre o de una gran parte de él mediante *métodos directos*[5]. La Tierra es un cuerpo sólido que no se parece a ningún otro. Es un geoide asimilado a un elipsoide de revolución

sobre su eje menor. Según la Asociación Internacional de Geodesia (1967) su eje mayor mide 6.378.000 metros y el menor 6.357.000 metros, lo que produce una relación de aplanamiento (achatamiento = R-r/R) de 1/298,25.

* Una vez definida la forma y tamaño de la Tierra, la gran dificultad es el traslado de los rasgos del territorio existentes sobre el elipsoide hasta el plano, porque obliga a romper o a deformar tal elipsoide. Este traslado se realiza mediante los sistemas de proyección geométrica que pretenden reducir al mínimo las deformaciones que se introducen con estas operaciones de traslado y mantener al máximo las relaciones topológicas y geográficas de la realidad; así como permitir mediciones equivalentes a las realizadas sobre el terreno real.

b) *Es una representación simplificada y convencional*: Un mapa, incluso el más detallado de los planos, está siempre simplificado. Representa datos que han sido elegidos en función de la utilización a la que vaya a ser destinado. Siempre es una *imagen incompleta* del terreno. Forzosamente para su realización, y siguiendo determinados criterios, el cartógrafo ha de realizar una selección y elección de los objetos que se representarán y de aquellos que no aparecerán en el mapa. Así pues, un mapa es una construcción, subjetiva en cierto modo, realizada según normas más o menos convencionales, que permite traducir los objetos geográficos a símbolos y signos, siguiendo algunos criterios de la semiología o semiótica gráfica. Siempre se produce un compromiso entre el tamaño del mapa y la selección de los objetos representados, con objeto de obtener como resultado la generalización o esquematización razonada y razonable de los detalles más significativos del terreno real.

c) *Es una representación de toda o una parte de la superficie terrestre*: Algunas proyecciones permiten la representación de toda la Tierra, pero un mapa para ser manejable debe tener unas dimensiones reducidas.

---

[5] La ciencia que pretende definir la figura y dimensiones de la Tierra mediante métodos indirectos es la Geofísica.

Por eso, cuanta más extensión superficial de la realidad cubran y representen, menos precisos son[4].

La solución de compromiso entre las dimensiones de los mapas y la cantidad de la superficie terrestre que representan viene dada por los **Atlas** o colecciones de mapas divididos en hojas y encuadernadas con un formato de libro.

d) *Es una representación con una relación de similitud llamada escala*: La escala es la relación de semejanza que se establece entre las dimensiones reales de la Tierra y las de su imagen o imágenes sobre el mapa. Esta relación se pretende que sea constante entre las distancias lineales medidas sobre el mapa y las medidas sobre el terreno.

Relación = A (mapa)/B (terreno). En el numerador aparece la unidad de medida sobre el mapa y en el denominador el número de dichas unidades de medida que se corresponden en el terreno. Por ejemplo, en el mapa de escala 1/50.000 un milímetro en el mapa se corresponde con 50.000 mm (50 metros) en el terreno y un centímetro equivale a 500 metros en el terreno. Por lo tanto, cuanto mayor sea el denominador, la escala será menor.

Cuando un mapa es copiado o reproducido en su totalidad (mediante fotografías, fotocopias, escaneado, etc.) y, sobre todo, cuando se selecciona sólo una parte del mismo para reproducirla, generalmente se producen cambios de escala en proporciones muy difíciles de precisar. Por eso, para evitar distorsiones en la escala se suele acompañar al mapa de su *escala gráfica*. De modo que los cambios en las dimensiones del mapa también afectan, en igual medida, a su escala gráfica. De no existir ésta, es decir, sólo con la escala numérica, cualquier cambio de tamaño del mapa haría perder su escala, y se volvería inservible su reproducción. Además

la escala gráfica hace mucho más cómoda la toma de medidas rectilíneas directas, por ejemplo, con un compás de puntas.

Todo mapa comprende dos características básicas de la realidad: los *atributos* territoriales cualitativos y cuantitativos espacialmente diferenciales, y sus *localizaciones* concretas en el espacio. Ambas características se relacionan entre sí produciendo relaciones horizontales (entre distintas localizaciones, sin considerar atributos; o entre atributos sin considerar sus respectivas localizaciones) y verticales (entre distintos atributos en una misma localización). Sus distribuciones espaciales se reflejan en los mapas.

La Cartografía debe ser considerada como una actividad que requiere un largo proceso cuyas principales fases son:

1.ª La recogida y selección de los datos para la realización del mapa.

2.ª La manipulación y generalización de los datos con apoyo en elementos tecnológicos y en el diseño gráfico para su representación.

3.ª La lectura del mapa sobre bases artísticas, semiológicas y de comunicación.

4.ª La respuesta e interpretación del lector del mapa desde el que deduce nuevos conocimientos.

Con lo hasta aquí afirmado se puede aproximar ya una definición más precisa de *Cartografía*, diciendo que es *el conjunto de acciones científicas y técnicas realizadas a partir de observaciones directas e indirectas (estas últimas bien documentadas) de la realidad espacial para la producción de mapas y planos; así como para la utilización de los mismos como fuente de información geográfica*. Porque los **mapas** son *instrumentos diseñados para el registro, cálculo, exposición, análisis y, en general, para comprender los hechos en sus relaciones espaciales*. Sirven para facilitar la visión de las cosas y el mejoramiento del conocimiento geográfico de quienes los consultan. Y, aunque son muy diversos entre sí, los métodos cartográficos utilizados son semejantes y sus características recogen siempre dos elementos básicos de la realidad: las localizaciones (posiciones en un espacio bi- y tri-dimensional) y los atributos

---

[4] Salvo que se pretenda la «boutade» literaria de Jorge Luis Borges, uno de cuyos personajes cartógrafos deseaba realizar un mapa tan preciso y detallado que acabaría ocupando toda la extensión del país que pretendía representar.

cualitativos y cuantitativos asociados a ellas. Es una disciplina que es considerada, a la vez, una ciencia, una técnica y un arte.

EVOLUCIÓN HISTÓRICA
DE LA CARTOGRAFÍA

– Desde la Prehistoria se ha mantenido un deseo constante de conservar memoria de lugares y direcciones útiles a los fines activos de los hombres.

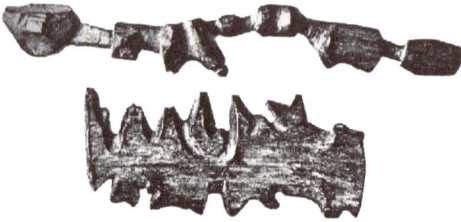

FIG. 1. *Reproducción de tramo de costa de Groenlandia realizada en madera por esquimales.*

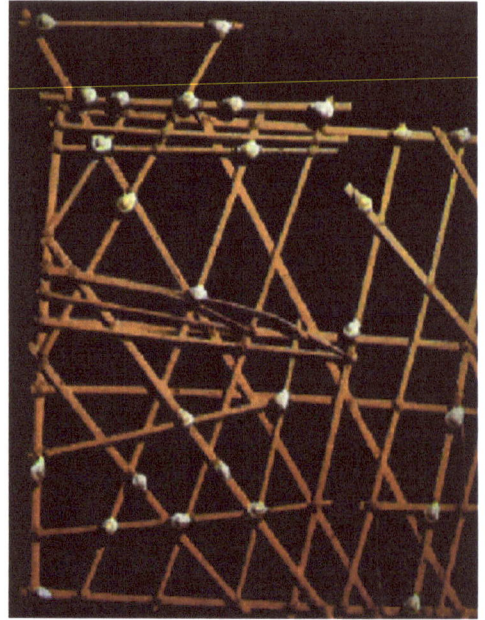

FIG. 2. *Carta náutica realizada con varillas y conchas por pueblos de Oceanía.*

– Este deseo se materializaba en relatos que seguían los modelos mentales de cada grupo humano y se basaban en *descripciones referenciales*; es decir, en descripciones que se sostenían sobre otras descripciones anteriores, o en referencias espaciales que eran conocidas, añadiéndoles una especie de situación topológica del nuevo lugar: como en los mapas de varillas de los pueblos de Oceanía que querían mostrar rutas entre las islas representadas por pequeñas conchas.

– En la Antigüedad se fueron configurando ya dos sistemas descriptivos espaciales, pero con mucho contenido de referencias mágicas y basados en leyendas de carácter mitológico. Los griegos comenzaron a dotarlos de una base astronómica y matemática. Eran, por una parte, los *periplos* que consistían en relatos de viajes. El más antiguo del que se tiene noticia es del que realizó la flota egipcia por el mar Rojo en

tiempos de la faraona Hatshetpsut (2500 a. C.). Posteriormente al siglo IX a. C., los más completos fueron escritos por los griegos y por los fenicios. En todo caso, eran completamente imprecisos y con sus descripciones hoy nos resulta muy difícil localizar los lugares a los que se referían, y en algún caso, como el de Tartessos, resulta prácticamente imposible. Por otra parte, también comienzan a aparecer en la Antigüedad los primeros *mapas*: como el babilónico de rotulación cuneiforme sobre piedra de la imagen siguiente que es uno de los más antiguos de los conocidos hasta ahora, y en el que ya aparece el concepto de la curvatura de la Tierra.

– Tuvieron gran valor los primeros modelos generales basados en intuiciones de tipo filosófico y en observaciones directas como las de los eclipses de luna. La primera vez que de un modo explícito aparece el concepto de *esfericidad de la Tierra* fue con Tales de Mileto en el s. VII a. C., que luego fue expresado por filósofos como Sócrates, Platón o Aristóteles. A pesar de los tópicos tradicionalmente transmitidos, el concepto de la circularidad terrestre no se perdió entre los hombres de ciencia en ningún momento de la Historia.

– *La evolución griega y helenística*: La elaboración de los primeros mapas con criterio de precisión se realizó sobre las descripciones de Herodoto y de Estrabón [padres, respectivamente, de la Historia y de la Geografía Descriptiva (s. IV a. C.)]. Fue Aristarco de Samos (s. IV-III a. C.) quien elaboró la primera teoría heliocéntrica que luego se perdió en favor de la geocéntrica. Los rectángulos de Anaximandro y Hecateo fueron los más primitivos sistemas de coordenadas y antecedentes del cuadriculado referencial de Erastótenes (s. III a. C.). Erastótenes fue el precursor de la Geodesia y de la Cartografía que puede ser considerada científica. Fue bibliotecario de la

Biblioteca de Alejandría y acuñó el término «Geografía». Elaboró el primer mapamundi (del mundo conocido en su época) sobre un cuadriculado ortogonal que puede considerarse un antecedente de los paralelos y los meridianos. Calculó la curvatura de la Tierra, generalizando la de un arco medido entre las localidades egipcias de Asuán y Alejandría; lo hizo mediante la sombra que proyectaba el sol, en una misma fecha, en el interior de un par de pozos localizados respectivamente en cada una de las dos ciudades. Esto le permitió calcular la circunferencia del planeta con un error de tan sólo 500 kilómetros; aunque, posteriormente, sus discípulos rehicieron mal los cálculos aumentando el error hasta 11.500 kilómetros, lo que se piensa propició el descubrimiento de América por Colón. En este sentido afirmó: «Si la inmensidad del Océano Atlántico no lo impidiese, se podría navegar por el mismo paralelo aproximadamente desde la costa de España hasta la India». Basado en esto, Hipalo aprendió a utilizar los vientos monzones para navegar, sin necesidad de costear, desde Arabia hasta la India. En el siglo II a. C. Hipiarcón elaboró una carta plana paralelogramática sobre una división de la Tierra en 365 grados.

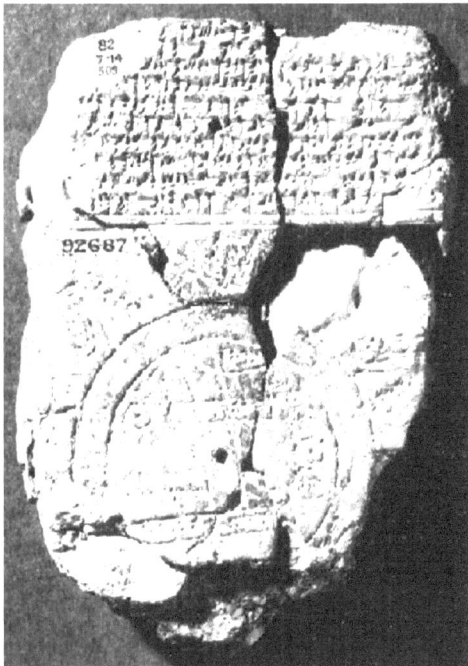

FIG. 3. *Mapa de Babilonia sobre piedra*.

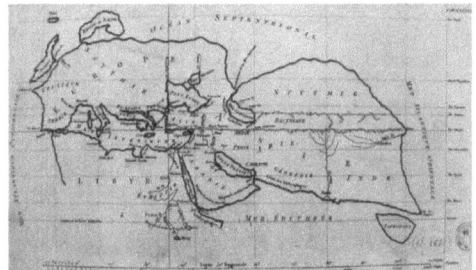

FIG. 4. *Sistema de Erastótenes (siglo III a. C.)*.

– Todos estos antecedentes desembocaron durante el Helenismo en Ptolomeo (100-170 d. C.), natural de Alejandría, que fue astrónomo, geógrafo y cartógrafo. Heredero científico de Erastótenes desarrolló la Geografía de base matemática y geométrica.

Sus tablas geográficas completaron las mediciones del Imperio Romano llevadas a cabo en tiempos de Augusto con indicaciones de la situación de cada punto mediante su latitud y longitud. Sus aportaciones fueron tan importantes que no llegaron a ser superadas científicamente hasta el siglo XVII de nuestra era. Elaboró el primer Atlas de las tierras conocidas en su tiempo, en el que aparecían los paralelos en su verdadera dimensión decreciente hacia los polos; aunque, como recogió la medida errónea de la circunferencia terrestre de los discípulos de Erastótenes, su globo terráqueo es menos achatado que el real. También creó un modelo planetario geocéntrico.

FIG. 5. *Mapamundi y planetario de Ptolomeo (100-170 d. C.).*

– Los romanos con su colonialismo expansionista terrestre realizaron una cartografía de inventariado con fines puramente de dominio militar. Básicamente se trataba de una enumeración de lugares con sus nombres latinos y sus distancias relativas entre sí que se conocen como *itinerarios*; así como de algunos mapas en los que aparecían tales itinerarios como el de la siguiente imagen: el *gran mapa del Imperio Romano de Castorio* (353 d. C.), más conocido por el lugar donde se conserva como la Tabla Peutinger, que se inspiró para la zona asiática en las descripciones de las expediciones de Alejandro Magno.

En la Geografía antigua se produjo la especulación y la creación de hipótesis intuitivas sobre las *tierras desconocidas* que deberían existir con formas y dimensiones determinadas para *equilibrar el peso de las tierras conocidas* y así mantener la estabilidad del mundo. Esto fue

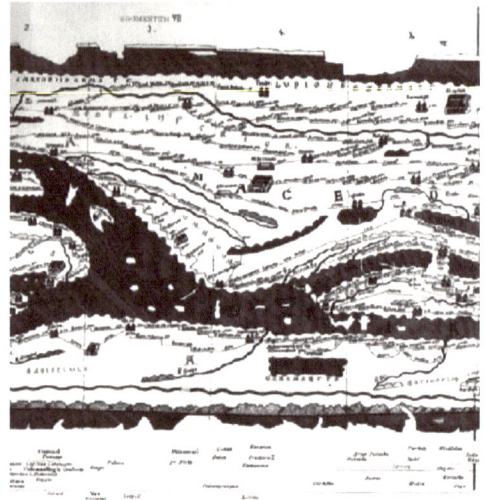

FIG. 6. *Mapa del Imperio Romano de Castorio (Tabla Peutinger (350 d. C.).*

generando el deseo de conocer estas tierras desconocidas, organizando «viajes de descubrimiento» que sirvieron para una posterior expansión militar y comercial.

La Cartografía era pues fundamentalmente posicional o referencial. Su exclusivo fin expansionista y militar vino demostrado por la decadencia de la Cartografía tras la decadencia del Imperio Romano y con ella la de las corrientes comerciales. La Cartografía no sólo no progresó a partir de entonces, sino que en Europa regresó a presupuestos completamente irracionales y apriorísticos.

– Durante la Alta Edad Media Occidental se generaron una serie de mapas absurdos desde el punto de vista geográfico que no tenían pretensión alguna de representación fiel de la realidad y que estuvieron inspirados sólo en principios teológicos. Estos mapas fueron denominados los *Orbis Terrarum*, también conocidos como los *T en O* por su forma característica y repetida: la T, inscrita en un círculo, representaba la unión del Mar Mediterráneo, el Nilo y el Mar Rojo que separaban Asia, Europa y África. Prácticamente fueron el único resultado de la cartografía europea desde el

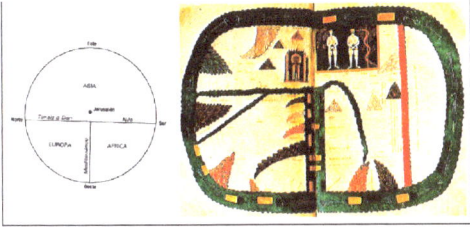

Fig. 7. *Esquema de los T en O y Mapa del Apocalipsis miniado del Beato de Liébana (siglo VIII d. C.).*

siglo VII hasta el XIV con Enrique el Navegante. Durante este periodo, la casi totalidad de los viajes y de las preocupaciones geográficas tuvieron una base mítica y puramente religiosa: fundamentalmente se circunscribieron a *las Cruzadas* a Tierra Santa para su conquista-rescate. Los puntos referenciales de los mapas de esta época eran también religiosos y así la ciudad de Jerusalén aparecía siempre en el centro del esquema cartográfico que se repetía una y otra vez. Uno de los primeros T en O aparece en el Apocalipsis miniado del Beato de Liébana del siglo VIII.

– Unos de los más difundidos fueron el del Vizconde de Santarém y el de Hereford.

Fig. 8. *T en O del Vizconde de Santarém y el de Hereford (siglo XIII d. C.).*

– Aunque uno de los más bellos fue el de las Grandes Crónicas de Saint Denis (1364-1372); en el que, a modo de pandereta, en los platillos figuraban los nombres de los vientos, según su procedencia.

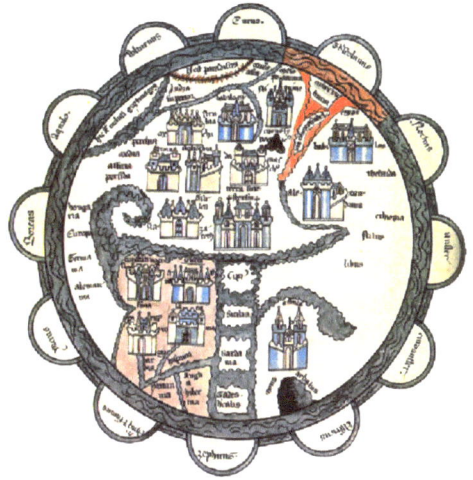

Fig. 9. *T en O de las Grandes Crónicas de S. Denis (1364-1372).*

– En esta época incluso en los mapamundis que tenían cierta pretensión de precisión fue muy grande la influencia de los T en O, como en el siguiente del siglo X.

Fig. 10. *Mapa del siglo X.*

– También ocurre con el del Vesconte de Ravena (1311), primer mapa en el que aparecieron líneas de referencia que fueron antecedente de los Mapas Portulanos.

Fig. 12. *Mapa de Yu Chi Thu (1317).*

Fig. 11. *Mapa del Vesconte de Ravena (1311).*

– Algunos eran de un esquematismo extremo; como en el de la Enciclopedia japonesa Syugaisyo en el que aparece la India.

Entretanto, afortunadamente, el *mundo oriental* no había degenerado sus logros cartográficos y geográficos tanto como el occidental. Allí se había realizado siempre una cartografía muy localista de mapas que cubrían espacios de no demasiada extensión, que siguió desarrollándose y difundiéndose así con el invento de la brújula y el papel en el siglo XI.

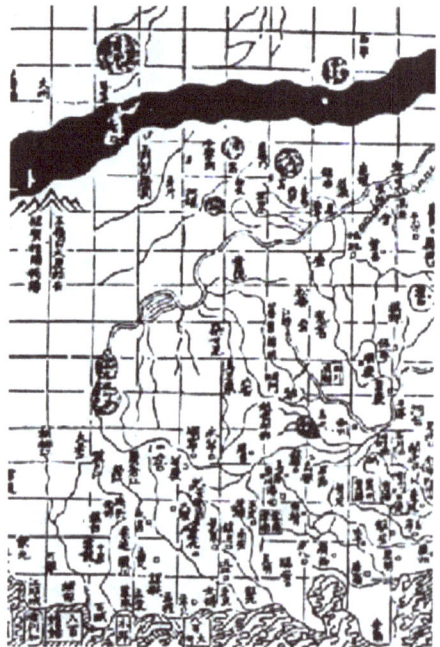

– El mundo chino utilizó la cuadrícula como elemento de referencia y medida de escala; como en el mapa de Yu Chi Thu (1137), grabado en piedra y en el que cada división o cuadrícula equivale a una medida de 100 Li[5].

– Fueron perfeccionándose con descripciones de los lugares, escritas sobre los mapas; como ocurre en el mapa de Chu Su Pen del siglo XIV.

[5] Li: medida china de distancia equivalente a 575,5 metros.

Fig. 13. *Mapa de Chu Su Pen (siglo XIV).*

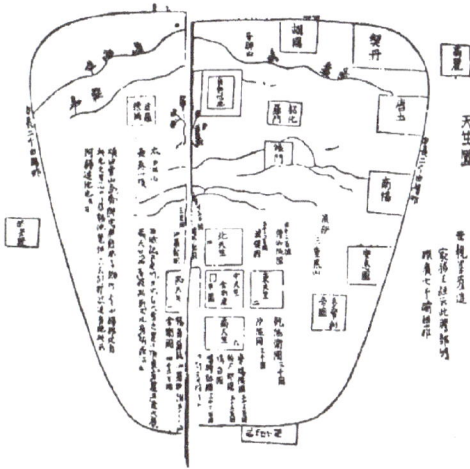

Fig. 14. *Mapa de la India de la Enciclopedia Syugaisyo.*

– En China fue donde comenzó a utilizarse la diferenciación de los colores como elemento simbólico significativo cartográfico y no como elemento puramente decorativo en los mapas, tal y como aparece en un mapa de China de Wang Pan (1594).

Fig. 15. *Mapa de China de Wang Pan (1594).*

Como en otras disciplinas científicas y filosóficas, el enlace cartográfico entre estos dos mundos

(el oriental y el occidental) lo realizó el *mundo islámico*, que jugó el papel de conservador de todo el progreso cartográfico anterior a la Edad Media.

Pero es que además aportaron nuevos elementos a la cartografía, debido a la gran experiencia viajera que les impulsó el mandato de expansión religiosa del Corán que les hizo llegar hasta Java y Sumatra en el siglo XIII.

– Los primeros mapamundis musulmanes estaban muy impregnados e influenciados por la técnica y el espíritu occidental; como el de Al Istakhri del año de 950 d. C.

– O como el muy esquemático e impreciso del turco Al Kashgari del año 1076 d. C.

– Pero alguno de sus geógrafos, como el afamado Al Idrisi, que en el siglo XII fundó la Escuela Cartográfica de Palermo, realizaron en la Edad Media cartas bastante precisas. De igual modo que los T en O se centraban en Jerusalén, estas cartas musulmanas siempre tuvieron su centro en La Meca. En el mapa de Al Idrisi del mundo conocido el Sur está en la parte superior del mapa.

Fig. 16. *Mapa de Al Istakhri (950 d. C.).*

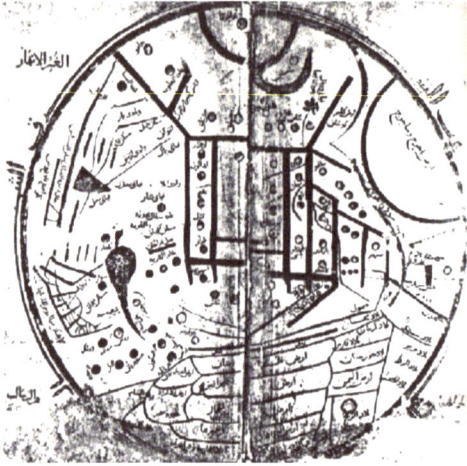

FIG. 17. *Mapa de Al Kahgari (1076 d. C.).*

FIG. 18. *Mapa de Al Idrisi (siglo XII d. C.) –la parte superior del mapa es el Sur–.*

FIG. 19. *Mapa de Al Sharafi (1600 d. C.).*

En conjunto, rescataron y extendieron las antiguas Cartografías Griega y Helénica (Ptolomeo) por toda Europa.

En Occidente, sólo la reimplantación del comercio con Oriente (Marco Polo) y su revitalización en el Mediterráneo por las Repúblicas Italianas (Venecia fundamentalmente) hizo reanudar la marcha de la Geografía que, no obstante, seguía siendo *posicional*.

En este periodo surgieron los *mapas portulanos* como apoyo a la navegación de cabotaje[6]. Éstos constituían líneas de entrecruzamiento de las direcciones cardinales, líneas de los vientos o *rosas de los vientos*: una estrella con 8 ó 16 puntas, de la que procede la actual *rosa náutica* en la que los 360° se dividen en 32 puntos, trazadas desde diversos puntos de referencia bien conocidos[7]. Para su confección, estos mapas se basaban, además de en observaciones astronómicas, en el empleo de la brújula que se conoció en el mar Mediterráneo en 1250.

– En este cometido destacaron de forma notable las Escuelas Cartográficas de Mallorca, constituidas por familias; como la

– Aunque, en la mayoría de los mapas todavía era más frecuente la imprecisión y el peso de influencias no geográficas; como se aprecia en el mapa de fecha tan avanzada como el de Al Sharafi de 1600. Y eso que contaban con descripciones literarias de mucho detalle en las que apoyarse; como las que aportó el también conocido viajero y geógrafo magrebí de Tánger Ibn Batuta (1304-1369), quien inició su periplo o «rihla» con 22 años y no regresó hasta los 42, siguiendo la regla de no regresar a lugares que ya hubiese conocido.

[6] Con el término «portulano» se designa en general a las cartas náuticas que tuvieron su apogeo desde el siglo XIII al XVI e incluso el XVII. En su origen esta palabra designaba los cuadernos de instrucciones en que los navegantes anotaban los rumbos y las distancias entre los puertos. Es probable que fueran ilustrados con croquis, cuyos datos, más adelante, se unieran constituyendo una carta general, que por extensión vino a denominarse también «portulano» o «carta portulana».

[7] El «Gregal»: procedente de Grecia (NE); el «Siroco»: procedente de Siria (SE); el «Lebeche»: procedente de Libia (SW); la «Tramontana»: procedente de los montes (N); el «Mistral»: viento maestro, procedente de Mistra (Provenza) (NW). Todos ellos referidos al centro del mar Mediterráneo (Isla de Malta).

de los Dulcert, que elaboraron mapas de la Cuenca Mediterránea.

FIG. 20. *Mapa del Mediterráneo de los Dulcert (1339 d. C.).*

– Otra familia de prestigiosos cartógrafos mallorquines que elaboraron mapas portulanos

FIG. 21. *Mapa de Cataluña de los Cresques (1375 d. C.).*

fue la de los judíos Cresques que elaboraron uno de los primeros de Cataluña de una gran belleza iconográfica.

– La gran demanda comercial que se produjo en esta época en las Repúblicas Italianas fomentó también la aparición de otros grandes cartógrafos, como por ejemplo G. Brousson, que diseñaron magníficos mapas portulanos en los que incorporaban escalas gráficas rudimentarias.

– Cada vez con mayor frecuencia los mapas portulanos cubrían zonas de la Tierra más extensas y lejanas a Europa; como se aprecia en el Atlas Náutico del Océano Índico que elaboró Lopo Home en 1519.

Con las técnicas de los mapas portulanos también se realizaron mapamundis y otros mapas de extensas zonas de la Tierra.

FIG. 22. *Mapa de la Península Ibérica de G. Brousson (1541 d. C.).*

– De los de este tipo destacaron los realizados por el gran cartógrafo santanderino Juan de la Cosa que acompañó a Cristóbal

Fig. 23. *Océano Índico de Lopo Home (1519 d. C.).*

Colón en sus primeras expediciones a América, y que de una forma tan clara reflejó en un magnífico mapamundi de 1500. Ambos fueron de los primeros navegantes en utilizar el astrolabio.

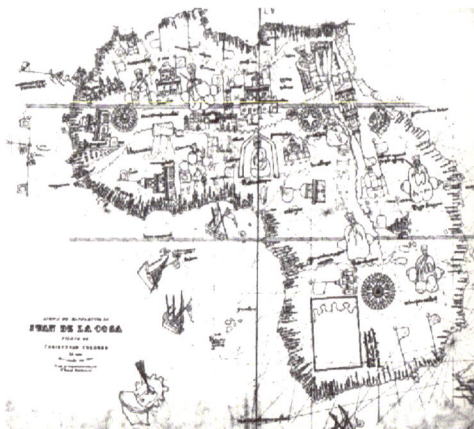

Fig. 24. *Mapamundi de Juan de la Cosa (1500 d. C.) y Astrolabio.*

– Antes, Juan de la Cosa había dado muestras de su maestría cartográfica en la elaboración del mapa de África de 1493, en el que reflejó con gran detalle las observaciones de todas las costas realizadas durante los viajes que hizo con los portugueses.

Las grandes expediciones marítimas del siglo XVI dieron un gran impulso a la Cartografía.

– A medida que las nuevas tierras iban siendo descubiertas eran representadas en cartas sencillas; como claramente puede apreciarse en los mapas del siglo XVI de las costas conocidas de América, de las islas del Caribe y de la red fluvial costera de la Amazonía.

Fig. 25. *Mapa de África de Juan de la Cosa (1493 d. C.).*

Fig. 26. *Mapas parciales de las costas orientales americanas del siglo XVI.*

– Los nuevos descubrimientos permitían completar los mapamundis existentes. Esto se aprecia bien en el más famoso de los de la época: el de Martin Waldseemuller, en el que en 1507 aparecen por vez primera en un mapa las tierras que descubrió Colón bajo el patrocinio de la Corona española con el nombre de América, a causa de que tuvo noticias de los nuevos descubrimientos a través de Américo Vespucio. De este mapamundi se imprimieron muchas copias en Estrasburgo en 1513, lo que permitió su amplia difusión por toda Europa y la consagración definitiva del nombre del nuevo continente.

Las nuevas travesías oceánicas con los navíos alejados de cualquier costa durante muchos

FIG. 27. *Mapamundi de Martin Waldseemuller de 1507.*

días hicieron apreciar a los portulanos como cartas muy insuficientes para el apoyo a este nuevo tipo de navegación. Se retornó a las antiguas proyecciones cuadrangulares de griegos y helenos, pero más perfeccionadas.

FIG. 28. *Primera proyección polar de Contarini (1506).*

– Se idearon nuevas proyecciones tan avanzadas como la del mapa de Contarini de 1506 que sorprende por su atrevimiento y precisión. De hecho es de las primeras veces en la historia de la Cartografía que aparece una *proyección polar*, y su perfección ha dado lugar a gran cantidad de especulaciones, entre las que se encuentran algunas tan absurdas que han llegado incluso a atribuirla a seres extraterrestres.

– Los océanos del mundo fueron cartografiados, incluidos aquellos que apenas eran conocidos; como demuestra el mapa del océano Pacífico realizado por el cartógrafo Jean Shoener en 1520.

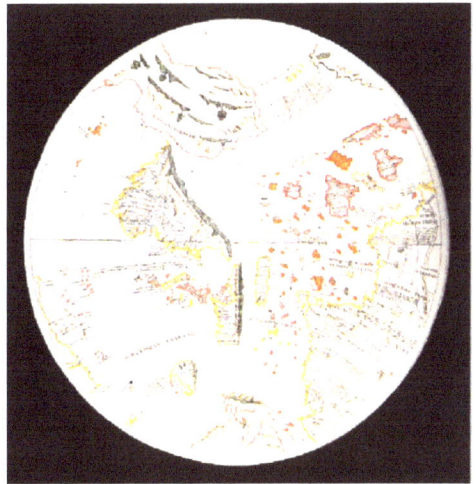

FIG. 29. *Mapa del océano Pacífico de Jean Shoener (1520).*

– Las grandes gestas descubridoras de un mundo que aceleradamente avanzaba en todos los campos humanos tenían representación cartográfica; como el gran viaje de circunvalación de la Tierra realizado por Magallanes y Elcano que apareció, apenas 18 años después de completarse, en el mapa de Battista Agnese de 1540.

En muy pocos años los progresos cartográficos fueron muy rápidos. Las aportaciones teóricas matemáticas y geométricas se impusieron sobre las puramente empíricas utilizadas hasta entonces.

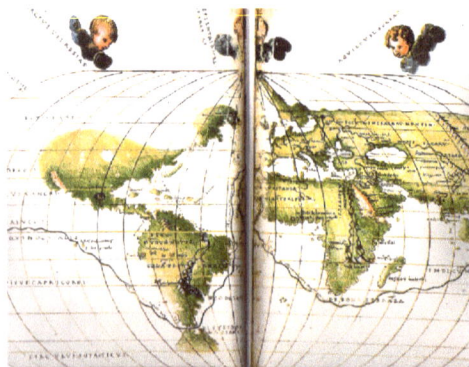

FIG. 30. *Mapa de la circunvalación de la Tierra por Magallanes-Elcano de Battista Agnese (1540).*

– La máxima perfección se alcanzó con el geógrafo y cartógrafo flamenco Gerhard Kremer (1512-1594) que ha pasado a la historia de la Cartografía con el nombre de Gerard Mercator y constituye una de las máximas referencias de la Cartografía, incluso en la actualidad. Su proyección cilíndrica supuso un avance definitivo. Pero antes ya inventó otros muchos sistemas de proyección, como uno polar cordiforme que aplicó a su mapamundi de 1538.

– Otros cartógrafos que aportaron buenos mapamundis y nuevas proyecciones fueron

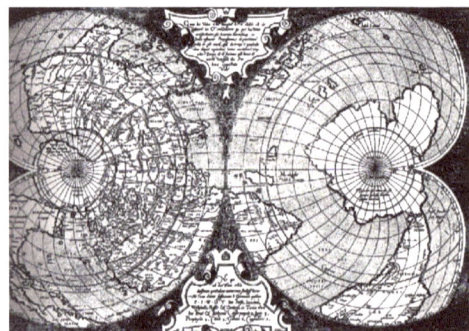

FIG. 31. *Mapamundi polar cordiforme de Gerard Mercator (1538).*

Romuldus Mercator, con su mapamundi de 1587, o Tolomeo Claudio, con el suyo de 1598.

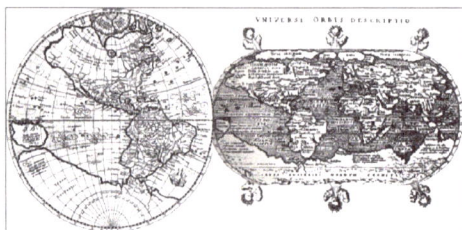

FIG. 32. *Mapamundis de Romuldus Mercator (1587) y Tolomeo Claudio (1598).*

– Algunas de estas nuevas proyecciones eran de gran belleza y sorprendente precisión, como puede apreciarse en el mapamundi de Abraham Ortelius de 1579.

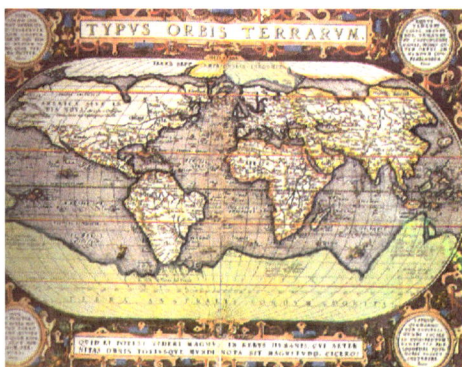

FIG. 33. *Mapamundi de Abraham Ortelius (1579).*

A pesar de los grandes avances cartográficos de este periodo, no es raro seguir encontrando posteriormente cartas y mapas portulanos, pero ya referidos a zonas y espacios geográficos más pequeños y concretos; sobre todo cartas náuticas de uso para la navegación.

– Entre ellas se encuentra la carta náutica del Sudeste asiático elaborada por Juan Martínez en 1587, o el mapa de Nueva Francia, en el que resulta sorprendente que se utilicen todavía, en una fecha tan tardía como 1632, las líneas de vientos.

FIG. 34. *Mapas portulanos tardíos del Sudeste asiático de Juan Martínez (1587) y de Nueva Francia (1632).*

– Como ya se ha visto, a finales del siglo XVI aparecieron las primeras proyecciones polares septentrionales. Ejemplo destacado fue la que se realizó del Ártico en 1598.

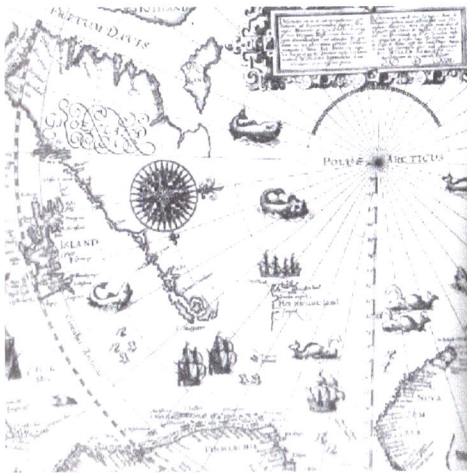

FIG. 35. *Mapa del Ártico (1598).*

A partir de entonces se generalizó el uso de las proyecciones polares para cartografiar las más altas latitudes.

– Un siglo después, a finales del siglo XVII, apareció la destacada proyección de Cassini, creada en 1696, que aportaba la novedad

de que aparece el Polo Sur como el círculo exterior del mapa.

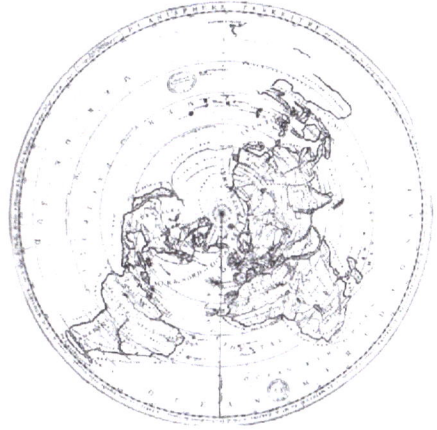

FIG. 36. *Proyección polar de Cassini (1696).*

A lo largo de los siglos XVI y XVII se fue produciendo la progresiva penetración hacia el interior de las nuevas tierras descubiertas, mediante expediciones de conquista. Esto hizo que la cartografía fuese cada vez menos costera o de litorales y cada vez más hidrográfica, pues no en vano eran los ríos desde sus desembocaduras marítimas las principales vías de penetración. Además de contar con un mayor contenido hidrográfico, los mapas iban siendo más topográficos y recogían con mayor frecuencia el relieve que constituía el mayor obstáculo para la penetración continental, aunque era representado con una simbología gráfica poco clara y pobre desde el punto de vista semántico.

FIG. 37. *Mapas de Rusia (1544) y de Chile.*

– Ejemplos claros lo constituyen el mapa de Rusia de 1544, en el que sólo aparecen, ríos, montañas y costas, y el de Chile con la extraña disposición de tener el punto cardinal Este en la parte superior del mapa.

Junto a los avances científicos de la Cartografía y de la Geografía convivían grandes influencias de las concepciones sostenidas sobre tradiciones mágico-religiosas.

– El problema del descubrimiento y de la cartografía de las fuentes del río Nilo vino estimulado por la aparición de las leyendas del Reino del Preste Juan. Así, en el mapa de Orfelius de 1574, aparece detalladamente cartografiado este Reino inexistente. Pero estas creencias indujeron la organización de expediciones de las que resultaron nuevos mapas de las fuentes del Nilo.

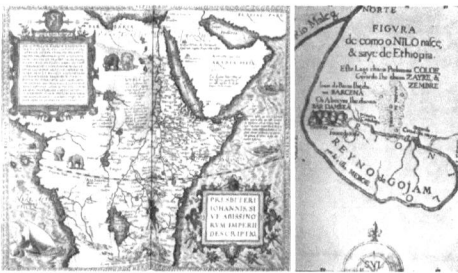

Fig. 38. *Mapas del Reino del Preste Juan (de Orfelius 1574) y de las fuentes del Nilo de la época.*

El descubrimiento de América para Europa Occidental supuso una gran conmoción sobre las ideas bíblicas de la *creación* del mundo. Los defensores de la Biblia trabajaron una cartografía que suministrase una base de realismo a dichas concepciones científico-religiosas.

– Así, desde los primeros mapas que situaban el Paraíso Terrenal en Mesopotamia, según una interpretación casi literal de la Biblia, se pasó a situar estos espacios religiosos en las nuevas tierras descubiertas, principalmente en América; como se puede apreciar en el mapa del siglo XVII de León Pinelo que sitúa el Paraíso Terrenal

en Brasil y que tiene invertidos los puntos cardinales.

No sólo se elaboraron mapas de situación y localización de espacios míticos, sino que también se realizó, por parte de Micheli du Crest, una cartografía de los espacios transformados por los grandes eventos bíblicos; como, por ejemplo, de la forma y situación de las montañas antes de que se produjese el Diluvio Universal.

La Geografía y la Geología aún explicaban los orígenes de las formas y fenómenos geográficos desde presupuestos religiosos, elaborando grandes teorías sin base real como la de los grandes depósitos mundiales de los elementos básicos: lugares donde se formaban todos los elementos fundamentales de la Tierra y desde los que se distribuían posteriormente[8].

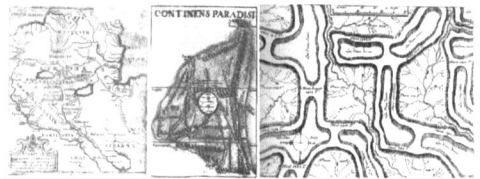

Fig. 39. *Mapas de localización del Edén en Mesopotamia (1538); el de León Pinelo (siglo XVII) de localización del mismo en el corazón de la Amazonía brasileña; y el de Micheli du Crest que cartografía la zona bíblica antes del Diluvio Universal.*

– Un ejemplo fue el mapa elaborado por el jesuita Kircher en el que localizaba el gran depósito de todas las aguas de América que, como no podía ser de otro modo, se localizaba en el área de nacimiento de los grandes ríos de Sudamérica.

Como ya se dijo, se produjo una coexistencia paradójica de todo este sustrato acientífico junto al de unas bases científicas cada vez más desarrolladas. Las localizaciones podían ser fijadas

[8] Así, el fuego se formaba y almacenaba en los depósitos llamados «pyrofilacios», el agua en los «hydrofilacios» y el aire en los «aerofilacios».

FIG. 40. *Mapa de localización de los depósitos generales de agua (hydrofilacios) de América del padre Kircher.*

espacialmente cada vez más de un modo más ajustado, merced a los inventos del reloj de péndulo en 1658 que permitió asignar con mayor precisión la longitud de los lugares o la del sextante que permitía fijar la posición de la latitud durante el día con el sol.

– Por otro lado, forzaba el uso cuidadoso de fundamentos científicos en la cartografía la necesidad de facilitar la explotación de los recursos de las nuevas tierras conquistadas. Esto se podía apreciar en la mayor precisión de la cartografía de las explotaciones mineras como, por ejemplo, las de las minas de plata del cerro de Potosí en Perú.

FIG. 41. *Sextante.*

FIG. 42. Mapas y perfiles de la explotación minera del Cerro de Potosí en el Virreinato de Perú.

El siglo XVIII, en el que aparecieron algunos inventos como el cronómetro náutico en 1761, fue el del perfeccionamiento de la cartografía de las escalas intermedias que permitían un análisis del relieve con mayor detalle, así como estudios hidrológicos y geomorfológicos más precisos. Estos avances cartográficos vinieron de la mano del desarrollo de la ingeniería civil y sobre todo de la militar. Pueden ilustrarse algunos ejemplos del detalle cartográfico:

– Una muestra clara de los avances que se produjeron durante el siglo XVIII es el levantamiento cartográfico de los bordes de un paso tan estratégico como el Estrecho de Magallanes; de una navegación tan complicada que requirió un detallado trazado del litoral para facilitarla. Se llevó a cabo desde la fragata española Santa María de la Cabeza en 1788.

La navegación de cabotaje también forzaba a un diseño de cartas litorales de una mayor precisión y que recogiesen sus variaciones a lo largo del tiempo; tal y como puede apreciarse en los mapas de detalles de los bordes litorales del mar Rojo.

FIG. 43. *Cartografiado del estrecho de Magallanes realizado por la expedición de la fragata Santa María de la Cabeza (1788). Cartas de distintas partes del litoral del mar Rojo.*

– Con el incremento de los calados de las embarcaciones podía llegar a ser más problemática la navegación fluvial de los grandes ríos que incluso la navegación marítima. Por eso se levantaron muchos mapas con las modificaciones de los cursos fluviales. Así puede apreciarse en las cartas de navegación del río Guadalquivir, alguna de tan gran detalle que recoge islas, pesqueras e infraestructuras hidráulicas.

Estos problemas de navegación se acentuaban con el carácter más cambiante aún de las dinámicas fluviales que se producen en los deltas; de ahí la preocupación por registrar dichos cambios, como en el mapa detallado del delta del Ebro, cuyo temprano cartografiado a mediados del siglo XVIII nos permite analizar en la actualidad los grandes cambios que ha sufrido.

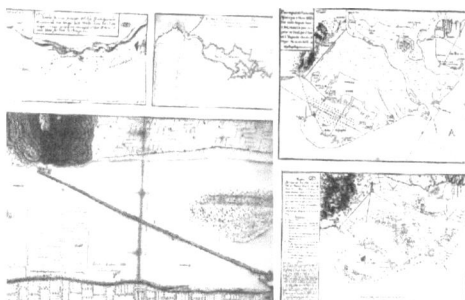

Fig. 44. *Cartas del curso fluvial del río Guadalquivir y del delta del Ebro (siglo XVIII).*

Muestra de la gran preocupación por la cartografía que se despertó en este siglo fue la doble expedición que organizaron los franceses en 1736 para medir el planeta y deducir la forma de su esferoide. Una de estas expediciones realizó las medidas de un arco terrestre en latitudes altas (Laponia) y la otra, en la que participaron los españoles Antonio de Ulloa y Jorge Juan, realizó sus medidas en latitudes bajas (Virreinato español de Perú)[9].

[9] La comparación de las medidas de ambos arcos terrestres permitió deducir por vez primera la forma achatada de la Tierra y precisar los errores de los mapas realizados según los distintos sistemas de proyección.

Las escalas de los mapas fueron aumentando progresivamente a medida que se fue haciendo necesario registrar en mapas y cartas ámbitos geográficos más pequeños. El primer gran conjunto cartografiado mediante un mosaico de gran detalle fue Francia y su mapa del Estado Mayor.

El carácter militar de los mapas y su utilización como un instrumento bélico más se fue acentuando también en este siglo ilustrado. El relieve se representa cada vez con un mayor detalle y se empiezan a utilizar técnicas de sombreado para destacarlo de un modo que anticipa la posterior utilización de las curvas de nivel.

– Un ejemplo claro de esto es el mapa militar de Gibraltar que se levantó durante la guerra de 1762, en el que se aprecian las defensas que fabricaron los ingleses en el Campo de Gibraltar.

– En todo caso, los proyectos de ingeniería civil seguían desarrollándose y perfeccionando la cartografía necesaria. En la siguiente imagen se aprecia el proyecto de un nuevo canal de riegos del río Turia para la ampliación de la huerta de Valencia.

– La cartografía regional e incluso provincial adquiere nuevas técnicas de reproducción gráfica, como se aprecia en el mapa de Granada y Murcia del ingeniero Próspero de Verboom en 1721 que sigue utilizando técnicas de sombreado para resaltar el relieve.

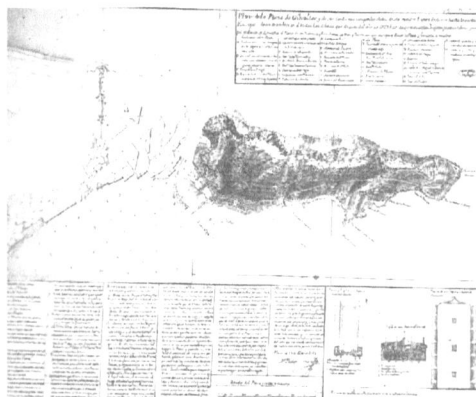

Fig. 45. *Mapa militar de Gibraltar (1762).*

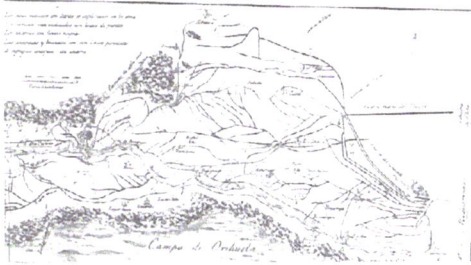

Fig. 46. *Mapa de los proyectos de regadío del río Turia para la ampliación de la huerta valenciana.*

Fig. 48. *Mapas de la ciudad y el puerto de El Callao (1724); y de la ciudad y puerto de Cartagena (Murcia).*

Las últimas expediciones marítimas con una finalidad antigua de descubrimiento se realizaron en el océano Pacífico que era el menos conocido para los europeos. Fundamentalmente las llevó a cabo la Corona británica, bajo el mando del capitán James Cook, a partir de 1759. Las técnicas cartográficas avanzadas utilizadas en la confección de los mapas de las islas y tierras continentales que recorrió esta expedición hizo que fueran de gran calidad y precisión.

El siglo XIX fue el de la perfección de la geodesia y de la instrumentación necesaria para ello. También se dieron grandes avances en los medios técnicos de reproducción y difusión de los mapas: industrias gráficas, imprentas, etc., y en los sistemas gráficos en general. En la gran mayoría de los casos, los mapas se siguieron realizando mediante los sistemas de proyección ideados en los siglos anteriores; sobre todo los de gran escala, aunque algunos nuevos sistemas de proyección se crearon para la elaboración de los mapamundis.

– Otra muestra de la utilización de nuevas técnicas simbólicas y gráficas es el mapa de la ciudad y el puerto de El Callao de 1724, realizado por militares de la plaza, en el que todavía el relieve se representa mediante sus sombras. Uno de los primeros mapas en España en los que aparece el recurso a un boceto de curvas de nivel, junto al sombreado, para representar el relieve fue el de la ciudad y el puerto de Cartagena (Murcia).

Fig. 47. *Mapa de las provincias de Granada y Murcia del ingeniero Próspero de Verboom (1721).*

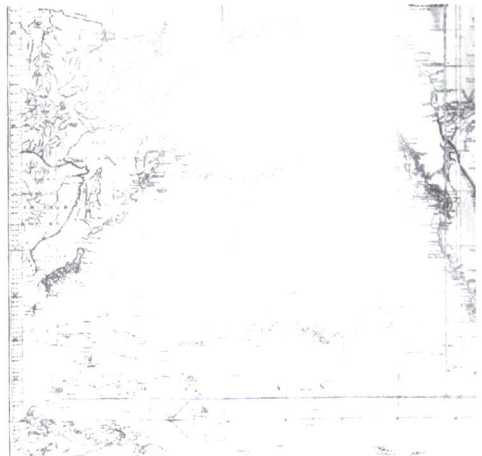

Fig. 49. *Mapa del viaje del capitán James Cook (1758).*

– A comienzos del XIX se empezaron a interrelacionar aspectos del terreno como la orientación, la altitud y la vegetación, del tipo del realizado sobre el Teide por Humboldt y Bonpland.

Por otro lado, la preocupación por la precisión de la escala del mapa, y especialmente por el mayor uso de la escala gráfica, se empiezan a manifestar, por ejemplo, en el mapa del ejército español realizado en Marruecos de los caminos que partían desde la ciudad de Marrakesh y de su fortificación. En este mapa se utilizan también unas embrionarias curvas de nivel para representar el relieve sin mezclar ya con sombreado.

FIG. 50. *Cliserie del Teide con el perfil botánico realizado por Humboldt a comienzos del siglo XIX; y mapa del ejército español de Marruecos.*

– Como gran aportación cartográfica aparece en el siglo XIX la proyección cilíndrica que ideó Lambert, muy utilizada por la artillería, pero también en mapamundis.

Una vez descubierto prácticamente todo el globo terráqueo para Occidente, en el siglo XX comenzó el perfeccionamiento de las medidas geodésicas de las grandes zonas con el apoyo de la teledetección, basada en la fotografía aérea primero y después en las imágenes captadas por los sensores óptico-electrónicos de los satélites artificiales y de las lanzaderas. Esto permitió la producción de mapas temáticos de una mayor precisión científica y más acordes con la realidad. Desde que se puede recurrir a estos recursos tecnológicos, los mapas temáticos (meteorológicos, geológicos, de usos y actividades, etc.) son elaborados sobre presupuestos más objetivos que antes.

– La precisión de la fotogrametría permite levantamientos de planos urbanos con gran detalle; como se aprecia en la imagen

FIG. 51. *Mapa mundial realizado con el sistema de proyección de Lambert.*

vertical captada desde un avión de la ciudad de San Diego en California (USA). La técnica de la estereoscopía facilita su análisis visual tridimensional.

– En el último tercio del siglo XX, con el apoyo del ordenador o computadora, se llegó a tal grado de objetividad en el diseño y elaboración de los mapas, sobre todo de los temáticos, que puede hablarse de que se entró en la era de la *Cartografía Automática* o Automatizada. La información geográfica alfanumérica se convertía en las impresoras y «ploters» en mapas.

FIG. 52. *Conjunto estereoscópico de fotografías aéreas verticales adyacentes de San Diego (California-USA).*

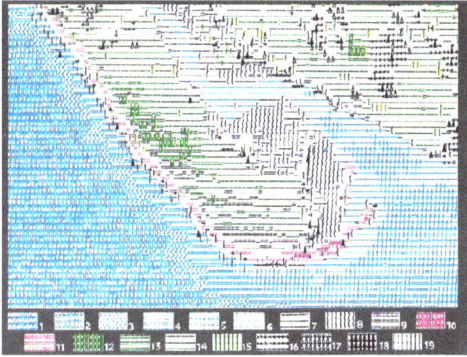

Fig. 53. *Mapa automático de distintas coberteras en un área de manglares en los años setenta del siglo xx.*

– En la actualidad, el apoyo masivo de la teledetección desde satélites y el formato digital de la información espacial de toda la superficie terrestre que aportan hace que nos encontremos con la *Cartografía Digital.* Los rasgos geográficos se codifican alfanuméricamente y se convierten en datos numéricos binarios en los que se recogen aspectos de los atributos espaciales de cada punto del espacio, junto a su situación referencial (coordenadas geográficas). Así es que un mapa se ha convertido en una base de datos relacional. Ésta permite ser tratada con los Sistemas de Información Geográfica y realizar todo tipo de superposición de capas temáticas, cálculos matriciales, álgebra de mapas, diseño de modelos de simulación, etc., que facilitan mucho los análisis espaciales y la toma de decisiones en la planificación territorial.

La facilidad que aportan los sistemas globales de posicionamiento, como el norteamericano GPS (Global Position System) con sus 24 satélites, el ruso GLONASS, o el futuro europeo GALILEO, permite unas muy altas precisiones en la situación y localización de cualquier punto de la superficie terrestre. Estos sistemas, junto con los de las estaciones terrenas de los satélites, se pueden conectar directamente a los

Sistemas de Información Geográfica. Así, el automatismo cartográfico es mucho mayor que antes. Con todos estos avances actuales, la potencia de los análisis, tanto cuantitativos como cualitativos, va creciendo exponencialmente.

– Ejemplos claros, desde los años setenta del siglo xx, son las imágenes captadas por los satélites heliosíncronos.

Fig. 54. *Teledetección meteorológica de la Península Ibérica desde el satélite NOAA-16. Imagen del delta del Nilo captada por el satélite Landsat-7 TM.*

– El uso de la teledetección en la Cartografía 3D constituye un gran avance con el levantamiento tridimensional de los modelos digitales de elevaciones (DEM en sus siglas en inglés), elaborados con los datos obtenidos de toda la superficie de la Tierra por los sensores de plataformas, como la realizada por Endeavour en el año 2002.

Fig. 55. *Mapa 3D del estrecho de Gibraltar realizado sobre el modelo digital de elevaciones de la zona.*

LA CARTOGRAFÍA Y SUS FUNDAMENTOS

Mediante la observación directa sobre el terreno y la explotación de documentación escrita la Cartografía ha llegado a constituirse, de un modo amplio, como un conjunto de operaciones encaminadas a la concepción, preparación y realización de mapas, cartas y planos; así como las relativas a su utilización y difusión. Su fundamento es que el espacio geográfico es la manifestación externa de realidades profundas, constituidas por las relaciones dialécticas entre sus elementos localizados. Muchas de estas relaciones se escapan a la observación directa y sólo son captables de modo indirecto mediante encuestas, medidas estadísticas y geoestadísticas, documentos históricos, observaciones de laboratorio, etc. Todos ellos plantean una gran cantidad de problemas técnicos para su representación. Y esto por la gran diversidad de factores que afectan a un mismo punto geográfico de forma estática como, por ejemplo, los geológicos o geomorfológicos; de forma dinámica como, por ejemplo, los climatológicos; o de forma funcional como, por ejemplo, los de usos de suelo. Por eso existen, desde este punto de vista, *mapas estáticos* o de estado momentáneo y *mapas dinámicos*[10]. Aunque la clasificación más básica que puede realizarse se fundamenta en los tipos agrupados con criterios como su escala y tamaño, su tema y su función.

En una caracterización general según su función, y aunque no exista un acuerdo general sobre ello porque la mayoría de los productos cartográficos combinan las tres funciones, podemos agrupar los productos cartográficos en:

– *Cartas*: Fondos espaciales de referencia para el cartografiado de datos aislados o agrupados mediante redes (representaciones de las relaciones espaciales entre elementos de la misma naturaleza), diagramas (representaciones de las relaciones espaciales entre los componentes de un mismo elemento geográfico) y otros medios gráficos de expresión cuantitativa y cualitativa que suelen informar de fenómenos y

aspectos humanos que afectan a distintos ámbitos geográficos. Las más utilizadas son las denominadas *cartogramas*, que son representaciones discontinuas o mapas temáticos de fenómenos mensurables, en forma de figuras de un tamaño proporcional al atributo espacial representado, sobre un fondo de referencia general adaptado. En estos mapas temáticos no hay correspondencia matemática entre las posiciones cartográficas y las localizaciones reales en el espacio. Cuando se reducen a una serie de diagramas gráficos de las relaciones de dos componentes espaciales sobre un fondo cartográfico general son denominadas *cartodiagramas*. A veces se recurre a la deformación de las formas geográficas de la realidad y de sus tamaños proporcionales según la escala para traducir las variaciones en el espacio de un componente cualitativo, conservando, en lo posible, sus posiciones relativas y formas: son las *anamorfosis o deformaciones* que pueden ser de tres clases:

- *Anamorfosis lineal*: cociente entre la longitud de una línea en el terreno y su homóloga en la proyección.

- *Anamorfosis superficial*: cociente entre el valor de la superficie de una zona en el terreno y el valor de la superficie de la misma zona en la proyección.

- *Anamorfosis angular*: diferencia entre el ángulo formado por dos elementos lineales y el ángulo en proyección que determinan los elementos homólogos de los primeros. Como se verá en su momento, todos los sistemas de proyección producen anamorfosis o deformaciones.

Pero en la mayoría de los casos suele acudirse a otras técnicas de representación, como las «coropletas» (colores, tramas, sombreados, etc.), las «isopletas» (líneas que unen puntos del mismo valor de atributo espacial) y otras como puntos, relieves ficticios, etc. Pero la aplicación del término *carta* cada vez se ha reducido más a los mapas sobre los que se efectúan cálculos, medidas y se marcan direcciones, como las *cartas de navegación aérea o marítima*.

---

[10] Conviene matizar el concepto relativo de instantaneidad porque, por ejemplo, los tiempos varían mucho si nos referimos a factores geológicos o económicos.

– *Mapas*: Cartas de sectores lo suficientemente extensos como para verse afectados por la curvatura de la superficie terrestre para su representación. Este problema tiene una solución aproximada mediante los sistemas de proyección. Fundamentalmente son de dos tipos: *Topográficos* y *Temáticos*.

En definición de Joly, los mapas *topográficos* son una «representación exacta y detallada de la superficie terrestre, referente a la forma, posición, dimensión e identificación de los accidentes del terreno; así como de los objetos concretos que se encuentran permanentemente sobre él». En ellos suelen identificarse muchos de los elementos directamente visibles en el paisaje. Dentro de los topográficos, los mapas *corográficos* son aquellos que abarcan una gran cantidad de la superficie terrestre[11]. Suelen superar la superficie regional y para su representación hay que acudir a escalas por debajo de la 1:100.000. Dentro del grupo de los topográficos también podemos englobar los *mapamundis* o *planisferios*, en los que sólo se suelen representar rasgos y puntos principales de la superficie terrestre.

El otro gran grupo de mapas es el de los mapas *temáticos*, cuyo objeto es representar la forma o la estructura espacial de la distribución de uno o varios atributos. En ellos, sobre un fondo de referencia espacial que suele ser un mapa topográfico o una parte de él, se representan fenómenos, atributos y sus interrelaciones espaciales de cualquier naturaleza que afecten a la superficie terrestre, mediante símbolos cualitativos o cuantitativos. En estos mapas prima más la impresión de distribución que la de localización precisa y se ponen en ellos más precisión en el conocimiento disciplinar correspondiente que en el cartográfico. Al elaborarlos se acepta más libertad que en los topográficos que están más sometidos a normas cartográficas. Los temas de representación en los mapas son innumerables, prácticamente todos aquellos que tienen una distribución espacial. Estos mapas temáticos, a diferencia de los topográficos que son realizados por los ingenieros geógrafos, ingenieros cartógrafos e ingenieros topógrafos, son confeccionados por los especialistas de las distintas ramas científicas (geógrafos, geólogos, botánicos, forestales, agrónomos, urbanistas, ambientólogos etc.).

Pueden distinguirse varios tipos de mapas temáticos:

– En función del *método*:

a) Los *analíticos*, que representan la extensión y distribución de *un solo* fenómeno o atributo espacial; resultando así una especie de inventarios gráficos de los hechos localizados. Ejemplos son los mapas hipsométricos, los geológicos, los urbanos, los políticos, los hidrológicos, de transporte, etc.

b) Los *sintéticos*, que son mapas de explicación y se obtienen por la superposición de varios mapas analíticos. Entre éstos cabe diferenciar, por una parte, los de *correlación* o interrelación de varios hechos o fenómenos, como por ejemplo los geomorfológicos, los de ocupación o uso de suelo, etc. Por otra parte, los *tipológicos*, que muestran combinaciones de gran parte de los fenómenos que tienen lugar sobre cada lugar del espacio geográfico, como por ejemplo los edafológicos, biogeográficos, etc.

– En función del *tiempo*:

c) Los *estáticos*, que reflejan un tema en un momento determinado. Son denominados también mapas sinópticos y recogen una imagen precisa pero pasajera de un fenómeno en un instante «t». Éstos son fundamentalmente los mapas meteorológicos, los de intensidad de tráfico y todos los que se basan en estadísticas (mapas de medias, de medianas, de valores absolutos, etc.).

d) Los *dinámicos*, que pretenden representar las variaciones de un fenómeno espacial a lo largo del tiempo. Entre ellos se diferencian los mapas dinámicos de *evolución*, que están constituidos por una serie de mapas estáticos o sinópticos de intervalos regulares de tiempo; y los mapas dinámicos de *flujo* en un intervalo de tiempo determinado, que utilizan vectores orientados[12].

---

[11] Corografía: descripción de un país, de una región o de una provincia.

[12] Flechas de distinto grosor según los valores escalares y con la punta de flecha indicando la dirección del fenómeno cartografiado.

– *Planos*: Mapas a muy gran escala que cubren sectores de la superficie terrestre tan pequeños que apenas se ven afectados por la curvatura terrestre para su representación. Por ello no suele ser necesario aplicar algún sistema de proyección. Ejemplos son los parcelarios y urbanos en general.

– *Atlas*: Colecciones de mapas dispuestos en orden temático y generalmente agrupados en forma de libro.

LA PRODUCCIÓN CARTOGRÁFICA ESPAÑOLA

Uno de los grandes organismos españoles productores de cartas y mapas es el Instituto Geográfico Nacional, que ha ido elaborando y actualizando el *Mapa Topográfico Nacional* a escala 1:50.000 desde 1875 hasta 1968. Ésta puede ser considerada la obra cartográfica más importante, desde el punto de vista histórico, realizada en nuestro país; sólo superada por el Mapa Topográfico Nacional a escala 1:25.000 que en su formato digital prácticamente está concluido[13]. Tiene publicados además el Mapa de España a escala 1:500.000, los Mapas provinciales a escala 1:200.000 y el Mapa Topográfico Parcelario en escalas entre 1:2.000 y 1:10.000 que está realizado en muchos sectores, pero no está publicado.

El otro gran productor español de mapas topográficos es el Servicio Geográfico del Ejército, cuyos mapas a escalas 1:50.000, 1:100.000, 1:200.000, 1:400.000 y 1:800.000 complementan y amplían la información que facilitan los del Instituto Geográfico, sobre todo desde 1968.

Otros organismos especializados que facilitan cartografía temática son: El Instituto Geológico y Minero de España y que con su proyecto MAGNA tiene cartografiado prácticamente todo el territorio nacional basándose en datos obtenidos por disciplinas como la Geología, la Geofísica, la Hidrología, etc. El Instituto Hidrológico de la Marina, que tiene publicadas *Cartas Portulanos* de la mayoría de los puertos españoles a escala 1:25.000, *Cartas de Aproches* o aproximación también a escala 1:25.000, Cartas de Navegación Costera de escalas entre 1:75.000 y 1:200.000, *Cartas de Arrumbamiento* de escalas entre 1:200.000 y 1:300.000 y, por último, *Cartas Generales* de escalas entre 1:300.000 y 1:3.000.000. Del Servicio Cartográfico y Topográfico del Ejército del Aire existe el *Mapa Aeronáutico de España* a escala 1:100.000. La Agencia Estatal de Meteorología y sus Centros Zonales publican regularmente *mapas meteorológicos*. El Ministerio de Agricultura, el de Medio Ambiente[14], el de Fomento[15]. Hay además otros muchos organismos autonómicos y municipales que facilitan también mapas de elaboración propia. Así como, en algunos casos, facilitan los suyos las grandes empresas privadas de implantación multinacional y nacional[16].

---

[13] BCN25: Base Cartográfica Numérica 1:25.000.

[14] Hoy incluido en el de Agricultura y Pesca.
[15] Antiguo de Obras Públicas.
[16] Como el Centro de Información Territorial y el SITCYL –Sistema de Información Territorial de Castilla y León– con su web servidor de mapas: **http://www.sitcyl.jcyl.es/sitcyl/home.sit**–.

Vamos a introducirnos en los fundamentos y orígenes de las líneas básicas de referencia que se utilizan para localizar y situar puntos geográficos:

I.1. PRINCIPIOS TEÓRICOS DE LA CARTOGRAFÍA

I.1.1. BASES ASTRONÓMICAS DE LA CARTOGRAFÍA: LA TIERRA EN EL ESPACIO. LÍNEAS Y PUNTOS ASTRONÓMICOS

La Tierra gira alrededor del Sol en una órbita elíptica. En uno de los focos de esta elipse está situado el Sol, por lo que en un momento de su trayectoria la Tierra se sitúa en un punto que es el más próximo y se denomina «perihelio»; suele ocurrir, con las variaciones propias de los años bisiestos y de las ligeras influencias a largo plazo producidas por otros cuerpos celestes pesados, en torno al 3 de enero de cada año. Por el contrario, el momento de máximo alejamiento, conocido como «afelio», se produce en torno al 4 de julio. A una distancia intermedia se encuentra la Tierra del Sol en torno al 4 de abril y al 5 de octubre. En todo caso, la distancia es conocida con bastante exactitud en cualquier momento del año. La distancia media es de $1,496 \times 10^8$ km y constituye lo que se conoce como *unidad astronómica* (AU). La distancia en el perihelio es de 0,983 AU y en el afelio es de 1,017 AU.

FIG. I.1. *Órbita elíptica.*

La *Eclíptica* es el círculo máximo que aparentemente sigue el Sol en la esfera celeste, tal como se observa desde la Tierra, y delimita el que se conoce como *plano de la eclíptica*. Esta trayectoria es denominada así porque los eclipses de Luna se producen cuando ésta se encuentra próxima a dicho círculo máximo aparente. El plano de la Eclíptica y el denominado *plano celeste*, que es el que sigue el Ecuador terrestre proyectado en la esfera celeste, forman un ángulo de 23°27' que se conoce como *oblicuidad de la Eclíptica.*

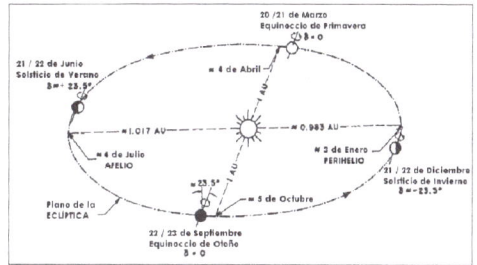

FIG. I.2. *Perihelio y afelio. Unidad astronómica.*

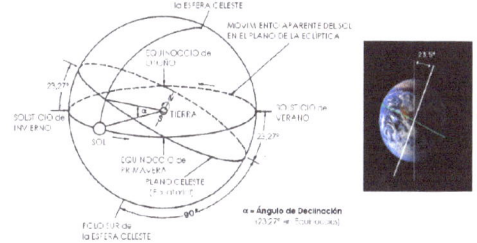

FIG. I.3. *Oblicuidad de la Eclíptica = inclinación del eje de rotación terrestre. Equinoccios y solsticios.*

Los dos círculos (el del plano celeste del ecuador terrestre y el de la eclíptica solar) tienen dos puntos comunes que coinciden en las fechas de los equinoccios. El ángulo es casi invariable en millones de años, pero disminuye en la actualidad a razón de 48 segundos de arco cada siglo, hasta que alcance 22°54', momento en que volverá a aumentar. En realidad la oblicuidad de la Eclíptica es la inclinación del eje de rotación de la Tierra, respecto al plano que sigue alrededor del Sol, pero la concepción geocéntrica del sistema solar hasta el siglo XVI, ha mantenido contaminada toda la terminología conceptual de la Astronomía que es una de las bases fundamentales de la Cartografía. Este ángulo de inclinación es el causante de los cambios estacionales en la radiación solar, inversos en cada uno de los dos hemisferios. El resultado es como si una esfera celeste girase en torno a la Tierra y junto con dicha esfera girase el Sol. La posición del Sol con relación al plano del ecuador celeste produce un ángulo denominado *declinación solar*.

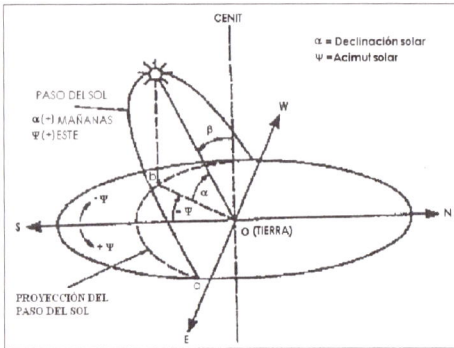

FIG. I.4. *Movimiento pseudogeocéntrico del sol. Declinación y acimut solar.*

La existencia de la esfera celeste, así como de estos dos planos y el ángulo que forman y, sobre todo, la distinta radiación solar que alcanza a cada hemisferio terrestre, junto a su carácter periódico anual, ha determinado la invención, por un lado, (a) de los *sistemas de referencia temporal anual*; y, por otro, (b) de los *sistemas de referencia espacial*:

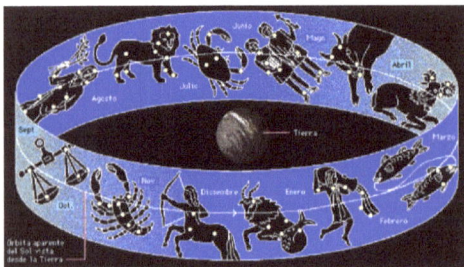

FIG. I.5. *Referencia temporal: casas del cielo o signos del Zodiaco.*

a) *Sistemas de referencia temporal anual*

La astrología divide la Eclíptica en doce arcos de 30° llamados *signos del Zodiaco*, o *casas del cielo*, que reciben cada una el nombre de la constelación de estrellas de fondo por las que pasa el Sol en la Eclíptica en cada fecha anual.

Las fechas claves son cuatro: por una parte, los dos *solsticios*[17]. En torno al 21 de junio se produce el *solsticio de verano boreal*, en el que la duración de la luz del día es máxima; y en torno al 22 de diciembre el *solsticio de invierno boreal*, en el que la duración de la luz del día es mínima. En estos dos momentos o puntos de la Eclíptica, el Sol está en la situación más alejada del ecuador celeste o, lo que es lo mismo, la declinación solar es máxima. Por otra parte están los dos *equinoccios*, también llamados *nodos*, que se corresponden con los dos puntos en los que la Eclíptica corta o tiene dos puntos comunes con el ecuador celeste[18]. El Sol está en el punto del *equinoccio de primavera boreal* en torno al 21 de marzo, y en torno al 23 de septiembre en el *equinoccio de otoño boreal*. Los equinoccios no son fechas fijas porque el plano del ecuador va girando en relación al de la eclíptica (movimiento denominado *nutación*), completando un giro completo cada 25.868 años. A esta variación se denomina *precesión de los equinoccios* y en realidad se produce a causa de un movimiento oscilatorio y vibratorio del eje de rotación terrestre.

b) *Sistemas de referencia espacial*

La existencia del ángulo que forman estos dos planos, y consiguientemente el de la incidencia de los rayos solares sobre la superficie terrestre, ha dado lugar a la invención de *sistemas de referencia espacial*, basados en puntos y líneas imaginarias que convencionalmente dividen a la Tierra en los cinturones climáticos. Así, y respecto a los planos perpendiculares al eje de rotación que cortan la superficie terrestre delimitando círculos, tenemos de Norte a Sur:

[17] El término «solsticio» significa en italiano sol quieto o inmóvil, que es la sensación que se produce porque en torno a esas fechas cambia muy poco su declinación de un día a otro.

[18] «Equinoccio» es también un término procedente del italiano que significa «noches iguales».

- POLO NORTE: Punto por el que corta el eje de rotación a la superficie terrestre por encima del plano ecuatorial[19].
- CÍRCULO POLAR ÁRTICO: Límite más bajo o meridional del área terrestre en la que no se oculta el Sol en el horizonte hacia el 21 de junio y no llega a salir en torno al 22 de diciembre. Este círculo conforma un plano paralelo al del Ecuador terrestre y se sitúa a 66°33' al Norte del mismo. Desde este círculo hacia el Polo Norte se van incrementando el número de días sin sol en invierno y sin noche en el verano hasta llegar a cubrir, respectivamente, 6 meses.
- TRÓPICO DE CÁNCER: Círculo también paralelo al plano ecuatorial y a una distancia en grados del mismo que es igual al ángulo de inclinación del eje terrestre o, lo que es lo mismo, al que forman el plano celeste y el de la Eclíptica; es decir 23°27'. Este círculo delimita los puntos en el hemisferio Norte en los que los rayos solares inciden verticalmente sobre la Tierra a mediodía en una fecha al año determinada: la del solsticio de verano boreal (21 de junio), que es la fecha en la que el Sol tiene como fondo sideral o entra en el sector de la Constelación de Cáncer; de ahí su nombre.
- TRÓPICO DE CAPRICORNIO: Círculo homólogo al anterior, pero situado en el hemisferio Sur, también a 23°27' del Ecuador. En los puntos que delimita este círculo los rayos solares son perpendiculares a mediodía del solsticio de verano austral (22 de diciembre), fecha en la que el Sol ocupa en la Eclíptica el sector de 30° que tiene como fondo la Constelación de Capricornio, cosa que también explica su nombre.
- CÍRCULO POLAR ANTÁRTICO: Homólogo del ártico en el hemisferio Sur y a una distancia angular igual del Ecuador (66°33'). La situación de luz solar directa durante 24 horas y ausencia de luz solar directa durante 24 horas se produce también pero en las fechas de solsticio inversas a las del ártico (22 de diciembre y 21 de junio respectivamente).

[19] Encima o debajo, derecha e izquierda son términos ambiguos en el espacio astronómico.

- POLO SUR: Punto opuesto al Norte por el que pasa el eje de rotación de la Tierra.

La zona terrestre comprendida entre los dos trópicos es denominada *tropical*, *intertropical* o *de bajas latitudes*; posee un clima muy cálido y húmedo todo el año.

La zona comprendida entre los trópicos y los círculos polares tiene climas variables porque son más variables las situaciones de verticalidad de los rayos solares, así como la duración del día y la noche, a lo largo del año. En conjunto es denominada *zona templada* o de *latitudes medias*.

La zona entre los círculos polares y los polos, en la que los rayos solares son prácticamente tangenciales a la superficie terrestre durante casi todo el año, son frías de modo permanente y es conocida como *zona polar* o *de altas latitudes*.

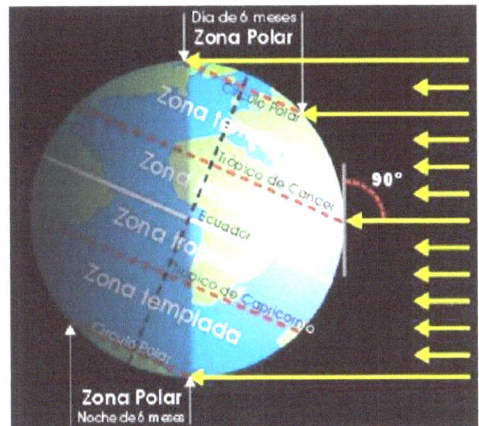

FIG. I.6. *Referencia espacial: líneas maestras sobre la superficie terrestre en función de la cantidad de radiación solar recibida y de su grado de perpendicularidad.*

I.1.2. BASES GEOMÉTRICAS DE LA CARTOGRAFÍA. LÍNEAS Y PUNTOS FUNDAMENTALES DE LA ESFERA TERRESTRE

Una vez determinados los elementos astronómicos que afectan a la superficie terrestre y que como hemos visto son perpendiculares al eje de rotación, se tiene en cuenta la forma de esfera del planeta para considerar todas las relaciones geométricas que se producen sobre su superficie, de modo que así se llega a establecer sistemas referenciales espaciales para localizar cualquier punto. Toda la trigonometría esférica es de aplicación matizada a la Tierra. Matizada porque no se trata de una esfera perfecta desde el punto de vista geométrico, es decir, con igual radio para cualquiera de los puntos de su superficie, sino de una esfera irregular o *esferoide*.

Los planos que son tangentes o seccionan a una esfera configuran puntos y círculos de distintas características. Respecto a los planos secantes, y en función de la longitud de los radios de las circunferencias que delimitan dichos círculos, se delinean dos tipos de círculos: *mayores o máximos* y *menores*. Los círculos máximos poseen 3 propiedades básicas:

1. Un círculo máximo biseca (corta en dos puntos) siempre a cualquier otro círculo máximo.
2. La distancia mínima entre dos puntos cualesquiera de la superficie esférica es la que delimita el arco de circunferencia del círculo máximo que pase por ambos y cuya proyección es un segmento recto.

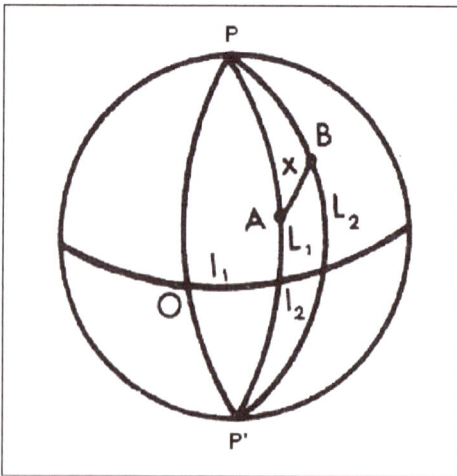

FIG. I.7. *Mínima distancia entre dos puntos de la superficie de una esfera.*

Ejemplo:

$$tg\,\alpha = \frac{\cos(70°\div50°)}{tg(-60°)} = \frac{\sqrt{3}}{6}$$
$$\alpha = 16°6'8''; L_1 + \alpha = 46°6'8''$$
$$\cos x = \frac{\cos 16°6'8''.\,sen\,46°6'8''}{-sen\,60°}$$
$$\log\cos(180°-x) = 1'90272$$
$$180 - x = 36°56'$$
$$x = 143°4'$$

3. El plano en el que se sitúa cualquier círculo máximo siempre biseca la esfera y por eso pasa siempre por su centro. Son círculos máximos todos los que contienen el centro de la esfera.

Por estas propiedades son muy utilizados en navegación tanto marítima como aérea.

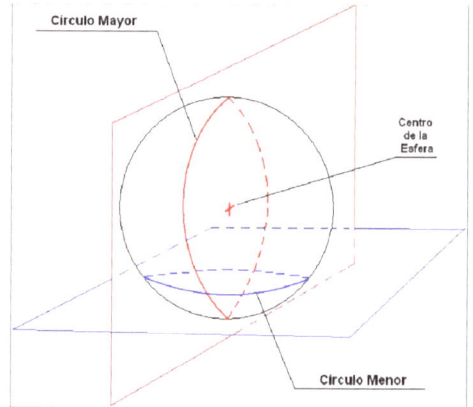

FIG. I.8. *Círculo máximo o mayor y menor de una esfera.*

De los círculos *perpendiculares al eje de rotación* de la esfera terrestre el único que es máximo es el que pasa por el centro del esferoide y que como divide la esfera en dos semiesferas o hemisferios iguales es conocido como *Ecuador* y es equidistante a ambos Polos. El resto son círculos menores, contenidos en planos paralelos al del Ecuador y, por tanto, también perpendiculares al eje de rotación de la Tierra, de radio más corto a medida que progresivamente se alejan del Ecuador; las circunferencias que delimitan son conocidas como *Paralelos*. Los demás círculos máximos en los planos que contienen al eje de rotación delimitan circunferencias, a cuyas mitades se les conoce como *Meridianos*; es decir, son semicírculos máximos de 180°. Así se configura el *sistema de referencia geográfico-esférico básico* mediante paralelos y meridianos. Como tales, estas líneas de circunferencia se miden en *grados*, así como toda distancia entre puntos o líneas contenidos en la superficie de la esfera.

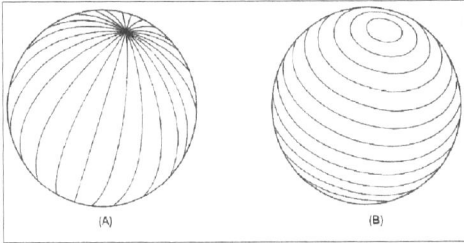

Fig. I.9. *Meridianos (A) y paralelos (B) de una esfera.*

Una vez establecida la red de coordenadas que constituyen los meridianos y paralelos, se eligieron convencionalmente uno de cada uno de ellos como elementos o ejes referenciales básicos para poder constituir un sistema de coordenadas y situar cualquier punto respecto a los mismos. De entre los paralelos se eligió el Ecuador como línea cero para determinar la distancia angular de cualquier punto de la esfera respecto a él, por ser el único círculo máximo de los que son perpendiculares al eje de rotación y el que divide a la esfera en dos mitades iguales. Al ángulo o distancia angular que forma un radio del Ecuador que pase por el meridiano del punto a situar y la línea que une dicho punto con el centro de la Tierra se le conoce como la latitud del punto.

Pero para situar un punto es necesario contar con otra coordenada y para ello se eligió otra línea perpendicular a la del Ecuador. Como en este caso ninguno de los círculos perpendiculares al Ecuador se diferencia de los demás de un modo natural, se llegó a la convención de elegir como origen de medida angular el meridiano que pasa por Greenwich, en las afueras de Londres, donde se ubica el Observatorio Astronómico inglés. El ángulo que desde cualquier punto del eje de rotación forman –en el

mismo plano del paralelo en el que se sitúa el punto del lugar en cuestión– las líneas que unen dicho eje con el meridiano de Greenwich y con el meridiano que pasa por el punto es lo que se conoce como su longitud.

Resumiendo, la longitud (coordenada M o x) es la distancia angular entre el Meridiano Local o del lugar y el de Greenwich o Meridiano Cero. Se expresa en grados, minutos y segundos de arco y se mide entre 0° (cero grados) y 180° hacia el Este y hacia el Oeste; mientras que la latitud (coordenada L o y) es la distancia angular entre el Paralelo Local o del Lugar y el Ecuador, tomado éste como origen. También se expresa en grados, minutos y segundos de arco y se mide entre 0° (cero grados) y 90° hacia el Norte y hacia el Sur.

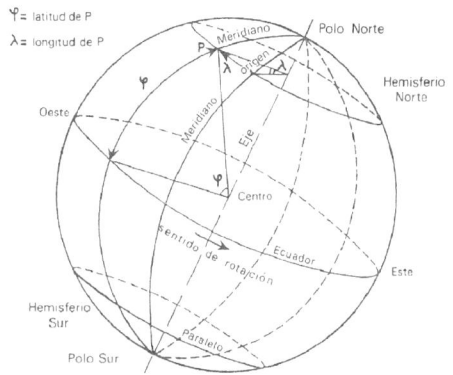

Fig. I.10. *Latitud y longitud.*

I.1.3. El problema de la situación de un punto sobre la superficie terrestre con ayuda de elementos referenciales exteriores

Pero las medidas que hasta ahora se han mencionado se refieren a ángulos medidos sobre una esfera desde su punto central o desde un eje de revolución de la misma. Y esto es un artificio epistemológico y geométrico (de trigonometría esférica) que no se puede realizar en la realidad[20]. En nuestro planeta sólo se pueden

---

[20] Salvo para los personajes de la novela de Julio Verne *Viaje al centro de la Tierra*, es imposible medir ángulos desde allí.

medir ángulos desde la superficie terrestre y con referencia a otros puntos que están fijos relativamente, pero exteriores a la misma; es decir, puntos astronómicos. Así la *latitud* de un lugar es igual a la altura (h°) en grados del conocido como Polo Celeste, o su complementario que es la distancia angular cenital (z). Este Polo Celeste es la *Estrella Polar* que está situada en el extremo de la Constelación de la Osa Menor (popularmente la *cola del carro*) y permanece estática en el hemisferio Norte[21]. Va adquiriendo una altura angular distinta (posición relativa distinta) en los pasos de avance sobre un meridiano. Se mide con un teodolito durante la noche, pues el resplandor solar vuelve invisible esta estrella durante el día. La latitud de un lugar también se puede obtener durante el día mediante el *sextante*, midiendo la altura angular que forma el Sol a mediodía sobre el horizonte, pero corrigiendo su distinta posición general a lo largo del año.

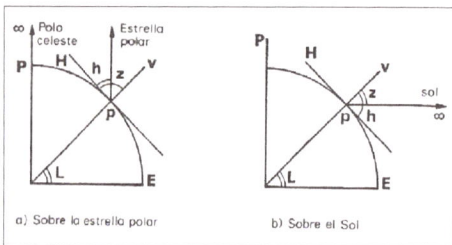

FIG. I.11. *Latitud astronómica*.

Una dificultad añadida es que como la Tierra es un esferoide achatado, una línea que vaya desde el Norte hasta el Sur tendrá menor curvatura cerca de los Polos y mayor cerca del Ecuador; así es que para observar una diferencia de un grado en la altura del Polo Celeste se requiere un camino oblicuo o lineal más largo en un meridiano cerca de las regiones polares[22].

La componente transversal de posición o distancia Este-Oeste (la *longitud*) se obtiene comparando la *hora local* o situación del Sol en cada lugar de un modo simultáneo, respecto a la del meridiano de Greenwich en el mismo momento. Esto se puede realizar así porque todos los lugares giran a la misma velocidad angular, sea cual sea su posición, aunque con distinta velocidad lineal en función de su latitud, a causa de la distinta separación entre los paralelos (máxima en el Ecuador y nula en los Polos): un grado de latitud es una distancia lineal igual a 1° de longitud en el Ecuador, pero a 60° de latitud será la mitad de distancia en longitud que en latitud; según la fórmula: 1 arco de 1° de longitud = coseno de la latitud x la medida del arco de un grado de latitud[23]. La medida de la longitud puede realizarse de dos modos: bien deduciéndola de la observación de algún astro en su paso por el plano del meridiano local o del lugar; o bien con relojes de péndulo o cronómetros de precisión puestos en hora cero en el meridiano 0° de Greenwich.

FIG. I.12. *Meridiano de Greenwich (Londres)*.

Hasta que en el siglo XVIII Harrison desarrolló un cronómetro preciso, la longitud de cualquier lugar de la Tierra estaba sometida a errores mucho mayores que la latitud. Hoy se ha conseguido reducir mucho los errores, mediante señales de radio de alta precisión que emiten relojes atómicos como, por ejemplo, para Europa

---

[21] Hace 5.000 años el eje de rotación no seguía a la estrella Polar sino a la estrella Thuban en la constelación del Dragón.

[22] Por ejemplo, un grado equivale a unos 110,6 km lineales cerca del Ecuador y 111,7 cerca de los Polos –1 km insignificante a pequeña escala pero importante a gran escala–.

[23] Por ejemplo, en el Ecuador un grado de longitud cubre 111,321 km, mientras que a 80° de latitud cubre 19,394 km y a 90° de latitud un grado de longitud cubre 0 km lineales.

desde el DCF77 de Fráncfort en Alemania. A *cada hora* o 60 minutos de diferencia horaria corresponde una *diferencia de longitud de 15 grados*; que es el resultado de dividir los 360° de la circunferencia de cualquier círculo paralelo entre las 24 horas que tiene el día[24].

Así se conformó el conjunto de *husos horarios* o de diferencia horaria del planeta, cada uno de 15 grados, aunque en ocasiones son más anchos por conveniencia de unificación horaria administrativa en algunos países que cubren varios husos horarios, ya que la convención de Greenwich no tuvo en cuenta la distribución real de los continentes y los países. Sin embargo, el que el origen Cero horas mundiales sea Greenwich tiene como ventaja que su antemeridiano (180° Este u Oeste), que se corresponde con el de cambio de fecha, está situado en el océano Pacífico. Así no existe ningún país administrativamente unido que tenga dos fechas distintas.

Una vez establecido el sistema de referencias situacionales esféricas mediante teodolito o sextante y reloj, hay que tener en cuenta la aplicación a la realidad para levantar un mapa; es decir, el paso desde el planeta Tierra al geoide; del geoide al elipsoide; desde el elipsoide al esferoide y del esferoide hasta el plano:

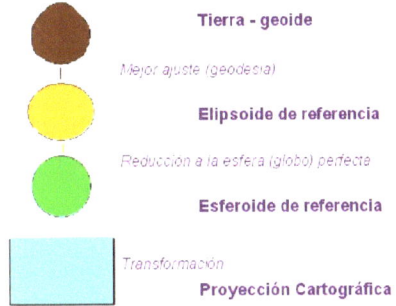

Fig. I.14. *Traslado desde la Tierra al plano.*

Fig. I.13. *Husos horarios.*

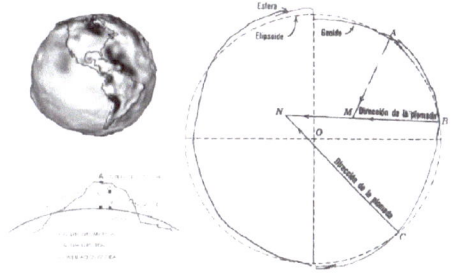

Fig. I.15. *Geoide y elipsoide.*

I.1.4. Aplicación cartográfica sobre la realidad de la esfera terrestre: geoide, esferoide, elipsoide y datum. La Geodesia

Desde el punto de vista cartográfico, respecto a la Tierra hay que considerar cuatro figuras fundamentales (geoide, elipsoide, esferoide y plano proyectado) que constituyen, a su vez, tres fases fundamentales en el proceso de elaboración de los mapas:

1. La distribución irregular de la masa terrestre afecta a la dirección e intensidad de la fuerza de la gravedad, y además determina

[24] En puridad hay que considerar los 180° del conjunto de meridianos (los otros 180° constituyen el conjunto de antimeridianos) divididos por la mitad del día (12 horas).

la horizontalidad y la verticalidad en cada lugar. La forma de esferoide irregular que considera las anomalías de la gravedad se denomina *geoide*. El geoide es la superficie de nivel (equipotencial en el campo de la gravedad) que adopta una forma de esferoide irregular. Como depende de la distribución de masas en el interior de la Tierra es imposible su representación matemática; es decir, no existe ninguna función matemática que cubra o defina la forma irregular del geoide. Para ello se utiliza el *elipsoide de referencia* que más se le aproxime o ajuste y que sí puede ser expresado mediante una función matemática.

2. Por lo tanto, para elaborar los mapas las medidas realizadas sobre el Geoide deberán transferirse en primer lugar a una superficie geométrica regular de referencia: el denominado *elipsoide* que incorpora el achatamiento y se aproxima mucho al geoide. El *elipsoide* coincide con la línea de la superficie del agua de los océanos en reposo, extendida virtualmente por debajo de los continentes; de manera que la dirección de las líneas de plomada crucen perpendicularmente esta superficie en todos sus puntos.

3. Las relaciones geográficas tridimensionales del elipsoide deberán transformarse (pasando previamente por su proyección a una esfera) a un plano bidimensional o mapa, por medio de distintos procedimientos geométricos que constituyen las *proyecciones cartográficas*.

La determinación de las características del geoide y los elipsoides concierne a un campo de las Matemáticas Aplicadas denominado *Geodesia*[25]. La Geodesia tiene como objeto determinar la forma (figura) y las dimensiones de la Tierra. Por eso, previamente a la realización del mapa topográfico de un país, es necesario realizar los trabajos de Geodesia que permitan obtener datos para determinar con exactitud los puntos de control de la triangulación y la nivelación. Se divide en dos grandes ramas:

[25] Término procedente del griego γεωδαισια –división de la Tierra–.

a) La *Geodesia General o Científica*, que mide las relaciones geométricas exactas existentes entre dos o más puntos diferentes de la superficie terrestre.

b) La *Geodesia Regional o Práctica*, que establece sobre un territorio dado una red de puntos materiales de posición y altitud perfectamente conocidos, denominados *puntos o vértices geodésicos*, que sirven como referencias fundamentales para situar los demás puntos mediante triangulación, y así poder levantar los mapas topográficos.

DETERMINACIÓN DEL GEOIDE Y EL ELIPSOIDE DE REFERENCIA MEDIANTE 4 TIPOS DE DATOS

1) *Datos astronómicos*: Mediante la observación de los eclipses de luna los griegos ya conocían la forma esférica de la Tierra; conocimiento que, en contra del tópico histórico, no se perdió ya en ningún momento. Además, desde la temprana época helenística se dispuso del *gnomon*, antecedente del sextante, que les permitía conocer la latitud midiendo la altura del Sol sobre el horizonte. La Astronomía de posición suministra a la Geodesia:

i) Información sobre la forma y achatamiento de la Tierra.

ii) La irregularidad respecto al geoide, midiendo la vertical en cada lugar.

iii) La orientación o acimut geodésico.

2) *Datos geométricos*: Facilitados por las técnicas de triangulación y nivelación que se verán más adelante.

3) *Datos geofísicos*: Fundamentalmente gravimétricos. Por medio de péndulos que miden las variaciones de la fuerza de la gravedad en los distintos lugares de la Tierra se determinan las deformaciones del geoide.

4) *Datos espaciales*: Gracias a los satélites artificiales agrimensores, tanto de tipo pasivo, como por ejemplo el PANGEOS, como de los activos que utilizan microondas o rayos láser, como, por ejemplo, el ECHO o el GEOS.

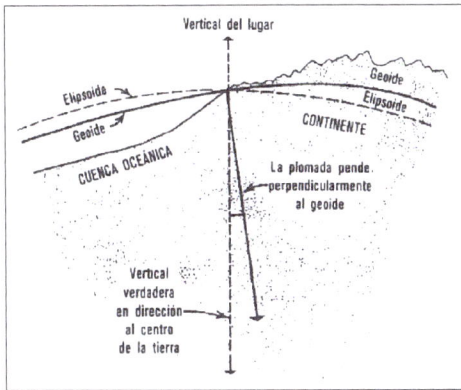

Fig. I.16. *Determinación de los «datums».*

Todos los datos así obtenidos e integrados entre sí permiten detectar y definir la figura exclusiva de la Tierra, el *geoide,* cuyo término significa precisamente eso: «forma de la Tierra». El geoide es una superficie equipotencial, es decir, aquella en la que es igual la fuerza de la gravedad en todos sus puntos y la dirección de sus vectores es perpendicular en todos los lugares. Debido a variaciones en la distribución de las masas continentales y a las distintas densidades de los componentes minerales, el geoide asciende en los continentes y desciende en las áreas oceánicas. Todas las observaciones se realizan sobre y desde el geoide, pero como, por ser una superficie equipotencial, es irregular, y por tanto la dirección de la gravedad no se dirige en todos los puntos hacia el centro de la Tierra, es necesario corregir las desviaciones de la vertical en cada punto, de modo que las medidas de distancia realizadas sobre la superficie coincidan con las realizadas con medios astronómicos.

El geoide también está deformado por el movimiento de rotación y se achata en los Polos: la línea cerrada que pasa por los dos Polos es elíptica; de modo que el radio del eje ecuatorial es unos 21,5 km mayor que el de rotación o eje polar, adquiriendo así una forma aproximada de un elipsoide de revolución que supone un modelo matemático teórico de referencia, realizado mediante medidas que unen distintos puntos del espacio geográfico, y sirve de base para realizar mapas más precisos, como

paso intermedio de los sistemas de proyección hasta pasar la superficie terrestre al plano. A este modelo se lo conoce como *elipsoide de referencia:*

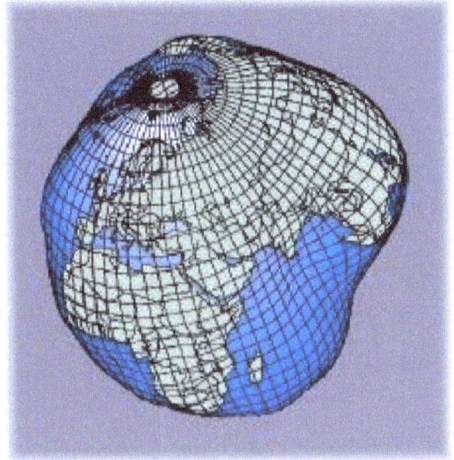

Fig. I.17. *Exageración del geoide.*

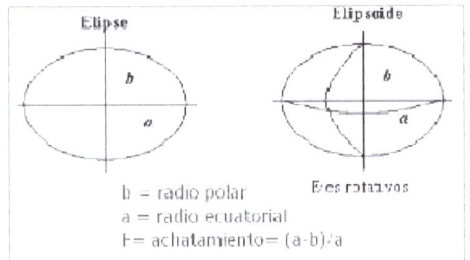

Fig. I.18. *Determinación de los elipsoides.*

Se han realizado muchos y variados cálculos que han supuesto la existencia de una gran diversidad de ellos: Hasta 1924 cada nación venía utilizando el elipsoide que mejor se adaptaba a su superficie, y así la antigua Red Geodésica Española utilizaba el «elipsoide de Struve» cuyas dimensiones son: semieje mayor a = 6.378.298,3 metros; semieje menor b = 6.356.657,1 metros; y aplanamiento o achatamiento @ = 1:294.73.

En los países de la Europa central se empleó para estudios geodésicos el elipsoide de Bessel, de dimensiones a = 6.377.397 y @ = 1/299. En Inglaterra ha servido el de Clarke (1866), a = 6.378.207 metros, con @ = 1/295. Y en Francia se tomó el de Clarke (el de 1880), a = 6.378.249 metros y @ = 1/293.

Los parámetros mínimos necesarios para definir un elipsoide son tres:
– *Radio ecuatorial* = a
– *Radio polar* = b
– *Aplastamiento* f =(a-b)/a

Elipse	a	f
Airy 1830	6377563.396	299.3249646
Bessel 1841	6377397.155	299.1528128
Clarke 1866	6378206.4	294.9786982
Clarke 1880	6378249.145	293.465
Everest 1830	6377276.345	300.8017
Fischer 1960 (Mercury)	6378166	298.3
Fischer 1968	6378150	298.3
G R S 1967	6378160	298.247167427
G R S 1975	6378140	298.257
G R S 1980	6378137	298.257222101
Hough 1956	6378270	297.0
International	6378388	297.0
Krassovsky 1940	6378245	298.3
South American 1969	6378160	298.25
WGS 60	6378165	298.3
WGS 66	6378145	298.25
WGS 72	6378135	298.26
WGS 84	6378137	298.257223563

Tabla I.1. *Parámetros de algunos elipsoides de referencia.*

En 1924, según acuerdo tomado por la Asociación Geodésica Internacional, en asamblea celebrada en Madrid, se adoptó como Elipsoide Internacional de Referencia el elipsoide de Hayford, de dimensiones: a) (radio ecuatorial) = 6.378.388 metros, b) (radio polar) = 6.356.911,946 metros y c) achatamiento @= 1/297. Este elipsoide es desde entonces uno de los más utilizados.

A finales del siglo XIX y principios del XX se realizaron gran cantidad de medidas de alta precisión en Estados Unidos, como por ejemplo las del elipsoide de Clarke en 1866 y 1880, luego corregidas con datos astronómicos por Hayford en 1909-10 con las características ya vistas. Más ajustado en sus medidas fue el elipsoide del soviético Krassovsky en 1948; o el conseguido mediante acuerdo internacional por la Asociación Internacional de Geodesia y Geofísica en 1963 y adoptado como Elipsoide de la Unión Astronómica Internacional (1967), con una relación de achatamiento de 1/298,25, un semieje mayor de 6.378.160 m y un semieje menor de 6.356.770 m. Retocado en 1980 con el nombre de Sistema Geodésico de Referencia (GRS80) –Geodetic Reference System 1980–) con un semieje mayor de 6.378.137 m, un semieje menor de 6.356.752 m y una relación de achatamiento de 1/289,257:

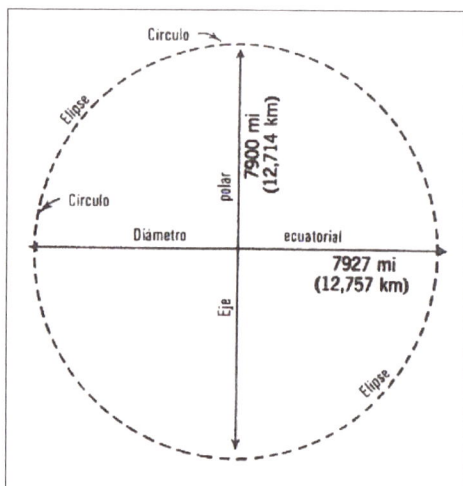

Fig. I.19. *Elipsoide Internacional de Referencia –1924– (Hayford 1909).*

Geodetic Reference System 1980 (GRS80)
Adoptado por la Asociación Internacional de Geodesia (International Association of Geodesy –IAG–) durante la Asamblea General en 1979. Sus principales parámetros son:

Parámetro	Símbolo	Valor
Constantes definidas		
Radio Ecuatorial de la Tierra	a	6.378.137 m
Constante geocéntrica gravitacional (incluyendo la atmósfera)	GM	$3.986.005 \cdot 10^8$ m³s⁻²
Factor dinámico de la forma (excluidas las mareas permanentes)	J_2	$108.263 \cdot 10^8$
Velocidad angular de la Tierra	w	$7.292.115 \cdot 10^{-11}$ rads⁻¹

Parámetros geométricos derivados

Semieje menor (radio polar)	b	6.356.752,3141 m
Primera excentricidad	e^2	0,00669438002290
Achatamiento	f	1: 298,257222101
Radio medio	R_1	6.371.008,7714 m
Radio de una esfera con superficie equivalente	R_2	6.371.007,1810 m
Radio de una esfera con volumen equivalente	R_3	6.371.000,7900 m

Parámetros físicos derivados

Potencial perpendicular al elipsoide	U_0	62.636.860,850 m²s⁻²
Gravedad perpendicular en el Ecuador	g_e	9,7803267715 m s⁻²
Gravedad perpendicular en el Polo	g_p	9,8321863685 m s⁻²

TABLA I.2. *Parámetros del sistema GRS80.*

Las dimensiones de la Tierra desde las toscas primeras medidas de Eratóstenes registradas por Ptolomeo han llegado a una casi definitiva precisión y según el GRS80 son las siguientes:

Diámetro ecuatorial: 12.756,3 km. Diámetro polar: 12.713,5 km (diferencia: 42,800 km). Circunferencia ecuatorial: 40.075,1 km. Radio aproximado de la superficie equiárea (la que posee la misma superficie que el elipsoide): 6.371 km. Superficie aproximada de la Tierra: 510.064.500 km².

Resumiendo: Las ideas básicas que deben prevalecer son la de que el geoide es una figura irregular que es la que más se acerca a la forma real de la Tierra; que el elipsoide es una figura regular que sirve de paso intermedio en las proyecciones cartográficas; y que la relación entre ambas es lo que se conoce como DATUM, que define la posición del esferoide con respecto al centro de la Tierra en un punto. En 1867, Newton enunció el principio que indica que la forma de equilibrio de una masa homogénea y fluida que esté regida por las leyes de la gravitación universal, y se encuentre girando alrededor de un eje, es un elipsoide de revolución y por tanto aplastado en los polos. Pero las medidas realizadas sobre el terreno claramente indicaron que la Tierra no era un elipsoide perfecto. La hipótesis de Newton se hubiera verificado sólo si las masas internas de la Tierra fueran completamente homogéneas. Por eso, se admite como forma de la Tierra la superficie de equilibrio materializada por los mares en calma; superficie que, como se ha dicho, se denomina geoide. Sobre ella el vector fuerza de gravedad en todos sus puntos es perpendicular.

Para los cálculos geodésicos se toman unos puntos llamados *datum* en los que la normal al geoide o dirección de la plomada coincide con la normal al elipsoide. En cualquier otro punto de la superficie terrestre las líneas perpendiculares al geoide y al elipsoide forman un ángulo denominado *desviación relativa de la vertical*. El valor de este ángulo dependerá del elipsoide que se haya adoptado para realizar los cálculos geodésicos y de la forma como se hayan realizado las medidas y cálculos desde el datum elegido. La diferencia entre la latitud astronómica de un lugar, el ángulo que forma la normal al geoide con el plano del Ecuador y la latitud geodésica del mismo lugar o ángulo que forma la normal al elipsoide con el Ecuador es también el valor de la desviación relativa de la vertical.

Desde el punto de vista (1) *gravimétrico* hay dos tipos de *datums*: los centrados y los locales. En los *centrados* el centro de masas terrestres coincide con el geométrico del geoide, mientras que los *locales* sólo resultan validos para las posiciones geográficas dónde se localizan. El *datum* es el punto de referencia para la determinación del resto de coordenadas de los vértices geodésicos.

Los *datum locales* se sitúan mediante un modelo de elipsoide de referencia y un modelo de gravedad. Parámetros como las dimensiones del elipsoide elegido, que siempre es el que mejor encaja en la zona donde existe el datum, o la elección de un punto astronómico fundamental y de una orientación de partida de la red geodésica, etc., son los necesarios para fijar la posición del datum. Los valores numéricos de estos parámetros se eligen de manera que tengan los residuos más pequeños.

Por el contrario, un *datum global* se define con cuatro parámetros que persiguen fines similares a los locales:

a) *Semieje mayor* (a) o ecuatorial del elipsoide.

b) Constante de *gravitación* (GM).

c) Coeficiente de la *forma dinámica* (J2).

d) *Velocidad angular* de la Tierra (w).

Con ellos están definidos tanto el WGS84 como el GRS80, que son los sistemas de datum global más utilizados en la actualidad. Para ambos casi todos sus parámetros son iguales; solamente hay una pequeña diferencia en el coeficiente de la forma dinámica J2. Por eso, para casi todas las aplicaciones cartográficas ambos sistemas pueden ser tomados como idénticos.

Definidos teóricamente estos sistemas, hay que materializarlos en el terreno. Esto se hace a través de una colección de puntos geodésicos con sus coordenadas establecidas en estos sistemas globales. El conjunto de dichos puntos se denomina *Marco de Referencia Geodésico*. En todo caso, sus posiciones no son invariables en el tiempo.

Desde el punto de vista (2) *espacial*, que es el que más interesa a la cartografía topográfica, también existen dos tipos de *datums*: horizontales y verticales. Los *horizontales* están constituidos por los lugares en los que coinciden la línea vertical astronómica o línea normal (perpendicular) al geoide y la vertical geodésica o línea normal (perpendicular) al elipsoide de referencia. O, lo que es lo mismo, los datums son los puntos o lugares de la superficie terrestre en los que *el geoide y el elipsoide se cortan o son tangentes*. Los datums *verticales* están constituidos por los puntos de la superficie de altitud nula (0 metros de altitud).

En el caso de España el datum horizontal es actualmente el datum de Potsdam, que es el más próximo a nuestro país, o Datum Europeo (Europea Datum de 1950: ED50)[26]. En España el datum vertical es el NMMA (nivel medio del mar en el mareógrafo de Alicante).

---

[26] El punto astronómico fundamental del datum ED-50 está situado en la Torre de Helmert (en la que trabajó Einstein) que está en el observatorio de Potsdam, población cercana a Berlín y que se escogió en los años cincuenta como centro del datum local ED50. Existen otros datum posteriores definidos también sobre este punto que son el ED79 y ED87, pero estos datums sólo se utilizaron en aplicaciones científicas o técnicas, y en ningún momento se llegó a publicar cartografía referida a ellos, al menos en España. Aquí se utilizó antes de 1950 la cúpula del Observatorio Astronómico Nacional de Madrid (Atocha) y la cartografía española antes de esa fecha se refería toda al MERIDIANO DE MADRID, por eso las longitudes de dicha cartografía hoy hay que convertirlas al meridiano de Greenwich.

I.1.5. LAS MEDIDAS SOBRE LA PROPIA SUPERFICIE TERRESTRE. LAS REDES DE TRIANGULACIÓN

Las redes de triangulación permiten situar puntos terrestres por su posición relativa respecto a una serie de puntos principales denominados *vértices geodésicos*, cuyas coordenadas exactas son determinadas, desde el siglo XVII, mediante las técnicas astronómicas antes descritas. Así se va formando una red de triángulos, cuyo conjunto constituye una *cadena de triangulación jerarquizada en 4 niveles*:

– Uno primero de *primer orden* que tiene los puntos más alejados entre sí (25-40 km).
– Un segundo más denso e inscrito en la anterior con distancias entre 20-25 km de *segundo orden*.
– Un tercero y un cuarto nivel, inscritos sucesivamente con distancias entre los vértices de 2-3 km de *tercer* y *cuarto orden*.

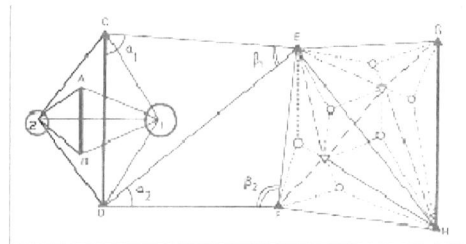

$$ED = \frac{CD.\operatorname{sen}\alpha_1}{\operatorname{sen}\beta_1}$$

FIG. I.20. *Redes geodésicas de triangulación*.

En toda red de triangulación se requiere el establecimiento previo de una *base de partida* (AB), que se mide muchas veces (medidas de ida y vuelta) para compensar los errores. Las medidas de dicha base de partida se pueden realizar generalmente con:

1. *Hilo invar*[27]. Suele ser una BASE de 8-12 km, medidos en un terreno llano y con acimut perfectamente determinado.

---

[27] Instrumento geodésico de medida de gran precisión consistente en un alambre de 24 metros de longitud, fabricado de «invar» –aleación de hierro y níquel (36%)– de unas características dimensionales muy estables que se fija

2. *Geodímetros* que se basan en la emisión de rayos lumínicos láser de ida y vuelta, modulados en amplitud y con diferencia de fase determinable.

3. *Telurómetros* que emiten radiaciones de ondas decimétricas.

Esta *base de partida* se enlaza con puntos geodésicos fundamentales, constituidos por los *datums nacionales* (como, por ejemplo, la cúpula del Observatorio Astronómico de Atocha en Madrid, o la cúpula del Panteón en París, el datum de Potsdam, etc.) y los vértices geodésicos para la medida de los triángulos de primer orden. El resto de ángulos se miden ya con teodolito. En la figura I-20 puede seguirse el proceso:

– AB = Base de partida
– 1, 2, C, D = Triangulación de ampliación de la base.
– CD, GH = Lados medidos y orientados de la triangulación de primer orden.
– Líneas de trazos = Red de segundo orden.
– Líneas de puntos = Red de tercer orden.

ED = CD. sen α_1 / sen β_1;
EF = ED. sen α_2 / sen β_2 CD. (sen α_1 . sen α_2) / (sen β_1 . sen β_2).

Actualmente se utilizan para este tipo de medidas balizas terrestres y emisiones de radar, así como redes de satélites de posicionamiento del tipo de las del sistema GPS y Galileo.

NIVELACIÓN: El espacio que hasta ahora se ha considerado para la situación de un punto es bidimensional, de dos coordenadas, pero el espacio real es tridimensional. Hay una tercera dimensión o coordenada geográfica fundamental para localizar y situar cualquier punto en el espacio: es la *variable Z* o *altitud* que también se obtiene de un modo relativo, respecto a un nivel convencional del que se habló al definir la superficie de referencia o geoide. Éste es el del *datum vertical* o *nivel medio del mar* en un lugar convencionalmente establecido. En el

en cada extremo sobre poleas y pesas de 10 kg y terminada en una regla milimétrica. El cálculo de cada medida realizada con hilo invar incluye correcciones de errores provocados por la inclinación de la catenaria, la gravedad y la temperatura.

> **Sistema geodésico RE-50**: Sistema sobre el cual se apoya la Red Geodésica Nacional Española desde los años cincuenta del siglo XX. Está basado en las siguientes referencias:
>
> Datum: Potsdam.
> Origen de latitudes: Ecuador.
> Origen de longitudes: Meridiano de Greenwich.
> Elipsoide Internacional Hayford.
>
> **Sistema geodésico red antigua**. Sistema Geodésico vigente en España antes que el RE-50. Sus características técnicas son:
>
> Punto Fundamental o datum: Observatorio de Madrid.
> Origen de Latitudes: Ecuador.
> Origen de Longitudes: Meridiano del observatorio de Madrid.
> Superficie de referencia: Elipsoide de Struve.

TABLA I.3. *Redes geodésicas de triangulación modernas y antiguas en España.*

caso de España ese nivel corresponde al del mareógrafo de Alicante.

El establecimiento de la altitud se realiza mediante cinco tipos de métodos de medida:
1. *Geodésica*, que consiste en realizar medidas de *ángulos verticales*, aprovechando las medidas de triangulación horizontal.

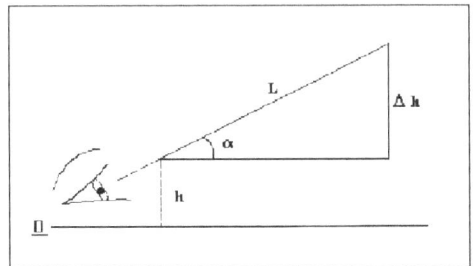

Δh = L. sen α
Δh = Desnivel a medir
L = Distancia geométrica entre los puntos
α = Ángulo de la pendiente
S = Distancia proyectada o reducida

FIG. I.21. *Medida geodésica de la altitud.*

2. *Directa o geométrica de precisión*, que determina las variaciones de nivel (h) entre puntos distanciados 50-60 metros entre sí, mediante medidas sucesivas y referenciadas siempre a la *red de altimetría* o de *nivelación nacional* correspondiente, que arranca en el nivel relativo cero del mar, en Alicante para España o en Marsella para Francia.

3. *Indirecta o trigonométrica* mediante la distancia proyectada, reducida o cartográfica S:

$\Delta h = S. \, tg \, (tangente) \, \alpha$

4. *Barométrica*, que sigue el principio de la variación de la *presión atmosférica* con la altura (altímetro de los aviones). En 1799 el alemán Alexander Humboldt junto al francés Bonpland recorrió España desde Valencia a Coruña con varios aparatos de invento muy reciente (el barómetro entre ellos), gracias a lo cual puso de manifiesto por vez primera que el centro de la Península Ibérica era una meseta[28].

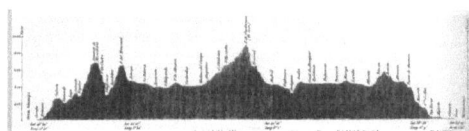

FIG. I.22. *Perfil barométrico de España realizado por Alexander Humboldt en 1799.*

La medida altitudinal con el barómetro, que en realidad pone en relación las densidades del aire y la del mercurio, tiene el inconveniente de que hay que tener muy en cuenta las variaciones de presión producida por los propios fenómenos atmosféricos dinámicos y, por ello, hay que realizar varias medidas en el punto de altitud de referencia (con altitud conocida) y en el punto en el que se quiera determinar la altitud. Con todo, el margen de error oscila entre 1 y 10 metros:

[28] Humboldt publicó en 1825 en la revista alemana *Hertha* el perfil altitudinal entre ambas ciudades con las medidas tomadas con el barómetro.

* *Hasta altitudes de 2.000 m:*

$$\frac{h_{Hg}}{h_{aire}} = \frac{d_{aire}}{d_{Hg}} = \frac{1'293}{13.590}; h_{aire} = h_{Hg} \bullet \frac{13.590}{1'293}$$

(1)

Por lo tanto, cada milímetro de la columna de mercurio del barómetro-altímetro equivale a 10,5 m de altitud.

* *Para altitudes superiores a 2.000 m* se utiliza una fórmula puramente empírica:
La disminución de la densidad del aire a causa de la menor fuerza de la gravedad rompe la relación (1) y ha de utilizarse la *fórmula hipsométrica* para calcular la diferencia de altitud entre dos puntos:

$$h = 18.400 \bullet log\frac{H_1}{H_2} \, m; h_x - h_0 = h_x = 18.400 \bullet log\frac{760mm}{H_x}$$

(2)

h_0 = Altitud del nivel del mar
H_x = Altura de la columna de mercurio en el punto en el que se desea calcular la altitud (h_x)

5. *Radar aerotransportado* mediante el que la altitud se obtiene por el registro continuo de una sonda-radar referida a la altitud del vuelo del avión.

Resumen:
Se ha visto cómo se consiguió solucionar el problema de la situación de un punto en el espacio tridimensional terrestre mediante técnicas basadas en la Astronomía, la Geodesia, la Trigonometría y la Física Atmosférica o del Aire. En todos los casos se realiza referenciándolo a puntos exteriores, bien astros (Sol, estrellas, constelaciones, etc.); o bien a líneas convencionales e imaginarias de la propia superficie terrestre, constituidas por alguno de los círculos mayores, como el Ecuador y el Meridiano de Greenwich. A continuación trataremos de la ayuda que para dicho cometido supuso un avance científico muy importante, puesto en práctica generalizada en el siglo XIV: el invento de la brújula en el siglo XI en Oriente y el consiguiente y

posterior descubrimiento por William Gilbert en 1600 de que la Tierra se comporta como un imán gigantesco. Es decir, del recurso a factores geofísicos y geodinámicos en general y al magnetismo terrestre en particular.

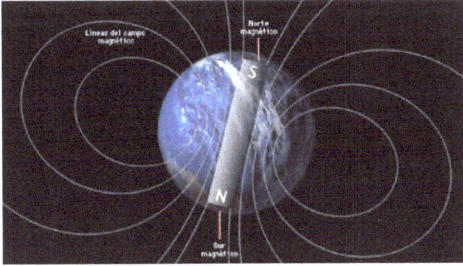

Fig. I.23. *El campo magnético terrestre.*

I.1.6. El magnetismo terrestre

Los campos magnéticos de la Tierra se generan por su configuración de masas, el tipo de materiales de sus capas interiores y especialmente de su núcleo, y por sus movimientos de traslación y de rotación. Son el resultado de las características geológicas y dinámicas de la Tierra. No es que el núcleo de Hierro-Níquel esté magnetizado permanentemente, puesto que el hierro no mantiene un magnetismo permanente cuando está por encima de 540° de temperatura y en el centro del Planeta se calculan temperaturas de 6.650 °C. La teoría de la dinamo sostiene que el núcleo férrico es fluido, excepto en el mismo centro donde las altísimas presiones lo mantienen sólido. Este centro sólido gira más despacio que el núcleo exterior fluido, lo que produce el campo magnético terrestre y su traslado secular hacia el Oeste. La constatación de que algunos materiales tienden a disponerse de manera permanente, según unas líneas orientadas fijas, llevó a la concepción e invento de la brújula como instrumento de orientación referencial sobre tierra firme y el océano (portulanos según la rosa de los vientos).

Este comportamiento como un auténtico *dipolo magnético* o gigantesco imán con dos polos infinitamente próximos entre sí situado en el centro de la Tierra sirve como un marco de referencia geográfico añadido a los anteriores.

Un polo es positivo y el otro es negativo respecto a la disposición electrónica de los átomos. Estos dos polos están unidos entre sí por una línea que, aproximadamente, sigue la del eje de rotación o revolución terrestre (eje menor del elipsoide); aunque, como veremos, difiere en su disposición angular respecto a éste. Las líneas de fuerza del campo magnético terrestre se cierran en los polos, lo que explica el fenómeno de la simultaneidad con la que se producen las auroras boreales y las australes. Estas líneas salen desde el Polo Sur geográfico y vuelven a la Tierra por el Polo Norte geográfico. Es decir, que el Polo *Norte Geográfico* se corresponde y está próximo al Polo *negativo* del dipolo terrestre o Polo *Sur Magnético*; y el Polo *Sur geográfico* al Polo *positivo* del dipolo o Polo *Norte Magnético*.

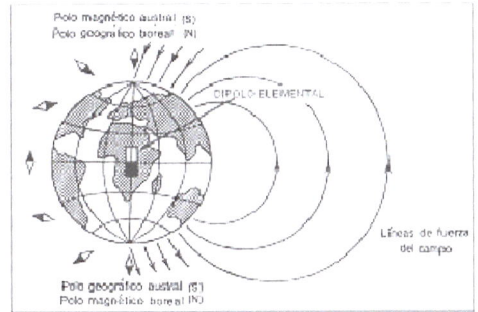

Fig. I.24. *El dipolo o imán terrestre.*

La característica fundamental radica en que el eje del dipolo elemental *no* coincide con el de rotación terrestre que, conviene recordar, además de inclinado respecto de la eclíptica sufre cierto movimiento vibratorio excéntrico (precesión de los equinoccios). El eje magnético está actualmente desplazado del de rotación un ángulo de aproximadamente unos 12° (11°26') y cruza la superficie terrestre en dos puntos. El correspondiente al Polo Sur Magnético se sitúa aproximadamente en la actualidad en las coordenadas 78°34' de latitud Norte y 110°4' de longitud Oeste (costa Oeste de la isla de Bathurst en el Ártico, al NW de Canadá). Y el punto de cruce que se corresponde con el Polo Norte Magnético tiene las coordenadas 78°34' de latitud Sur y 110° 4' de longitud Este (Tierra Adelia en el extremo del continente Antártico).

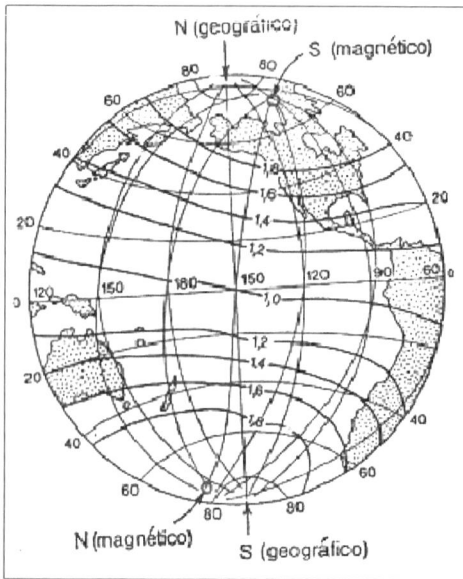

Fig. I.25. *Desplazamiento del eje magnético respecto al de rotación terrestre.*

Una línea de fuerza magnética tiene un trazado tridimensional que se puede descomponer en dos planos, uno horizontal y otro vertical. En el plano vertical el vector *intensidad completa* se divide a su vez en una componente vertical y otra horizontal. El *ángulo* que forma la componente horizontal del vector intensidad completa y el meridiano geográfico local recibe el nombre de *declinación magnética*. Mientras que el ángulo de desviación del vector de intensidad completa respecto al plano horizontal se denomina *inclinación magnética*. El primer ángulo coincide con la desviación de la línea que marca la brújula hacia el Sur magnético respecto a la línea que marca la dirección hacia el Norte geográfico (la de su meridiano local) en un punto. Por esto, los mapas científicos (generalmente los topográficos de escala media y grande) deben aportar, cuanto menos, la declinación magnética y la fecha en la que se midió ésta. Este factor es fundamental para las orientaciones sobre el terreno o el mar con una brújula y un plano; así como para la localización en

el mapa del punto en el que nos encontramos y poder seguir marcando rumbos hacia los que trasladarse.

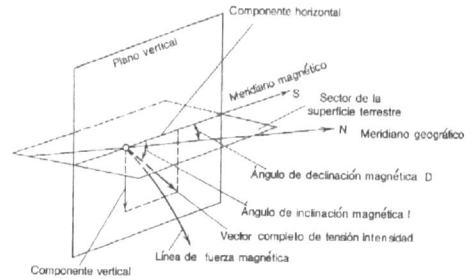

Fig. I.26. *Componentes vectoriales de las líneas de fuerzas magnéticas.*

Los campos magnéticos también definen sobre la superficie terrestre líneas parecidas a las geográficas. Y así se distinguen:

– Los puntos que poseen valores iguales de *intensidad completa* forman las líneas *isodinámicas*.
– Los puntos que tienen *ángulos iguales de declinación magnética* forman las líneas *isógonas*.
– Los puntos que forman *ángulos iguales de inclinación magnética* forman las líneas *isóclinas*.

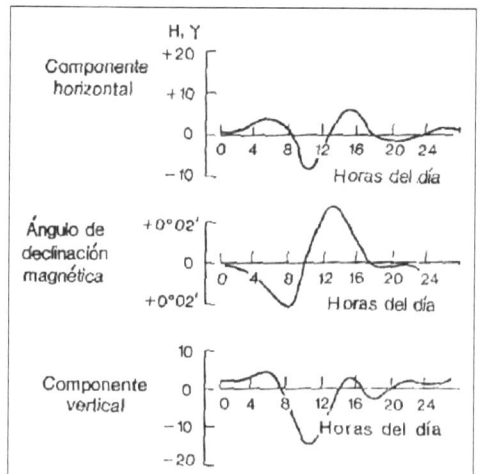

Fig. I.27. *Variación horaria de la intensidad magnética.*

Pero es que, además, una complicación añadida es la de que el campo magnético terrestre no es permanente ni constante, sino que varía en intensidad y varía angularmente en el tiempo.

Del total del campo magnético terrestre el 6% corresponde a influencias externas al planeta, sobre todo del Sol, y el 94% a factores propios o internos de la Tierra, como el movimiento de rotación, los movimientos convectivos interiores de las masas fluidas (lavas), las fusiones nucleares internas, etc.

Todos estos factores van produciendo grandes variaciones en el campo magnético a lo largo de periodos de tiempo muy extensos, del orden de milenios. Mediante el análisis de los isótopos radiactivos se ha detectado un magnetismo remanente en las rocas volcánicas enfriadas que nacen en las dorsales oceánicas y se desplazan lateralmente desde ellas, e indica inversiones en la polaridad del dipolo que se repiten cada 960.000 años. Estos desplazamientos se producen por una combinación del desplazamiento de los continentes (deriva continental) y del cambio angular en las fuerzas magnéticas. Por ejemplo, hace 500 millones de años el Polo Norte magnético estaba situado al sur de Hawai. Estas inversiones de los polos se han producido unas 170 veces en los últimos 100 millones de años.

Pero también se producen pequeñas variaciones en los campos magnéticos, del orden de milihenrios, en periodos de tiempos anuales, e incluso diarios y horarios.

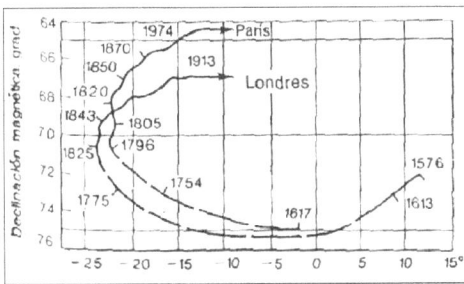

Fig. I.28. *Variación anual de la declinación magnética en París y Londres.*

consiste en su desplazamiento espacial sobre la superficie terrestre

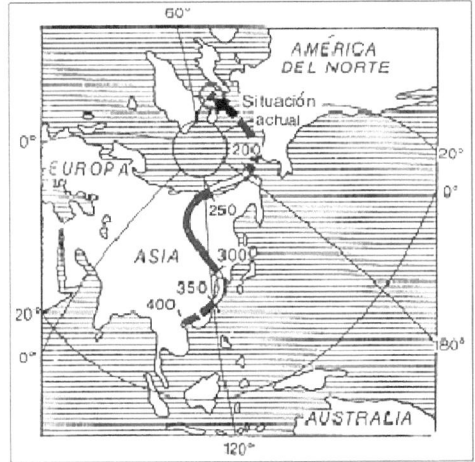

Fig. I.29. *Migración de los polos magnéticos durante miles de años.*

Además de estas variaciones espaciales se producen variaciones de la intensidad que se mide en valores del *momento magnético* o fuerza que es necesario aplicar a un imán para mantenerlo en una posición perpendicular a una línea de fuerza externa de un campo magnético. En la actualidad varía en un 0,04 % de intensidad de promedio anual.

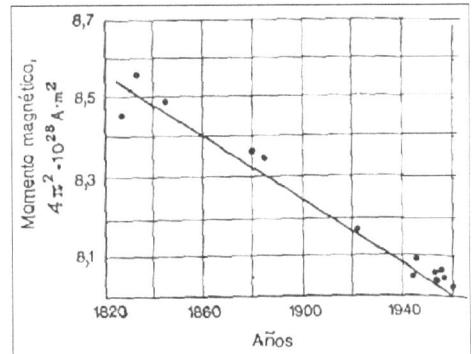

Fig. I.30. *Variación anual del momento magnético.*

Se produce así un fenómeno que se conoce como *migración* de los polos magnéticos que

Todos estos factores, y sobre todo el valor de la declinación magnética y su variación anual, han de ser muy tenidos en cuenta al trabajar con brújula sobre mapa, para diferenciar las *direcciones* verdaderas o *geográficas* de las de *cuadrícula* y de las *magnéticas*. Por eso los mapas de calidad aportan su valor, la fecha en que fue medido y el de su variación anual para calcular la declinación magnética actualizada. Esta variación anual de la declinación magnética en nuestras latitudes está cifrada en, aproximadamente, **–5,3'** (minutos de grado) cada año, lo que permite situar cualquier punto sobre el terreno con bastante precisión. Pero, en todo caso, los mapas topográficos detallados especifican las discrepancias entre el Norte de la cuadrícula y el verdadero Norte en el centro de la hoja (declinación magnética o variación de la brújula) en grados y minutos y milésimas (mils)[29]. El dato de la declinación magnética es válido para el centro de cada hoja de escala 1:50.000, aunque dado que la variación espacial a esta escala es baja se considera válida para toda ella; sin embargo, en las hojas de escala 1:100.000 es un dato que se refiere a los bordes oriental y occidental de cada hoja. En España la declinación magnética se orienta o deriva hacia el Oeste.

Todos estos avances permitieron una navegación precisa mediante la determinación de los *rumbos* y *derrotas*.

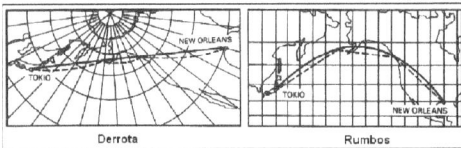

FIG. I.31. *Derrota y rumbo según distintos sistemas de proyección.*

Las derrotas son las líneas de navegación entre dos puntos siguiendo uno o varios rumbos o ángulos, con objeto de hacer los recorridos más cortos entre dichos puntos, y siempre es el que traza un arco de un círculo máximo o línea *ortodrómica* que se usa para largas navegaciones

y comprende varios rumbos[30]. Cuando el rumbo de una derrota es constante, es decir, corta a los meridianos con un mismo ángulo, se dice que sigue una línea *loxodrómica* y suele utilizarse para navegaciones cortas.

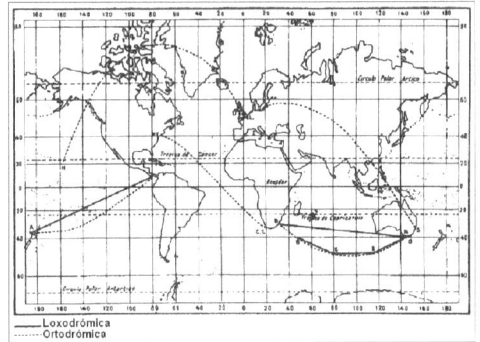

FIG. I.32. *Líneas loxodrómicas y ortodrómicas.*

I.1.7. EL PASO AL PLANO BIDIMENSIONAL

Una vez que se han podido situar varios puntos sobre la esfera ideal del sistema de coordenadas tridimensionales (latitud, longitud y altitud), así como sus orientaciones en relación al campo magnético terrestre, con estos datos podemos realizar dos tipos de archivos:

– *Tablas alfanuméricas*, cuyos campos o columnas son su latitud, longitud y altitud y sus filas los puntos geográficos.
– *Representaciones gráficas (mapas)*.

Vamos a tratar el problema de la representación del conjunto de puntos ya situados y referenciados en un solo plano manejable de papel o cualquier otro material fácilmente extensible y transportable, o en la pantalla de un monitor de ordenador.

Trasladar el conjunto de puntos tridimensionales a un plano bidimensional conlleva dos aspectos que hay que considerar y que son el objeto fundamental de la Cartografía en su vertiente constructiva o productiva de los mapas:

---

[29] Estas milésimas en las que viene expresado el ángulo de la declinación magnética (por ejemplo, 17° 311 mils, o 0° 55' 16 mils) es una división angular igual a 1/6.400 partes de la circunferencia.

[30] La ortodrómica es la línea que corresponde a la menor distancia entre dos puntos situados en la superficie de un globo.

– Las *escalas* del mapa.
– El *sistema de proyección*.

I.1.7.1. *Las escalas*

Como cualquier investigador, el geógrafo observa sobre el espacio objetos aislados, pero busca las interrelaciones entre ellos que expliquen la configuración global del paisaje que contempla. Lo que manifiesta el espacio geográfico es la materialización de realidades más profundas que se sustentan en interrelaciones dialécticas pero, en la mayoría de los casos, no observables de un modo directo. El principal objetivo del geógrafo es la búsqueda de las causas de los equilibrios y desequilibrios espaciales sutiles, mediante el análisis, la comparación y la simplificación o reducción de la información disponible. Y todo ello referido a todos los factores y atributos que afectan a cada punto geográfico, a cada lugar, en lo que se conoce como la *espacialidad diferencial*. En una primera impresión, el espacio geográfico aparece troceado, *discontinuo*, y en aparente *variabilidad*, tanto desde el punto de vista *temporal* como desde el punto de vista *espacial*; y bien de un modo gradual o en forma brusca (más en la primera forma). Sobre el espacio geográfico suelen convivir aspectos *estáticos* y *dinámicos* y la Cartografía ha de tener en cuenta ambos, por eso es tan difícil. Han de realizarse los muy complicados mapas dinámicos y los estáticos que representen conjuntos de objetos y fenómenos en estados momentáneos, como, por ejemplo los de la población. Además, de todas las posibles combinaciones y elementos espaciales existentes sólo hay que representar una selección de ellos de un modo jerarquizado según el propósito del geógrafo-cartógrafo; aquellos que sean más representativos e influyentes. Es decir, se trata de buscar homogeneidades en el espacio o zonas con formas semejantes entre sí, para lo que es necesario poder compararlas. Esto obliga a individualizar las distintas zonas del espacio para clasificarlas, en una labor que realiza la Geografía Regional. Luego, sus comparaciones permiten a la Geografía General caracterizar fenómenos geográficos de los que deducir leyes geográficas generales y determinar si la *homogeneidad* es *global* en el caso de que los puntos se parezcan más entre sí que con los del entorno; *relativa* si un solo aspecto destaca sobre todos los demás, como, por ejemplo, la aridez en los desiertos; y *recurrente* cuando se repite un subconjunto dentro de un conjunto. Todos estos análisis se realizan mediante comparaciones analógicas. Primero se elaboran tantos mapas elementales como criterios vayan a ser comprobados. Después se yuxtaponen y se van seleccionando, destacándose los casos de mayor similitud o disimilitud.

La homogeneidad adquiere un carácter relativo porque se refiere a un *espacio* y a un *tiempo* determinado. Es decir, su representación cartográfica ha de referirse forzosamente a una cierta *escala espacio-temporal*. El tiempo se subdivide en periodos de distinta duración: horas, días años, siglos, milenios, etc. El espacio queda subdividido en una jerarquía de unidades de diversa magnitud[31].

Las *escalas temporales* varían mucho dependiendo del orden en que nos movamos:
– En el *Orden Físico* son necesarios tiempos muy largos para la organización de los elementos del espacio. Por ejemplo, los tiempos de los fenómenos geomorfológicos y geológicos son de miles y millones de años.
– En el *Orden Biológico* los tiempos son más cortos. Por ejemplo, para la constitución de un bosque se requieren cientos de años.
– En el *Orden Humano* los tiempos se reducen a décadas y quinquenios para los espacios urbanos y poco más para los agrarios.

Pero además, los componentes geográficos sólo son comparables entre sí dentro del marco de unas mismas unidades espaciales y esto explica lo fundamentales que resultan las *escalas espaciales*.

Así pues, a cada tipo de unidad estudiado corresponde un orden determinado de escala espacio-temporal a utilizar.

---

[31] Unos autores, como los franceses con Bertrand a la cabeza, las denominan «unidades de paisaje» y otros, como Brunet, los denominan «isoesquemas».

En todo caso, los dos tipos de escala: temporal y espacial, han de ser tenidos muy en cuenta. Ambos han de tener un reflejo fundamental en la información que facilita cada mapa, en cuanto a su escala espacial y a la fecha de los datos sobre los que se ha trabajado para realizarlo o, al menos, a su fecha de confección.

– La escala espacial

Es la *relación de semejanza* entre las dimensiones reales de los objetos, de las distancias entre ellos y de las áreas que ocupan sobre la superficie terrestre, y las de sus respectivas imágenes simbólicas en un mapa. Esta relación de semejanza se expresa de dos modos: mediante la escala numérica y la escala gráfica.

La *escala numérica* es una fracción en la que el *numerador* indica la *unidad de medida sobre el mapa* y el *denominador* el *número de veces* que dicha unidad de medida se corresponde *en la realidad* del terreno. Como toda relación entre unidades de medidas iguales, la escala numérica se trata de una cifra adimensional; es decir, expresa sólo una relación, una razón que acoge cualquier unidad de medida: por ejemplo, la escala 1/50.000 indica que 1 mm del mapa se corresponde con 50.000 mm en el terreno real (50 metros) 1 cm equivale a 50.000 cm en la realidad (500 metros) o 1 dm a 50.000 dm en la realidad (5.000 metros o 5 km).

Como es lógico en cualquier fracción o división, la *escala es más pequeña* cuanto *mayor* sea el *denominador*. Así, por ejemplo, una escala $1/1.000.000 = 1.10^{-6} = 0,000001$ será mil veces *más pequeña* que una escala $1/1.000 = 1.10^{-3} = 0,001$.

Pero cuando aumentamos o reducimos el tamaño de un mapa, bien con reproducciones mediante fotocopias o con el «zoom» de un programa de ordenador, con cualquiera de esas simples acciones se producen cambios (aumento o reducción) en la escala espacial del mapa que nos obligarán a realizar medidas comparativas entre el mapa original y el modificado para calcular su nueva escala; además, seguramente se obtengan fracciones decimales que complicarán mucho las medidas calculadas sobre el terreno. Para evitarlo, existe y se utiliza lo que

se conoce como *escala gráfica*: al pie del mapa, además de su escala numérica o fracción de semejanza, se incorpora una *línea reglada*, dividida en sectores de intervalos regulares que expresan, en unidades de medida real sobre el terreno como por ejemplo kilómetros, distancias según la escala numérica. El origen (medida cero = 0) se sitúa a la izquierda del primer segmento de recta. Más a la izquierda del origen se añade un segmento, del tamaño de los demás intervalos regulares, que está subdividido en décimas partes de la unidad de medida del terreno. A este nuevo intervalo de medida subdividido se denomina TALÓN.

La escala gráfica permite realizar medidas directas del terreno sin efectuar cálculos numéricos de transformación de la escala o sin necesidad de utilizar un *escalímetro*[32]. Con un compás de puntas e incluso un simple trozo de papel se marca la distancia entre dos puntos del mapa y se transporta sobre la escala gráfica. Haciendo coincidir el extremo derecho de la medida o marca derecha sobre una unidad entera se puede leer directamente la medida sobre la que coincide la marca izquierda. Para que la medida sea más precisa, conviene que la división entera sobre la que hagamos coincidir la marca derecha sea elegida de tal modo que la marca izquierda coincida sobre alguna de las subdivisiones decimales del «talón».

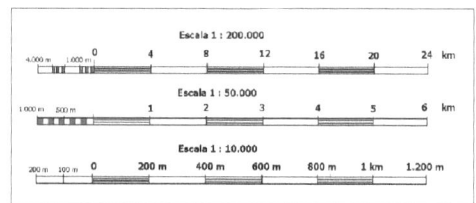

FIG. I.33. *Escalas numéricas. Escalas gráficas.*

Respecto a la escala, un asunto que hay que tener en cuenta es que cualquier sistema de proyección que se utilice hace que la escala varíe de un lugar a otro del mapa y más en unas direcciones que en otras o, lo que es lo mismo,

---

[32] Regla en forma de prisma con 3 bordes o cantos que contiene en cada una de sus caras distintas subdivisiones en relación a seis escalas diferentes.

TECNOLOGÍAS DE LA INFORMACIÓN GEOGRÁFICA (TIG)

que la escala numérica sólo se ajusta en áreas concretas del mapa por causa de la deformación que supone la transformación geométrica que se produce desde la esfera al plano. A esta relación entre la escala numérica general dada para todo un mapa y el valor real de la escala en un punto concreto o zona de él se denomina *factor de escala* (FE = escala verdadera / escala principal). Esto se produce porque el paso al plano se realiza en dos etapas: en una primera se pasa desde el geoide irregular y el elipsoide a un *mapa esférico regular* a una determinada escala que es la *escala principal o nominal* y no varía en ningún punto o área de la esfera; después, se realiza el paso desde el mapa esférico al *mapa plano* con una *escala verdadera* que varía de unos puntos o áreas a otros[33]. La variación de la escala afecta mucho más a los mapas de pequeña escala que a los de gran escala, porque el factor de escala tiene un orden inverso: a mayor escala el factor es más pequeño.

Escala del mapa	Un centímetro equivale a	Un kilómetro es representado por	Una pulgada equivale a	Una milla es representada por
1:2.000	20 m	50 cm	56 yd	31.68 in.
1:5.000	50 m	20 cm	139 yd	12.67 in.
1:10.000	0.1 km	10 cm	0.158 mi	6.34 in.
1:20.000	0.2 km	5 cm	0.316 mi	3.17 in.
1:24.000	0.24 km	4.17 cm	0.379 mi	2.64 in.
1:25.000	0.25 km	4.0 cm	0.395 mi	2.53 in.
1:31.680	0.317 km	3.16 cm	0.500 mi	2.00 in.
1:50.000	0.5 km	2.0 cm	0.789 mi	1.27 in.
1:62.500	0.625 km	1.6 cm	0.986 mi	1.014 in.
1:63.360	0.634 km	1.58 cm	1.00 mi	1.00 in.
1:75.000	0.75 km	1.33 cm	1.18 mi	0.845 in.
1:80.000	0.80 km	1.25 cm	1.26 mi	0.792 in.
1:100.000	1.0 km	1.0 cm	1.58 mi	0.634 in.
1:125.000	1.25 km	8.0 mm	1.97 mi	0.507 in.
1:250.000	2.5 km	4.0 mm	3.95 mi	0.253 in.
1:500.000	5.0 km	2.0 mm	7.89 mi	0.127 in.
1:1.000.000	10.0 km	1.0 mm	15.78 mi	0.063 in.

TABLA I.4. *Equivalencias de algunas escalas con la realidad.*

Cuando confeccionemos un mapa o plano es indispensable añadir, además de otras informaciones que se verán más adelante, fundamentalmente la escala gráfica y si es posible la numérica[34]; así como la fecha de confección del mapa y, si es posible, de la colecta de los datos que representa. Un mapa sin fecha ni escala no sirve a la Geografía; es decir, no es un mapa.

[33] Por ejemplo, en un mapa UTM dentro de una zona de 6° de longitud el factor de escala varía de 0,999 a 1,001 de un extremo al otro de cada huso.

[34] Con los actuales programas informáticos de diseño cartográfico (Sistemas de Información Geográfica) es raro poder incluir la escala numérica de forma automática. Sólo aportan la escala gráfica.

TABLA I.5. *Cuadro de escalas espacio-temporales (Joly).*

I.1.7.2. Los sistemas de proyección

El segundo aspecto que hay que considerar a la hora de trasladar el conjunto de puntos tridimensionales a un plano bidimensional en la vertiente constructiva de la Cartografía es el *sistema de proyección*.

El espacio de la superficie terrestre es curvo y, como se vio, semejante a un elipsoide de referencia deformado o geoide. Pasar este elipsoide a una forma esférica conocida como *globo terrestre* no es difícil, y en todo él se mantiene la relación de las distancias, áreas y ángulos según la escala.

Una vez que hayan sido trasladadas las líneas referenciales y las localizaciones de los distintos puntos de la superficie terrestre a una esfera con una determinada escala se producen unas características visuales del sistema de coordenadas sobre dicha esfera o globo terrestre:

1. Los paralelos son circunferencias paralelas.
2. Cuando los paralelos aparecen a intervalos regulares aparecen igualmente espaciados sobre los meridianos.
3. Los meridianos y demás círculos máximos observados ortogonalmente aparecen como líneas rectas.
4. Los meridianos convergen hacia los Polos y divergen hacia el Ecuador.
5. Cuando se presentan los meridianos a intervalos regulares, están igualmente espaciados sobre los paralelos, pero decrece desde el Ecuador hacia los Polos.
6. Cuando ambos se muestran con el mismo intervalo aparecen igualmente espaciados cerca del Ecuador.

7. Cuando ambos se muestran con el mismo intervalo, en la latitud 60°, los meridianos aparecen separados por la mitad de distancia de intervalo que lo están los paralelos.
8. Meridianos y paralelos siempre se cortan entre sí formando ángulos rectos.
9. La superficie del área limitada por dos paralelos cualesquiera y dos meridianos, separados por una distancia dada, es la misma en cualquier lugar entre los mismos paralelos.

Como se trata de que un observador tenga una visión general estática de toda la Tierra y esto sólo se consigue mediante la visión ortogonal (desde arriba), hay que pasar desde la proyección del globo a una proyección plana. Pero la esfera y el plano son formas geométricas *incompatibles*. Es decir, una de ellas no puede transformarse en la otra sin que se produzcan deformaciones, encogimientos o rasgaduras[35]. Demasiados problemas a la hora de establecer las correspondencias matemáticas entre los puntos del elipsoide o de la esfera y los del plano. Esta correspondencia máxima se obtiene con los sistemas de proyección. Existen más de 200 que han ido incorporándose a lo largo de la historia y siguen haciéndolo a medida que se diseñan nuevos, aunque los más utilizados no pasan de 30. En todo caso hay una cosa une a todos ellos y es que también proyectan siempre en el plano el sistema referencial mallado o retícula de *meridianos* y *paralelos* de la esfera terrestre.

Una proyección es el traslado o perspectiva hasta un nuevo plano de un punto o varios situados en otro plano distinto. Este traslado se hace desde un punto *(punto de vista o centro de observación)* que está situado fuera de los dos planos anteriores o al menos fuera del plano proyectado.

Se llama *centro de proyección* (**c**) al punto o a la línea, tanto recta como curva, que representan sobre el plano de proyección el contacto de la superficie de proyección con la esfera proyectada o el punto en el plano de proyección en el que la línea que une el centro de

observación y la esfera es perpendicular. Conviene no confundir el *centro de observación* o *punto de vista* con el *centro de proyección*. En relación a la escala, las dimensiones del centro de proyección son las mismas sobre el plano de proyección que sobre la esfera proyectada.

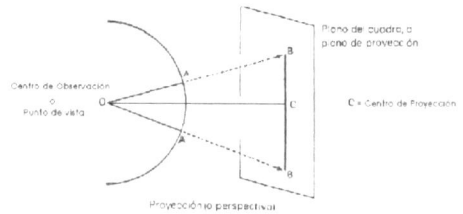

FIG. I.34. *Proyección: centro y plano de proyección.*

Desde el punto de vista matemático, un *sistema de proyección* no es otra cosa que una *función de correspondencia* –**x** = **f** (**L**, **M**)–, o ecuación, entre la nueva situación de un punto en el plano y la que tenía en el elipsoide de referencia. Pero, sea cual sea esta función, que el cartógrafo elige en función de los aspectos de la realidad geográfica que quiera destacar, habrá siempre en el plano errores o distorsiones en los ángulos, en las superficies, en las direcciones y/o en las distancias, respecto a los existentes en la esfera. Aun así, existen muchos tipos de transformaciones que permiten mantener en el plano una e incluso varias de las propiedades geométricas originarias del globo. Según el *teorema de Tissot*[36], «cualquiera que sea el sistema de transformación, en cada punto de la superficie esférica existen al menos un par de direcciones ortogonales que serán también ortogonales en la proyección». Éstas son las *direcciones principales del mapa* y el factor de escala será máximo y mínimo en ellas. En todo caso, pueden calcularse las distorsiones que se producen para cualquier punto. Si denominamos *a* al mayor factor de escala y *b* al menor se pueden calcular las distorsiones angulares y de superficie que introduce el sistema de proyección, mediante lo que se conoce como la *indicatriz*

---

[35] En esto se basa la conjetura de Poincaré sobre homeomorfismo de los cuerpos geométricos en los distintos sistemas de dimensión 2, 3, 4, etc.

[36] Matemático francés.

que muestra una transformación en superficie igual a la del círculo:

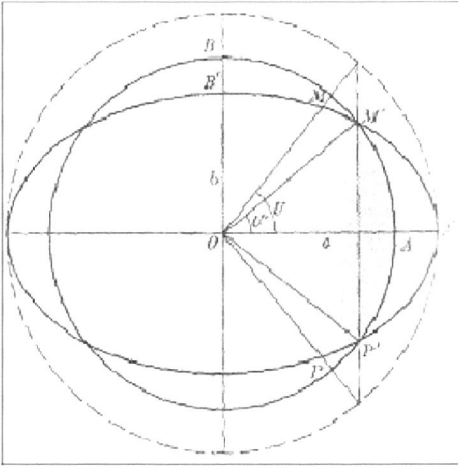

OA = OB = 1,0; en la elipse> OA' = a = 1,25 OB' = b = 0,80 >>> por lo tanto > a.b = S =1,0 (no ha habido cambio alguno en la representación de área).

El ángulo MOA = U = 51°21'40" se ha transformado en M'OA' = U' = 38°39'35"; U-U' = 12°42'05" y 2 = 25°24'10" (según Marsher).

Fig. I.35. *Indicatriz de un sistema de proyección.*

En el mapa esférico o globo terrestre el FE (factor de escala) es igual a 1 en todos sus puntos (círculo de radio 1, o **a = b = 1**), pero en las demás proyecciones *a* y *b* serán mayores o menores que la unidad (en las conformes **a = b ≠ 1** y en las demás **a ≠ b**) y el círculo se transforma en una elipse de la misma superficie. Cuando se mantiene constante el FE = 1 a lo largo de algunas líneas de referencia, como meridianos y paralelos, éstas son denominadas *líneas estándar*, de *base*, de *referencia* o *automecoicas*. En ellas no se producen deformaciones y definen la escala principal en el plano.

Mediante los sistemas de proyección se pueden representar cualquiera de las características geométricas del plano: ángulos, superficies, distancias y direcciones:

– (1) Representación de los *ángulos*: La rosa de los vientos aparece igual en todos los puntos del globo excepto en los polos. En cada punto las direcciones cardinales están separadas 90°. Si los ángulos se mantienen en el plano sin deformar estamos ante un sistema de proyección *Conforme*, *Ortomorfo* u *Ortomórfico*[37]. En ellos **a = b** pero **a.b ≠ 1**[38].

– (2) Representación de las *superficies*: Proyecciones denominadas *Equiáreas* o *Equivalentes* cuando **a.b = S = 1** en todos los lugares del plano, pero **a = b** solamente en uno o dos puntos y en el resto **a ≠ b**; por eso los ángulos con vértices en el resto se verán alterados.

Así pues, las *conformes* deforman o no mantienen las superficies y las *equivalentes* deforman o no mantienen los ángulos.

– (3) Representación de las *distancias*: Siempre que conozcamos las variaciones de escala cualquier proyección cartográfica representa todas las distancias correctamente; pero lo que realmente interesa es que la escala sea uniforme e invariable a lo largo de la línea que una los dos puntos entre los que queramos calcular la distancia. Pueden ocurrir dos cosas: (1) Que la escala se mantenga sólo a lo largo de una o más líneas paralelas entre sí (las líneas conocidas como automecoicas), en cuyo caso las proyecciones son denominadas *automecoicas*, o (2) Que la escala se mantenga en todas las direcciones sólo a partir de uno o dos puntos, en cuyo caso se denomina a la proyecciones *equidistantes*.

– (4) Representación de las *direcciones*: Ninguna proyección puede mostrar una dirección verdadera. Es decir que los círculos máximos, presentados como líneas rectas en la proyección, posean las mismas relaciones angulares con la retícula del mapa plano que con la retícula del mapa esférico. Los arcos de círculo máximo existentes entre cualquier pareja de puntos de la superficie de la esfera pueden ser representados

[37] Significa que mantiene corrección en las formas.

[38] Conviene tener en cuenta que una proyección por el hecho de tener perpendiculares los paralelos y los meridianos no posee forzosamente la propiedad de conformidad.

por líneas rectas para un área limitada. Los arcos de círculos máximos con acimut correcto pueden representarse con líneas rectas para todas las direcciones desde solamente uno o dos puntos. A estas proyecciones se les denomina *acimutales*.

Clasificación de los sistemas de proyección

Existe un número muy elevado de modos de realizar la transformación de una superficie esférica a una plana y distintas formas de clasificar y ordenar los sistemas de proyección más comunes. Pueden realizarse varios tipos de clasificación de los sistemas de proyección atendiendo a distintos criterios, como (1) la *superficie desarrollable del plano de proyección*; (2) la *situación del centro de proyección*; (3) el *punto de vista o centro de observación*; y (4) el *tipo de deformación* que produce el sistema de proyección en el plano de proyección:

A) Tipos de proyección según la *superficie desarrollable* o *plano de proyección*

La superficie esférica se transforma en una superficie desarrollable que es susceptible de aplanarse posteriormente sin sufrir grandes modificaciones topológicas (relación y distancia entre los puntos de un espacio). Se agrupan en tres grandes conjuntos:

– A_1. *Cilíndricas*. La superficie sobre la que se desarrolla la proyección es un cilindro tangente a la esfera a lo largo de un círculo máximo que es el centro de proyección; de manera que el centro de la esfera (que a su vez es el punto de observación de la proyección) y el del

cilindro coinciden. En estos sistemas de proyección los meridianos y paralelos forman un reticulado perpendicular (ángulos de 90°).

– A_2. *Acimutales*. La proyección se produce sobre un plano tangente a uno de los puntos de la esfera que se convierte así en el centro de proyección. Generalmente, pero no forzosamente, estos centros de proyección suelen ser uno o los dos Polos terrestres, en cuyo caso son conocidas como proyecciones *cenitales* o *polares*. Éstas se diseñaron para estudios astronómicos, pero en la actualidad han adquirido gran importancia para la navegación aérea y para el seguimiento de los satélites artificiales. Las distorsiones son simétricas alrededor del centro de proyección y tienen el mismo FE en todas las direcciones. Los círculos máximos que pasen por el centro de proyección son rectas concurrentes en él.

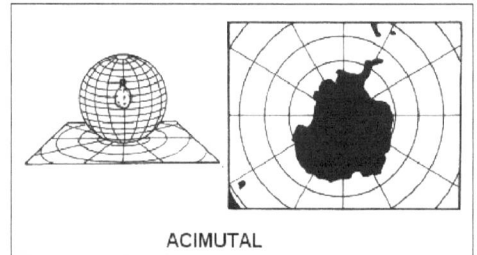

ACIMUTAL

FIG. I.37. *Sistema de proyección acimutal.*

– A_3. *Cónicas*. La proyección se realiza sobre un cono secante en dos paralelos (o en el ecuador y un paralelo) o sobre un cono tangente a uno de ellos. Estos paralelos se constituyen así como los centros de proyección. Los dos tipos anteriores (A_1 y A_2) pueden ser considerados también cónicas: la cilíndrica es una cónica con el vértice del cono situado en el infinito y la acimutal es una cónica con el vértice del cono sobre la superficie de la esfera.

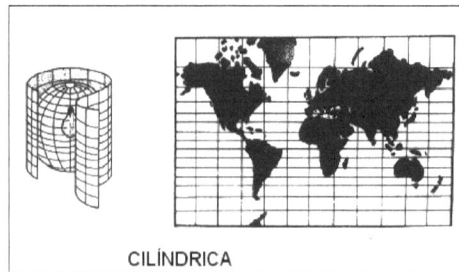

CILÍNDRICA

FIG. I.36. *Sistema de proyección cilíndrica.*

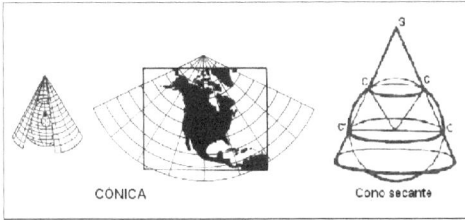

Fig. I.38. *Sistema de proyección cónica.*

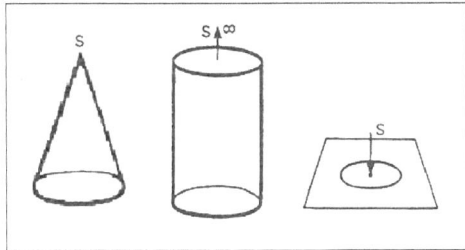

Fig. I.39. *Consideración de todos los sistemas de proyección como proyección cónica.*

B) Tipos de proyección según la situación del *centro de proyección*:

En relación al Ecuador y según dónde el centro de proyección esté situado se agrupan en:

– B_1. Proyección *Paralela* (al plano ecuatorial):

$B_{1.1}$. *Polar.* Si el centro de proyección se sitúa sobre un Polo.

$B_{1.2}$. *Ecuatorial.* Si el centro de proyección es el Ecuador de la esfera.

$B_{1.3}$. *Directa.* Si el centro de proyección es un paralelo.

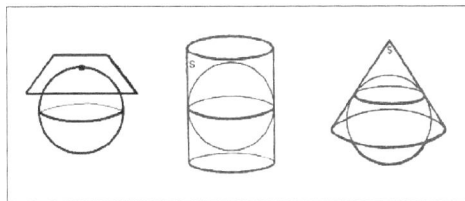

Fig. I.40. *Sistemas de proyección paralela: Polar, Ecuatorial y Directa.*

– B_2. Proyección *Perpendicular* (al plano ecuatorial):

$B_{2.1}$. *Transversal.* Si el centro de proyección se sitúa sobre un punto del Ecuador.

$B_{2.2}$. *Meridiana.* Si el centro de proyección es un meridiano de la esfera.

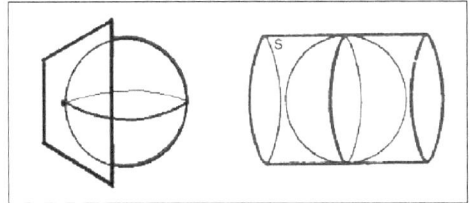

Fig. I.41. *Sistemas de proyección perpendicular: Transversal y Meridiana.*

– B_3. Proyección *Oblicua* (al plano ecuatorial): Si el centro de proyección se sitúa en cualquier otro punto arbitrario de la esfera.

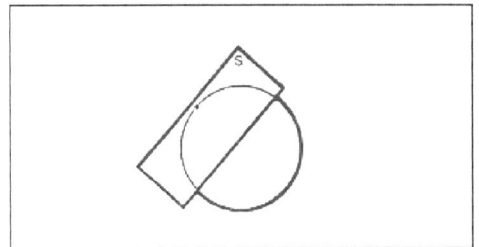

Fig. I.42. *Sistemas de proyección oblicua.*

C) Tipos de proyección según el *punto de vista* o de *observación*

Si la esfera o el hemisferio terrestre a proyectar se encuentran entre el punto de observación y el plano de proyección se los denomina *Proyecciones Perspectivas* y se agrupan según la distancia al punto de vista u observación en:

– C_1. Proyección *Escenográfica* si la distancia es finita:

$C_{1.1}$. *Estereográfica.* Si el punto de observación se encuentra en la antípoda del punto tangente al plano de proyección; es decir, en el extremo opuesto de un círculo máximo. Es de las más antiguas (Hiparco). Permite representar un hemisferio entero o algo más de un hemisferio. Produce unos buenos resultados para los mapamundis (si a la vez son proyecciones transversales) y para los mapas de cielo o celestes y de los polos (si a la vez son proyecciones directas). Dentro de este tipo se encuentra la equivalente de Lambert. Se utilizan para calcular alcances de ondas de radio y para la navegación aérea

$C_{1,2}$. Central, Centrográfica o Gnómica. Si el centro de observación se encuentra en el centro de la esfera. Ésta no permite cartografiar un hemisferio completo y no conserva los ángulos ni las superficies respecto a la realidad. Es bastante utilizada en las cartas marítimas y las aéreas porque los círculos máximos se representan como líneas rectas, lo que facilita medidas y trazados de rumbos.

– C_2. Proyección Ortográfica o Portográfica si la distancia es infinita. Si el punto de observación se encuentra en el infinito cubre muy bien un hemisferio completo, aunque con muchas mayores deformaciones en los extremos que las estereográficas. Son tan antiguas como éstas y se usan para cartografiar el Sistema

Solar y en los viejos mapamundis. Se utilizan muy poco para cartografiar la superficie terrestre y hoy sólo se usan para ilustrar libros.

D) Tipos de proyección según las deformaciones que se introducen en el mapa respecto a la realidad. Pueden afectar a las distancias, a las superficies o áreas y/o a los ángulos.

Como veremos, eliminar los tres tipos de deformaciones de un modo simultáneo es imposible. No existe ningún tipo de proyección que mantenga sobre el mapa, a la vez, las distancias, las superficies y los ángulos medidos sobre la superficie terrestre real.

Según las deformaciones que introducen las proyecciones se pueden agrupar en:

– D_1. Proyecciones Conformes (también denominadas Automecoicas o Equidistantes): Se denominan así porque mantienen las formas de la realidad; es decir, representan la esfera respetando la forma pero no el tamaño. Por lo tanto mantienen los ángulos de la realidad. Los meridianos y paralelos se cortan perpendicularmente, formando ángulos de 90° como en la esfera terrestre. Este tipo de proyección mantiene constante la relación de la escala entre las distancias reales y las del mapa, pero varía la relación entre las superficies.

Las coordenadas esféricas delimitan trapecios curvilíneos o rectangulares de altura creciente según aumenta la latitud, en un artificio que es conocido como la relación de las latitudes crecientes o principio de Mercator.

$$\Delta y = \frac{\Delta L}{\cos L}$$

Representan muy bien las latitudes medias. En este grupo se encuentran las proyecciones estereográficas, las de Mercator, UTM, Cónica de Lambert, etc. Son muy utilizadas, por ejemplo, para

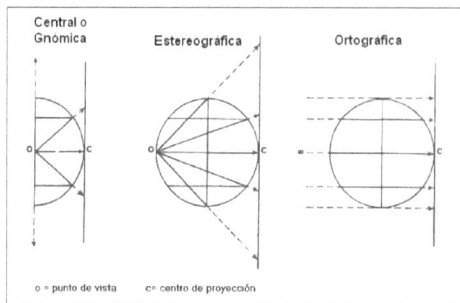

FIG. I.43. Sistemas de proyección según situación y distancia del punto de observación.

calcular los alcances de ondas sísmicas. Surgieron de la necesidad de encontrar un sistema de proyección que produjese mapas planos (bidimensionales) que permitiesen que las líneas trazadas con un compás de navegación fuesen siempre rectas; de ahí que se contrarrestara la exageración de los paralelos en dirección Este-Oeste con una exageración proporcional según la latitud (dirección N-S), mediante el principio mencionado de las latitudes crecientes o principio de Mercator.

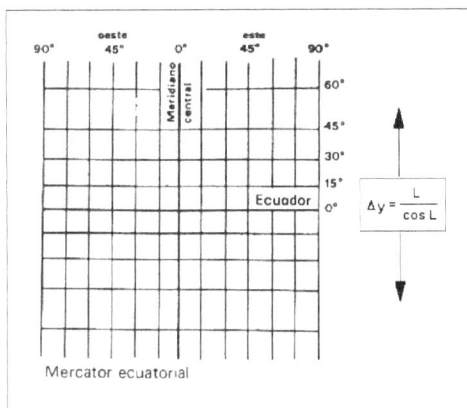

Fig. I.44. *Relación de las latitudes crecientes.*

– D$_2$. Proyecciones *Equivalentes* (también denominadas *Autálicas*):
Así denominadas porque conservan las dimensiones y las relaciones de las superficies (áreas) de la realidad, pero *no las formas*. Las áreas pueden conservarse aunque se produzcan deformaciones y cambios en la escala. En ellas las relaciones entre un área del mapa (S') y la medida en la realidad esférica (S) tiene que ser la misma en cada parcela del campo de proyección; es decir, S'/S = K (constante). Cada cuadrícula del mapa plano tiene la misma equivalencia con cada cuadrícula de la esfera, pero la relación entre las *distancias no se mantiene*: varía en el entorno de cada punto según la dirección que se elija. En este grupo se incluyen la proyección acimutal

polar de Lambert, la de Bonne o la de Mollweide.

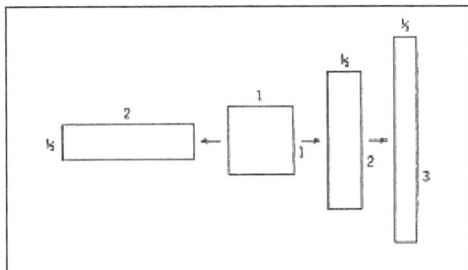

Fig. I.45. *Relación respetuosa con las áreas pero no con las formas de los Sistemas de Proyección Equivalentes.*

Ninguna proyección puede ser, (a la vez), conforme y equivalente. Aunque existen proyecciones que no son ni conformes ni equivalentes. Son las que se conocen como:

– D$_3$. Proyecciones *Cualesquiera* (también denominadas *Afilácticas*):
No satisfacen ninguno de los dos criterios anteriores al completo, aunque sí un poco de cada uno: por ejemplo, son Afilácticas Conformes (o equidistantes) cuando la separación entre los paralelos es constante en todo el espacio de proyección. Y si los meridianos y paralelos son perpendiculares entre sí, conservan las distancias. En función de lo que deformen en menor medida se denominan:
  D$_{3.1}$. *Perigonales*. Si reducen al mínimo las deformaciones *angulares*.
  D$_{3.2}$. *Perimecoicas*. Si reducen al mínimo las deformaciones *lineales*.
  D$_{3.3}$. *Peribálicas*. Si reducen al mínimo las deformaciones *superficiales*.

Ejemplos de las características de algunos tipos de proyección:

En función del tipo de sistema de proyección elegido las características y las precisiones reproductoras de los mapas varían en una gran medida. Existen múltiples ejemplos de dicha variabilidad y de los distintos efectos que producen:

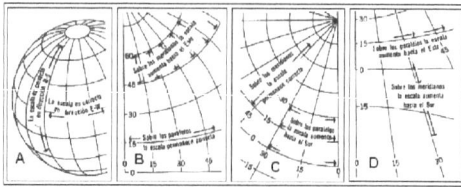

Fig. I.46. *Deformación de la escala según el tipo de sistema de proyección.*

Como puede apreciarse en la figura anterior, sobre un globo (A) la escala es correcta en todas las direcciones. También lo es a lo largo de los paralelos, pero no de los meridianos –aumenta la superficie hacia el Este– en la proyección B. Sin embargo, en la acimutal polar (C) la escala es correcta a lo largo de los meridianos, pero no de los paralelos –en la figura aumenta hacia el Sur–. Y en la tipo D la escala varía a lo largo de ambos.

Algunas proyecciones deforman los ángulos y, por tanto, las formas: por ejemplo, en la figura siguiente las proyecciones A y B no producen deformaciones; y, sin embargo, C y D sí las provocan.

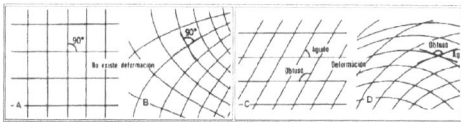

Fig. I.47. *Deformación de los ángulos según la proyección.*

La proyección ortográfica produce un efecto similar al que se obtendría observando la Tierra desde distintos puntos privilegiados. En la polar el intervalo entre paralelos va disminuyendo hacia el Ecuador. En la oblicua los meridianos son semielipses (en la figura siguiente el centro de proyección está situado sobre el paralelo 30º N). En la ecuatorial el intervalo entre los meridianos disminuye mucho hacia la periferia.

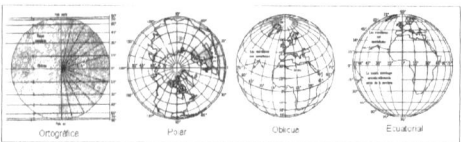

Fig. I.48. *Deformaciones del sistema de proyección ortográfica.*

En la proyección gnómica o central (en la que el punto de observación es el centro de la esfera) los círculos máximos son líneas rectas. En la dirección de los radios se conservan las distancias pero no las áreas. Si se encuentra centrada en el Polo el intervalo entre los paralelos es constante y los meridianos son líneas rectas. Tanto en la oblicua como en la ecuatorial, el Ecuador y los meridianos son rectas (en la figura siguiente también el centro de proyección está situado sobre el paralelo 30º N).

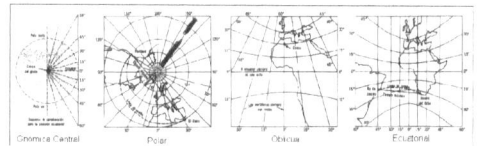

Fig. I.49. *Deformaciones del sistema de proyección gnómica.*

La proyección estereográfica es la única cenital conforme y con el intervalo entre paralelos creciente hacia el Ecuador en la polar. En la oblicua cualquier circunferencia sobre el globo esférico es una circunferencia sobre el mapa; todos los paralelos son arcos de circunferencia; y los paralelos y meridianos forman ángulos curvos de 90º. En la ecuatorial también ocurre esto y los intervalos entre los meridianos crecen hacia la periferia.

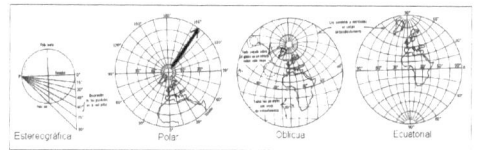

Fig. I.50. *Deformaciones del sistema de proyección estereográfico.*

En las proyecciones cónicas el vértice del cono suele estar situado en la línea que une el Polo con el centro de la Tierra. En la figura I-50, el cono es tangente al paralelo 45º en el primer caso y al 30º en el segundo. En ambos casos la escala no varía a lo largo de dichos paralelos en el mapa. El intervalo entre meridianos es regular y no varía, cosa que no ocurre con el intervalo entre paralelos que va aumentando hacia los polos. Paralelos y meridianos se cortan perpendicularmente:

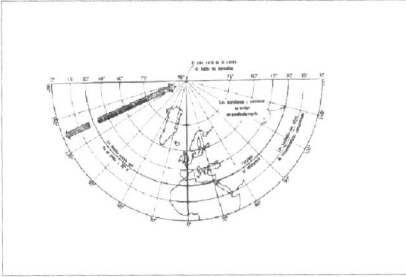

Fig. I.51. *Deformaciones del sistema de proyección cónico simple.*

En la proyección cilíndrica ecuatorial de Mercator (figura siguiente) las líneas de rumbo constante se representan como rectas, por esto sustituyó a los portulanos para la navegación marítima. La escala sólo se mantiene en torno al Ecuador. El intervalo entre paralelos se multiplica por dos en el paralelo 60° y aumenta rápidamente hacia los polos[49]:

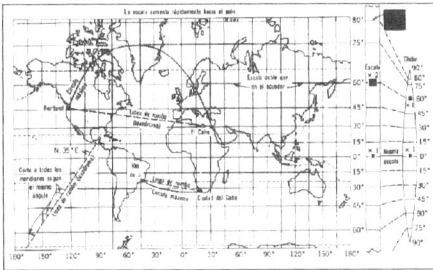

Fig. I.52. *Deformaciones del sistema de proyección ecuatorial de Mercator.*

[49] Este sistema de proyección fue ideado para la construcción de cartas náuticas cuyas líneas rectas cortasen con el mismo ángulo a todos los meridianos. Éstos aparecen como líneas rectas, perpendiculares al Ecuador, y las latitudes son paralelas entre sí. La propiedad de conformidad no es constante, ya que tiende a exagerar las formas hacia lugares situados en los extremos Norte o Sur (polos). Por ejemplo, Groenlandia presenta casi el mismo tamaño de Sudamérica, que es sin embargo unas nueve veces mayor.

De todos los sistemas de proyección se tratarán con algún detalle a continuación dos de ellos: uno de tipo conforme puro (UTM); y otro de tipo equivalente puro (Peters).

I.1.7.2.1. La Proyección Universal Transversal Conforme de Mercator (UTM)

Esta proyección se basa en un sistema de coordenadas planas, construido a partir de la proyección de Mercator que transforma matemáticamente las coordenadas esféricas en coordenadas planas y rectangulares.

Coordenadas rectangulares:

Como la trigonometría plana es mucho menos compleja que la esférica, cuando las escalas son grandes se hace más útil un sistema rectangular de coordenadas. Tras proyectar la esfera al plano se le superpone un cuadriculado formado por líneas perpendiculares entre sí y separadas a una misma distancia[40]. Este sistema de coordenadas se basa en los dos ejes cartesianos de abcisas (eje de la **X**) y de ordenadas (ejes de las **Y**) que permite situar cualquier punto con la precisión que se desee. Del sistema gráfico cartesiano suele emplearse sólo el primer cuadrante[41]. Es decir, el de valores x e y positivos, para evitar que existan valores negativos cuando los lugares que se desean situar se hallen en cuadrantes al Oeste del eje de las «y», o al Sur del de las «x». Normalmente el origen se sitúa en el extremo inferior izquierdo de la red de cuadrículas. En la notación general de un punto la primera mitad de su número corresponde a la abcisa y la segunda a la ordenada[42].

Dentro de este tipo de proyecciones (entre las que también se encuentran la estereográfica polar y la cónica conforme de Lambert) trataremos con más detalle la Proyección Transversal

[40] Este cuadriculado de referencia recibe el nombre de canevás: –cañamazo en castellano– = red de líneas que sirve de pauta de referencia en el trazado de croquis, dibujos o gráficos.

[41] Numerado como segundo cuadrante desde el punto de vista geográfico.

[42] Conviene no confundir el sistema alfanumérico de referencia de localización de las cuadrículas geográficas existentes en los atlas con las rectangulares del sistema transversal de Mercator.

de Mercator, porque es el sistema de proyección más empleado actualmente por los editores cartográficos en los mapas topográficos y también en los temáticos de las latitudes intertropicales y medias. Es más conocida por sus siglas en inglés (UTM: *Universal Transverse Mercator*), a causa de que fue en los Estados Unidos donde se diseñó el plan general de numeración de las hojas cartográficas realizadas con esta proyección.

Como ocurre que para las latitudes altas (árticas y antárticas) la proyección UTM produce grandísimas deformaciones, se utiliza un sistema de proyección equivalente: el UPS *(Universal Polar Stereographic)* que divide cada zona polar en dos mitades por el meridiano 0° y el antimeridiano 180°. En la zona polar Norte la mitad Oeste (longitud Oeste) se designa con la letra «Y» y la mitad Este con la letra «Z», mientras que en la zona polar Sur se utilizan las letras «A» y «B», respectivamente. La abcisa 2.000.000 de metros Este coincide con la línea del meridiano 0°-180°, y la ordenada 2.000.000 de metros Norte coincide con los meridianos 90° Este y 90° Oeste. El FE (factor de escala) es de 0,994 en el Polo; aproximadamente 1 en la latitud 81°; y aumenta hasta 1,0016 en las proximidades de la latitud 80°.

La UTM es una proyección cilíndrica transversal que se basa en la proyección conforme cilíndrica pura que no tiene deformaciones en las proximidades del círculo de tangencia (FE = 1). Cuando la línea estándar o automecoica no es el Ecuador sino cualquier otro círculo máximo perpendicular a aquél (un meridiano y su antimeridiano constituyen su centro de proyección) se denomina Transversal cilíndrica o Transversal de Mercator. El Ecuador y los paralelos se representan como rectas horizontales paralelas entre sí, cuya separación aumenta con la latitud[43].

El Ecuador tiene una longitud igual al desarrollo del círculo máximo de la esfera de proyección. Los meridianos son rectas perpendiculares al Ecuador y paralelas entre sí, y están separados entre ellos un intervalo constante.

Como se dijo, la proyección de Mercator es una cilíndrica modificada en la que la separación de los paralelos se rige por la ley de relación de las latitudes crecientes o «variable de Mercator» para los meridianos. De modo que se consigue así un mapa o carta isógona en la que una línea recta corta a todos los meridianos con el mismo ángulo (las líneas loxodrómicas de la navegación). Las deformaciones son la compensación para cada latitud del alargamiento exagerado en los paralelos en sentido Sur-Norte.

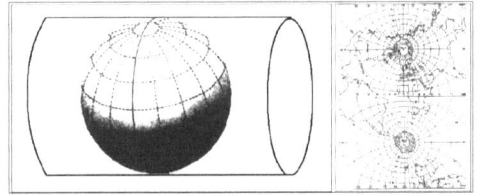

FIG. I.53. *Cilindro tangente a un meridiano y su antimeridiano. Desarrollo recto del Ecuador en la proyección UTM.*

Respeta las formas y distancias en las latitudes intertropicales, pero aumenta las distancias en las latitudes templadas y sobre todo en las frías. Además varía las superficies en función de la latitud con los siguientes factores: Lat. 0° = 1. S; Lat 20° = 1'1. S; Lat. 40° = 1'7. S; Lat. 50° = 2'4. S; Lat 60° = 4. S[44]. Sin embargo, y a pesar de estas deformaciones diferenciales, es de las más utilizadas, hasta ahora, para los mapamundis. La imagen de los continentes bajo esta proyección se ha impuesto en el mundo como la realidad planetaria.

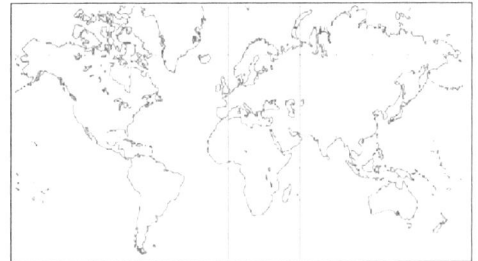

FIG. I.54. *Imagen del mundo que ofrece la proyección UTM y que es la más familiar para la gran mayoría de las personas.*

---

[43] Relación de las latitudes crecientes.

[44] Es decir, por encima y debajo de latitudes de 60° cuadriplica el tamaño de las superficies representadas.

EL PLAN DE NUMERACIÓN DE LAS HOJAS CARTOGRÁFICAS EN UTM

– Plan Básico o de Primer nivel:

La superficie terrestre comprendida entre las latitudes 80° de latitud Norte y los 80° de latitud Sur se divide en columnas que tienen una anchura de 6° geográficos o esféricos de longitud a las que se denomina *husos*. Así, y empezando a numerar desde el meridiano 180° de longitud Oeste[45], se numeran hacia el Este los 60 husos[46]. Cada huso añade una solapa pequeña lateral que relaciona su propia cuadrícula con las de los husos laterales inmediatos y que facilitan el encaje lateral entre las distintas hojas limítrofes entre husos. Por otra parte, cada columna o huso es dividido a su vez en 20 *zonas*, *fajas* o *bandas* que tienen una altura de 8° geográficos de latitud a partir de los 80° N y S, evitando así representar con el sistema UTM las áreas que más deforma hacia los Polos. A estas *zonas* se las nombra con letras consecutivas del alfabeto; comenzando por la letra *C* la faja o el rectángulo que arranca en los 80° de latitud Sur y hasta la letra *X* el que finaliza en los 80° de latitud Norte (*no se utilizan las letras* I, LL, Ñ *ni la* O)[47]. De esta forma cada rectángulo

esférico de 6° por 8° es designado con un número y una letra.

El comienzo occidental de cada *huso* es el origen (cero metros) del mismo; su meridiano central toma un valor de 500.000 metros Este, con lo que cada cuadrícula cubre 1.000 km de Este a Oeste.

El Ecuador tiene un valor convencional para el hemisferio Norte de 0 metros Norte y un valor convencional de 10 millones de metros Norte para el hemisferio Sur. Sólo la línea vertical central de cada cuadrícula es un meridiano y en él el factor de escala es constante. El FE varía en dirección Este-Oeste. A lo largo de la línea central de la cuadrícula de cada zona el FE es 0,99960 y en los márgenes de la parte más ancha de la columna, a unos 363 km del centro de cada zona, el FE es de 1,00158.

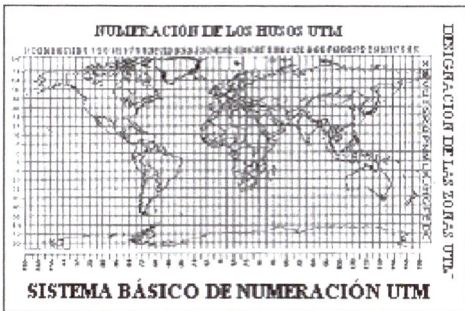

Fig. I.55. *División en Husos y Zonas en el plan de numeración del sistema de proyección UTM.*

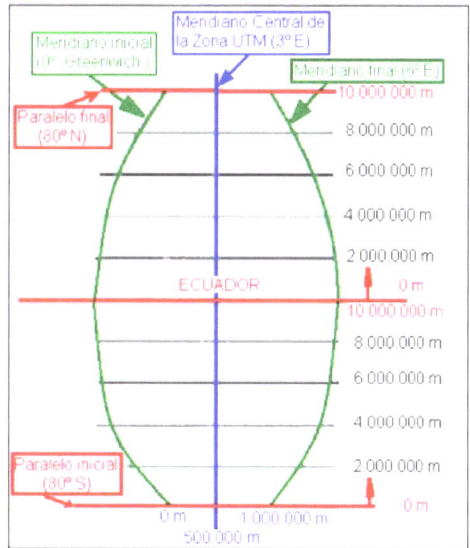

Fig. I.56. *Huso con las medidas en metros de sus coordenadas X e Y.*

[45] El antimeridiano de Greenwich.

[46] Desde la 1 a la 60, resultantes de dividir los 360° del círculo del Ecuador entre 6° de longitud de cada huso.

[47] Recuérdese que las letras A y B se reservan para nombrar las dos zonas del Polo Sur, y las letras Y y Z para nombrar las dos del Polo Norte en la numeración de la proyección UPS.

– 2.º nivel:

A partir de este plan básico se crea un *segundo grado de referencia*, realizando una subdivisión de cada uno de los rectángulos básicos en nuevos rectángulos de

100 kilómetros de lado, que también empiezan a nombrarse desde el Oeste hacia el Este y desde el Sur hacia el Norte, indicando su longitud y latitud también por letras del alfabeto, según se aprecia en la figura.

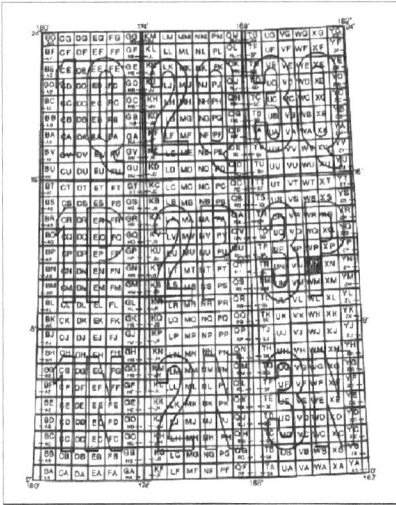

FIG. I.57. *Tres husos con la subdivisión de rectángulos de 100 km.*

– 3er nivel:

Existe un *tercer grado de referencia* que se obtiene mediante la subdivisión de cada rectángulo de 100 km en cuadrados de 10 km[48]. Éstos, a su vez, se dividen en cuadrículas de 1 km.

Las coordenadas UTM de la situación del extremo inferior izquierda de la hoja de este tercer nivel de referencia también se miden en metros en el eje de las Y, y también en metros en el eje de las X[49].

---

[48] Más que rectángulos son trapecios convergentes hacia el Norte producidos por la propia proyección plana de los husos.

[49] Por ejemplo, la hoja de Ávila a escala 1:50.000 comienza en 4.485.000 metros Norte y 343.000 metros Este.

La Península Ibérica está comprendida entre los husos 29 (de 12° a 6° W), 30 (de 6° a 0° W) y 31 (de 0° a 6° E), y entre las bandas o fajas T y S. Canarias aparece en el huso 28 banda R.

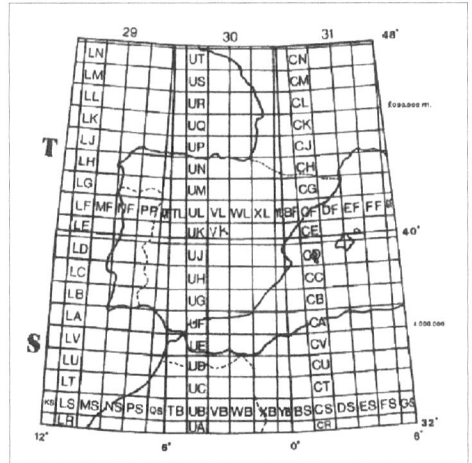

FIG. I.58. *Husos y zonas UTM en las que se encuentra la Península Ibérica.*

En la proyección cilíndrica UTM el cilindro de proyección es tangente al globo o esfera terrestre en el meridiano central de cada huso que se toma como origen. El cilindro se hace girar 6° cada vez, haciéndole tangente a cada meridiano geográfico. Al desarrollar la superficie cilíndrica extendiéndola en un plano, dicho meridiano central se convierte en el eje de las «y» y es automecoico. El eje de las «x» es la generatriz del cilindro que es tangente al Ecuador. Las redes de paralelos y meridianos son curvas que se cortan ortogonalmente. La proyección es conforme.

I.1.7.2.2. La Proyección Equivalente de Peters

Es una proyección cartográfica concebida y diseñada en la segunda mitad del siglo XX por el alemán Arno Peters, conocida por ello como *Proyección de Peters*, que ha trascendido sus puras características geométrico-matemáticas para convertirse en una denuncia de la manipulación política y social de los logros científicos.

Fig. I.59. *Mapamundi realizado con la proyección de Peters.*

Su mayor logro es que mantiene una perfecta homología entre las *superficies* reales y las del plano. Es decir, que es una proyección *equivalente* y que, por tanto, conserva en toda dirección y zona del mapa la relación de las áreas y en los mapamundis los tamaños de los continentes están bien delimitados. Pero, como ocurre en todas las proyecciones de este tipo, sus formas están muy distorsionadas y las distancias están siempre deformadas. También se basa en un cilindro desarrollado que preserva las áreas del esferoide.

En los años cincuenta del pasado siglo Peters plantea una problemática conocida como «la controversia de Peters», acerca de los mapas que aparecían de un modo más frecuente en los libros de Geografía y de texto en general. En ella se manifestaba la utilización ideológica de los mapas, sobre todo en la enseñanza, que en la mayoría de los casos estaban dibujados con la proyección de Mercator. En los mapamundis realizados con esta última se da una visión e idea muy distorsionada del mundo; por eso, Peters creó su propia proyección a mediados de los años setenta.

La de Mercator, que es de las más utilizadas, por un lado, tiende a centrar siempre el mapamundi en Europa y, por otro, da un tamaño relativo a las áreas continentales del Primer Mundo excesivamente grande, respecto a las del Tercer Mundo, que es apreciable simplemente observando los tamaños al Norte y al Sur del Ecuador. Peters decía que «la proyección de Mercator sobrevalora al hombre blanco... para

dar ventaja a los colonialistas»[50]. La proyección de Peters da ventaja al Tercer Mundo en su representación cartográfica para hacerle tomar conciencia de su tamaño en superficie y su peso físico real en el planeta. Peters pensaba que la transformación socioeconómica y política debe comenzar por la transformación de la mente humana individual y, sobre todo, de su percepción del mundo. Muchos cartógrafos se lanzaron a una guerra científica contra la proyección de Peters, buscando fallos técnicos y matemáticos, que los tiene como cualquier otra proyección. Unos detectaron algún fallo en las ecuaciones y otros acusaron a Peters de haber utilizado una proyección antigua, creada por un sacerdote escocés del siglo XIX llamado James Gall. Peters se defendió asegurando que su mapa es el único que sirve a los que están interesados en los problemas sociales y en las cuestiones de justicia mundial. Planteaba varias preguntas sobre la Cartografía, que hasta entonces aparecía como una aséptica actividad científica y neutral desde el punto de vista social[51].

– El cambio mental: desde el esferoide al mapa y del mapa a lo humano:

Los aspectos puramente trigonométricos, funcionales y geométricos de la Cartografía adquirieron una nueva visión científica, ampliándose al campo de las ciencias sociales, psicológicas y políticas. Nuevas cuestiones se plantearon gracias a Peters: la proyección, el centro de proyección y las distorsiones que producen afectan a la visión mayoritaria de los habitantes de la Tierra. Desde la Geografía de la Percepción se han realizado estudios en la mayoría de los países acerca de los mapamundis mentales y se detecta que, por ejemplo, incluso los niños del Tercer Mundo centran los mapamundis en Europa o Norteamérica.

[50] En esta idea también abundaban otros autores, como Ward Kaiser, quien manifestó que «la proyección de Mercator denota una mentalidad racista y colonialista».

[51] Estas preguntas eran del estilo de «¿Qué Cultura produce un mapa y por qué?»; «¿Qué fuerzas sociales promueven la elaboración de un mapa y por qué?»; «¿Qué ideas sociales, políticas e ideológicas subyacen tras un mapa?».

Las pruebas y los ejemplos son numerosos y algunos tan expresivos como comparar la superficie real de algunos continentes y grandes países con la que ocupan en la mayoría de las proyecciones más extendidas y asumidas como las «auténticas» en relación a la configuración del Planeta:

– Europa comprende $9,7.10^6$ km² y América del Sur $17,8 . 10^6$ km², es decir, casi el doble. Sin embargo en la proyección de Mercator ocupan una extensión inversa a su tamaño real.

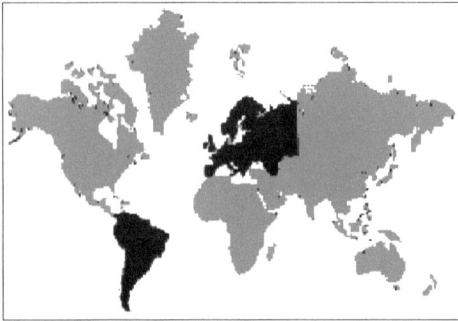

FIG. I.60. *Desproporción de la superficie ocupada por Europa y por Sudamérica en la proyección Mercator.*

– Groenlandia se extiende por $2,1 . 10^6$ km² y China por $9,5 . 10^6$ km² y prácticamente aparecen en dicha proyección con igual superficie.

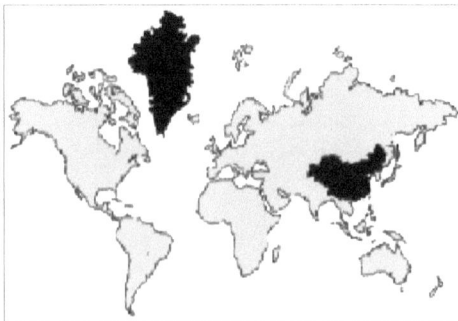

FIG. I.61. *Desproporción de la superficie ocupada por Groenlandia y por China en la proyección Mercator.*

En general, el Primer Mundo en el hemisferio Norte viene a ocupar $52 . 10^6$ km² y el Tercer Mundo en el hemisferio Sur $100 . 10^6$ km² (casi el doble) y en un mapa con proyección de Mercator aparece justo como la mitad de extenso.

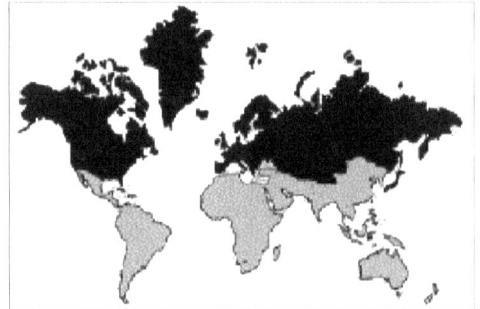

FIG. I.62. *Desproporción de la superficie ocupada por el hemisferio Norte y por el hemisferio Sur.*

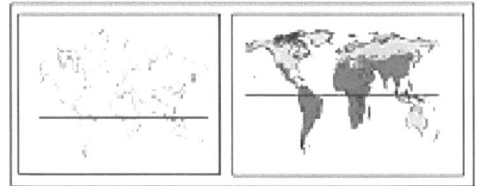

Ecuador en Mercator   Ecuador en Peters

FIG. I.63. *La causa fundamental de la desproporción entre las superficies de los hemisferios es la situación tan baja de la línea del Ecuador en la proyección de Mercator.*

Es decir, mantenemos una visión del mundo de una antigüedad de más de 500 años, pues Gerhard Kremer, más conocido con el nombre latino de Gerardus Mercator, ideó su proyección en 1569[52].

Aún hoy la mayoría de la población mundial cree y sostiene que el Norte es mayor que el Sur y que el centro del mundo es Europa. Se sostiene

---

[52] Conviene tener en cuenta que la proyección de Mercator se ideó para realizar cartas de navegación que permitiesen líneas ortodrómicas y que sólo su utilización escolar y de divulgación es lo que se denuncia.

así un etnocentrismo cultural basado en un eurocentrismo cartográfico[53].

La gran prueba en contra consiste en poner al mismo nivel el Ecuador de un mapamundi proyectado, del modo habitual, con el sistema Mercator y otro proyectado con el sistema de Peters, y comparar en ambos la distribución de las masas continentales en cada hemisferio.

La visión simultánea de los mapamundis levantados con el sistema de Mercator y con el de Peters nos denota la gran diferencia en las deformaciones superficiales.

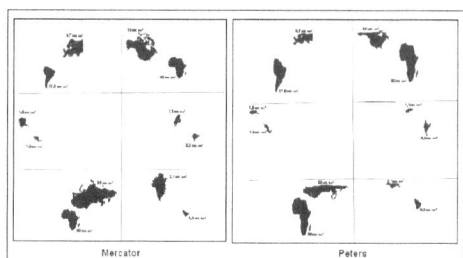

Fig. I.64. *Comparación de superficies en los sistemas de proyección de Mercator y Peters.*

Pero es que, también desde el punto de vista puramente cartográfico, la proyección de Peters tiene grandes ventajas sobre otros sistemas de proyección más utilizados, en especial el de Mercator, gracias a sus propiedades:

– Es fiel al eje del esferoide. Por esta causa están deformados de Norte a Sur los continentes respecto a la forma en la que aparecen en la esfera.
– Mantiene perfectamente las posiciones relativas de la esfera. Así, dos líneas que sean perpendiculares entre sí en el esferoide se mantienen perpendiculares en el mapa plano de Peters.
– Permite realizar uniones laterales perfectas entre mapas adyacentes porque mantiene la propiedad de la suplementariedad.

[53] Esto está tan poco fundamentado, y es tan absurdo y desfasado, como si se siguiera sosteniendo el geocentrismo de que el Sol gira en torno a la Tierra.

– Se adapta muy bien a cualquier tipo de red cuadriculada.

I.1.7.2.3. Otras proyecciones bastante utilizadas

– *Proyección cónica pura y sus derivadas*

Se obtiene proyectando la esfera sobre un cono, cuyo vértice se encuentra en la prolongación de la línea del eje de rotación del globo terrestre. El cono es tangente a uno de los paralelos o secante en dos de ellos. Se toma como punto de observación el centro de la esfera. El desarrollo del cono es un sector circular y los paralelos se proyectan como círculos, representándose en el plano como arcos de circunferencia. Las zonas del mapa con menores distorsiones se corresponden con áreas paralelas a los círculos menores.

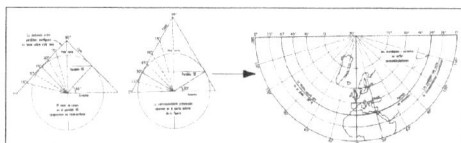

Fig. I.65. *Proyección cónica pura.*

Derivada de ésta es la *cónica perspectiva* o *central* en la que el cono puede ser tangente o bien secante a la esfera. El centro de proyección es el centro de la esfera. El polo puede estar

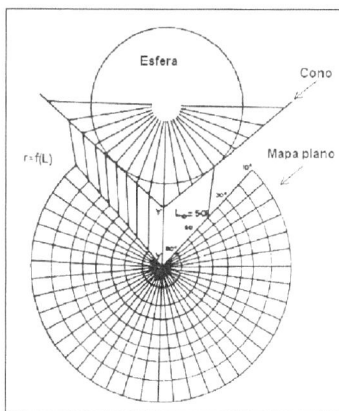

Fig. I.66. *Proyección cónica pura.*

representado en el vértice del cono desarrolla-do. Los meridianos se proyectan como rectas concurrentes y los ángulos de convergencia son proporcionales a las longitudes; mientras que los paralelos se proyectan como arcos de cir-cunferencia concéntricos, cuyos radios están en función de la latitud.

Otra derivada de la cónica pura es la *cónica simple*, también denominada *troncocónica* o *de Ptolomeo* (por ser su inventor), en la que el polo no es el centro de los paralelos concéntri-cos sino un pequeño arco de circunferencia. Los meridianos son rectas concurrentes de con-vergencia $\alpha = \textbf{M.sen L}_0$ (M = longitud, L_0 = lati-tud origen –30°–). Los paralelos son arcos de circunferencia concéntricos y equidistantes.

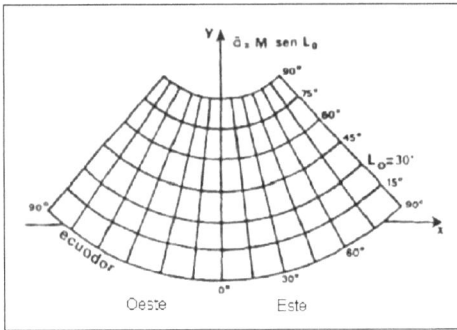

FIG. I.67. *Proyección cónica simple, troncocónica o de Ptolomeo.*

También deriva de la cónica pura la *cónica conforme de Lambert* que utiliza un cono tan-gente a la esfera y su eje coincide también con el de rotación. Esta proyección busca el isogo-nismo. El paralelo tangente y los meridianos se obtienen igual que en la cónica pura; la dife-rencia radica en el radio con el que se traza el resto de los paralelos que, siendo igualmente concéntricos, va aumentando según se aproxi-man a los polos. Con esto, igual que ocurre con la cilíndrica de Mercator, se consigue el isogo-nismo de las rutas y los disparos de artillería para lo que fue creado. Los meridianos son rec-tas concurrentes, equidistantes y convergentes en el polo. Los paralelos son arcos de circunfe-rencia concéntricos de radio fijado para que aseguren la condición de «conformidad». El centro común es el Polo que aparece en la proyección

como un punto. La escala se conserva a lo largo del paralelo tangente, pero aumenta progresiva-mente hacia el Norte y hacia el Sur. La escala es constante a lo largo de cada paralelo (E-W).

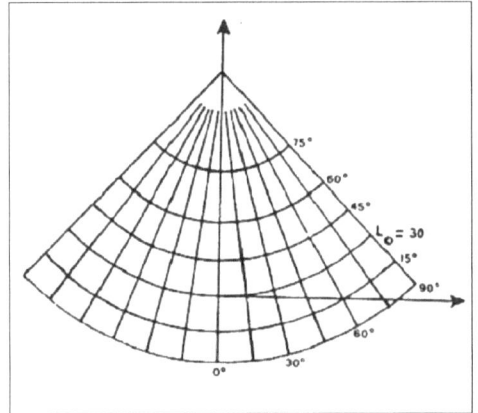

FIG. I.68. *Proyección cónica conforme de Lambert.*

Una derivada de esta última es la *Cónica conforme modificada de Lambert*, que en vez de un paralelo conforme o estándar tiene dos, porque el cono es secante a la esfera. A estos dos paralelos se les denomina *paralelos están-dar*. El FE es menor que 1 en el espacio entre ambos paralelos estándar y mayor que 1 fuera de ellos. Se utiliza mucho esta proyección para la navegación en latitudes medias, la topografía (es la utilizada en las hojas 1:50.000 del ejército español, junto a la geográfica y la UTM) y para los mapas meteorológicos.

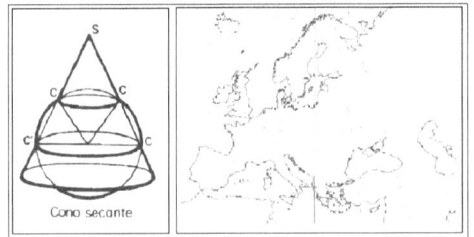

FIG. I.69. *Base y proyección cónica conforme modifi-cada de Lambert.*

– La *proyección Polar* utiliza un plano tangente a los Polos. Las distancias y dimensiones son correctas en torno al Polo, pero se distorsionan progresivamente según nos separemos de él. El Polo opuesto es un círculo en el exterior de la proyección.

Fig. I.70. *Proyección polar.*

– La *proyección de Bonne*, ideada por el cartógrafo que le dio su nombre en el siglo XVIII, no es una cónica en sentido estricto ya que los meridianos no son rectas concurrentes, sino curvas que cortan a los paralelos a distancias que se corresponden con intervalos homólogos de la esfera terrestre. Los paralelos son arcos de circunferencia con centro en uno de los extremos de un segmento de recta que representa al meridiano central que, según la escala del mapa, está desarrollado en su verdadera magnitud.

Las proyecciones que se describen a continuación son utilizadas fundamentalmente para la elaboración de mapamundis y, en general, mapas de pequeñas escalas y los pedagógicos.

– En la *proyección homolográfica* o de *Mollweide* las áreas van siendo muy deformadas a medida que se alejan del centro del mapa y la deformación es ya extrema en sus bordes. Los polos son puntos de la propia elipse. Los meridianos son semielipses, de los que uno de sus ejes es el trazado entre el Polo Norte y el Polo Sur. Los paralelos son rectas paralelas al Ecuador. La relación del eje ecuatorial y el polar es del doble (E-E') = 2 (P-P'); es decir, el eje ecuatorial es el doble que el polar. Entre los 40° y los 60° de latitud las áreas se mantienen proporcionales a la escala e iguales entre sí. Junto a la sinusoidal, la de Eckert IV, la de Mc Bryde y Thomas, la cónica de Albers o la de Lambert, se utiliza mucho para representar superficies sobre el globo por ser, como éstas proyecciones, «equiáreas».

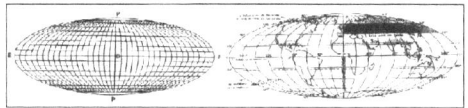

Fig. I.72. *Proyección homolográfica de Mollweide.*

– La *proyección sinusoidal* tiene los polos diferenciados como dos puntos exteriores, lo que fuerza al mapa a adquirir una forma sinusoide. Esto hace que en los bordes más separados del Ecuador las deformaciones de las áreas sean máximas, pero que entre los 40-60° de latitud las áreas comprendidas entre los paralelos y meridianos sean iguales entre sí. Los meridianos son curvas sinusoidales. La escala del Ecuador es la misma que la del meridiano central y los paralelos son equidistantes. Conserva bien las áreas en las latitudes bajas-medias.

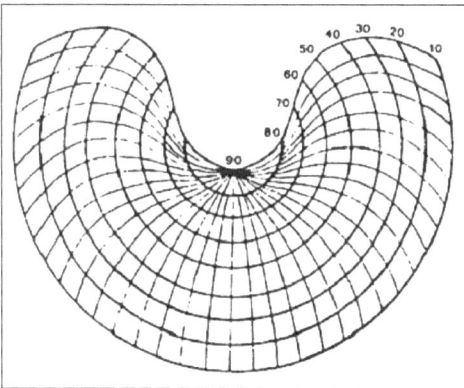

Fig. I.71. *Proyección de Bonne.*

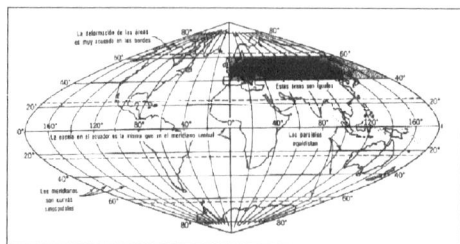

FIG. I.73. *Proyección sinusoidal.*

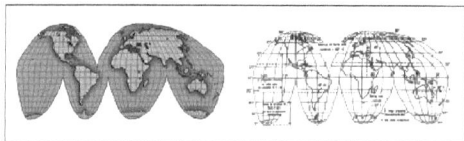

FIG. I.75. *Proyección homolosena de Goode con los gajos centrados en los océanos.*

– En la proyección *homolosena discontinua de Goode* la Tierra se representa en partes irregulares unidas, dando una sensación de esfera abierta con una distorsión mínima en las áreas continentales que generalmente aparecen en los «gajos» anchos o fragmentos desarrollados desde la proyección de Mollweide. Es una *combinación* de las proyecciones homológica de Mollweide en las medias y bajas latitudes y de la sinusoidal en las zonas intertropicales.

Suele utilizarse para los espacios comprendidos entre los 40° de Latitud Norte y los 40° de Latitud Sur (zona intertropical)[54].

Su técnica es la de «interrupción y condensación»: se interrumpen y repiten las mejores partes de la proyección y se borran las secciones que no se deseen (p. e. los océanos), para así poder aumentar las escalas de las que sí se quieren representar (p. e. los continentes)[55].

– La *proyección de Eckert IV* es como la de Mollweide, pero con la diferencia de que los polos están representados por líneas paralelas al Ecuador de dimensión mitad que la que representa al Ecuador. Una variante de ésta es la *proyección de Mc Bryde y Thomas* en la que la línea de los polos es un tercio de la ecuatorial.

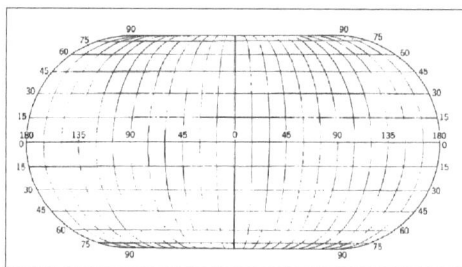

FIG. I.76. *Proyección de Eckert IV.*

En la *proyección estrellada* o *en estrella* el hemisferio Norte aparece en una proyección

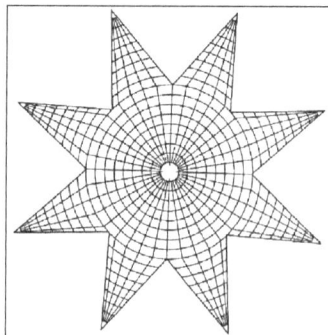

FIG. I.74. *Proyección homolosena de Goode.*

Pero también se utiliza para representar los océanos mundiales con otro tipo de centrado de los «gajos».

[54] Desde las latitudes 40° N y S hasta los 60° N y S suele emplearse más la Sinusoidal.
[55] Para esto suele centrarse un «gajo» en América del Norte (Meridiano 100° Oeste), otro en América del Sur (60° Oeste), otro en Rusia-África (30° Este) y el último en Nueva Zelanda (150° Este).

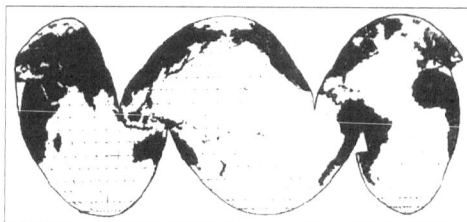

FIG. I.77. *Proyección en estrella.*

polar y el hemisferio Sur en brazos de estrella que parten desde el Ecuador. El Polo Sur es cada una de las puntas de la estrella.

– En la *proyección poliédrica* cada trapecio esférico de la esfera tiene un correspondiente trapecio plano proyectado. Su mayor inconveniente radica en lo imposible del ensamblaje lateral de las distintas hojas entre sí.

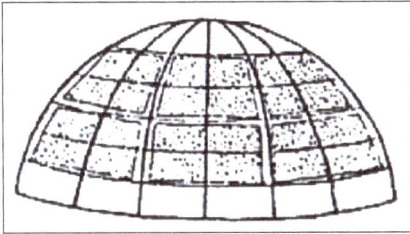

Fig. I.78. *Proyección poliédrica.*

– En la *policónica* la superficie de proyección está constituida por un número determinado de troncos de cono de pequeña altura. Cada hemisferio está dividido en un casquete polar de 2° de radio y 22 zonas de 4° de latitud. Cada una de estas zonas se subdivide a su vez en 60 trapecios de 6° de longitud. Con ello se consigue que los errores y deformaciones sean mínimos. De este tipo es la *proyección de Robinson* de 1961. Suelen utilizarse para mapas a gran escala y el problema siempre es el encaje entre sí de las hojas adyacentes: por ejemplo, en la UTM sólo encajan las hojas del mismo huso.

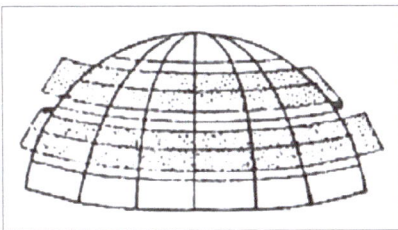

Fig. I.79. *Proyección policónica.*

– Una variante de la de Mercator es la que es conocida como *proyección oblicua de Mercator* que se diseñó para conjugar los movimientos

de escaneo y orbitales de los satélites artificiales con los movimientos de la Tierra.

En estos mapas el recorrido del satélite es la línea central de la proyección (FE = 1) que es curva y además no corta el Ecuador perpendicularmente para representar que, a la vez que el satélite gira sobre la Tierra, ésta gira sobre sí misma.

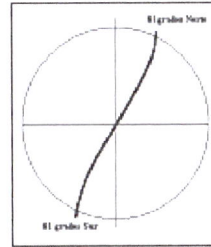

Fig. I.80. *Proyección oblicua de Mercator.*

– No dejan de crearse nuevas proyecciones para destacar distintos asuntos espaciales. Tal ocurre, por ejemplo, con la *proyección de Mark Newman*, creada en 2006 mediante la aplicación a la Cartografía de la ecuación física de la difusión y transferencia del calor y de las mezclas entre las moléculas. Luego se ha utilizado para mapas temáticos que son muy expresivos del reparto mundial de riqueza, enfermedades y muchos otros aspectos de distribución espacial.

Fig. I.81. *Proyección de Mark Newman: anamorfosis del mapamundi según la población de cada país (año 2006).*

Los avances de la fotografía aérea, de los satélites artificiales y de los Sistemas de Información Geográfica no sólo no eliminan la necesidad de los sistemas de proyección cartográfica sino que hacen que su conocimiento sea más necesario. Estos avances suponen la elaboración continua, en tiempo real, de mapas instantáneos que siempre estarán realizados sobre proyecciones cartográficas.

I.1.7.3. *Reglas fundamentales en la comparación entre mapas*

1. Mapas realizados con distintos sistemas de proyección *no* son comparables, aunque tengan la misma escala.
2. Mapas con distinta escala no son homologables entre sí, aunque hayan sido realizados con el mismo sistema de proyección.
3. Dependiendo de la situación de la zona del esferoide terrestre a cartografiar en relación con los elementos cartográficos fundamentales, como Ecuador, círculos tropicales, círculos polares y polos, se elegirá un tipo de sistema de proyección u otro con el fin de minimizar al máximo las deformaciones.
4. El centro de proyección se situará lo más próximo posible al centro de la región o zona que se pretende cartografiar.

I.2. SEMIÓTICA Y SIMBOLOGÍA CARTOGRÁFICA

I.2.1. Tratamiento y representación de los datos geográficos

La Tierra es demasiado grande y los fenómenos que se producen en su superficie demasiado extensos y complejos para que puedan ser valorados y estudiados adecuadamente a partir exclusivamente de una observación directa desde un punto alejado (p. e. una nave espacial); la única solución es una reducción sistemática[56]. Existe una gran diferencia en la información

que aportan los mapas y la que aportan las fotografías aéreas adquiridas desde aviones o las imágenes obtenidas desde los satélites artificiales. Éstas son directas, indiscriminadas y requieren conocimientos auxiliares del terreno que permitan su interpretación. En cambio, los mapas son una selección y clasificación de rasgos y objetos de la realidad, y sobre todo de las relaciones entre ellos, realizados mediante un proceso conocido como *generalización cartográfica* por el que se pretende inducir características espaciales generales a partir de elementos o muestras particulares, eliminando complejidades visuales con trazados sencillos. La generalización cartográfica puede realizarse desde un mapa de escala superior a otro de escala inferior y contiene varias fases:

1. Una primera fase de *selección y simplificación* en la que se determinan las características importantes de los datos, eliminando los detalles que no interesen a la finalidad de la representación cartográfica y destacando o exagerando los que interesen, tanto directamente desde la realidad como desde unos mapas a gran escala para realizar desde ellos otros a menor escala[57].
2. Una segunda fase es la de *clasificación* en la que se ordenan y agrupan los datos, según características comunes u homólogas.
3. La tercera consiste en la *simbolización* o *codificación* de las características esenciales o conceptos geográficos que se desea representar y sus posiciones relativas. Esta fase resulta crítica, de manera que una muy buena simbolización puede llegar a dar una falsa impresión de precisión en datos de baja calidad, o una buena clasificación y simplificación pueden resultar fallidas con una mala simbolización.
4. Y, por último, la etapa de *inducción* o proceso lógico de *inferencia* del comportamiento

---

[56] En palabras de Robinson «la contracción del espacio geográfico como ayuda a la ciencia y a la comprensión es análoga al uso de la ampliación (microscopio) para ayudar al estudio de fenómenos demasiado pequeños para poder observarlos directamente».

[57] Para la reducción del número de elementos se utilizan técnicas como, por ejemplo, la «ley de la raíz» de F. Töpfer $n_c = n_s \sqrt{\dfrac{S_c}{S_s}}$ en la que n_c es el número de elementos cartográficos compilado a una escala Sc, y n_s es el número de elementos cartográficos del mapa original a escala S_s.

espacial generalizado a todo el ámbito geográfico de estudio ya interpretado por el cartógrafo. De manera que permita lecturas directas y deducciones de fenómenos desde ella[58].

Estos procesos deben ir controlados por el *objeto* o *finalidad del mapa*. También deberán estar guiados por la *escala* que relaciona el mapa y la Tierra, y que debe buscar el equilibrio y armonización con la información que se pretende suministrar. Así mismo tendrá en cuenta tanto las *limitaciones gráficas* como las *perceptivas humanas*, cuyo límite será la discriminación correcta entre los símbolos por cualquier lector medio del mapa. Y, por último, no deberá obviar la *calidad y precisión de los datos originales* que deben manejarse con total honestidad por el cartógrafo, no dando nunca una sensación de precisión mayor que la de la calidad de los datos[59]. En todo caso, ambos sistemas de representación e información espacial (los mapas y las fotografías aéreas e imágenes de teledetección) son perfectamente complementarios entre sí.

Una vez seleccionados por el cartógrafo los objetos naturales y artificiales, así como los fenómenos que existen o se producen sobre la superficie terrestre, se transfieren a los mapas mediante signos, como líneas, puntos o áreas y símbolos; así como con tramas y colores. Por eso se buscan convenciones internacionales de representación que vayan unificando los criterios semióticos o de significado de los elementos cartográficos para conseguir una utilización universal. Pero éste es un proceso lento y difícil que fuerza todavía a conocer una gran variedad de sistemas semióticos de representación cartográfica.

Las *variables geográficas*

Cualquier objeto o fenómeno tiene una ubicación en el espacio. La Geografía estudia y sistematiza sus relaciones localizacionales y espaciales, deduciendo y manejando sus datos o variables geográficas.

Estos *datos geográficos* o *variables geográficas* están agrupados en cuatro tipos generales *según la cantidad* de espacio geográfico sobre la que se extienden:

1. Datos *puntuales* o *de lugar*. Suponen una concepción abstracta y adimensional en la que solo se quiere indicar el punto central de su ubicación; es decir, la posición y no la superficie que ocupan los datos en el espacio.
2. Datos *lineales*. Concepción abstracta también, en este caso unidimensional, que indican el curso y dirección que sigue un objeto o un fenómeno en el espacio, sin recoger la superficie que realmente ocupa. Suelen recoger desde ríos a medios de transporte o ideas.
3. Datos *zonales*. Son bidimensionales y no uniformes. Recogen la extensión del área que ocupa un hecho, objeto o fenómeno espacial, como, por ejemplo, soberanías, jurisdicciones, lenguas, clima, vegetación, etc.
4. Datos *volumétricos*. Son los más abstractos y uniformes, como, por ejemplo, las densidades. Con una apariencia gráfica bidimensional, pretenden representar cantidades localizadas del fenómeno. De este tipo son las poblaciones, precipitaciones, toneladas de mercancías producidas, etc.

Por otro lado y *según la forma* en que se extienden en el espacio geográfico, los *datos* o *variables geográficas* o espaciales también pueden ser:

1. *Discontinuos* o *Discretos* (edificios, ciudades, habitantes...).
2. *Continuos* (temperaturas, densidades de habitantes...).
3. *Uniformes* (gradientes de presión...).
4. *No uniformes* (usos de suelo...).

Además de por su ordenación espacial o topológica, hay que diferenciar a los datos o variables por clases según *umbrales cuantitativos* y/o *cualitativos*. Así se pueden distinguir varios tipos de clases de datos según este criterio:

---

[58] Por ejemplo, Wegener dedujo la deriva de los continentes de la lectura directa de mapamundis y no desde la realidad, al constatar el encaje ideal de las plataformas continentales a un lado y otro del océano Atlántico.

[59] No se deben pasar mapas de pequeña a gran escala, sino compilarlos o reducirlos al revés.

1. *Nominales.* Cuyas diferencias son puramente cualitativas.
2. *Ordinales.* Cuyas diferencias son de rango dentro de una clase nominal de datos.
3. *De intervalo.* En los que se añade la información de la distancia entre rangos, según diferencias entre medidas.
4. *De índices.* Cuando a un grupo de intervalos se le hace comenzar en cero (0).

En realidad, los dos últimos tipos de clases son estrictamente nominales a las que se añade el rango y a éste una magnitud.

Este proceso de clasificación o división de los datos por clases es puramente estadístico y se realiza con las técnicas generales de la Estadística y sus estadígrafos (promedios, índices, densidades, desviaciones, modas, medias, medianas, cuantiles, regresiones, correlaciones, etc.) o las más específicas de la Geoestadística (variogramas, krigings, etc.):

1. El primer paso estadístico consiste en decidir una jerarquía entre los datos ya clasificados.
2. Luego se debe realizar una homogeneización de las series de datos y de sus unidades de medida.
3. Después, una tabulación de los mismos.
4. Por último, el procesado, tanto impreso como gráfico, de los datos.

A continuación se tratará de los medios gráficos utilizados para representar cartográficamente los datos geográficos y espaciales.

I.2.2. Diseño y presentación gráfica: modos de representación de los datos geográficos

Una vez situado un objeto en el plano proyectado, respecto a las coordenadas bidimensionales (x-y, latitud-longitud, etc.), hay que jugar con las otras características del objeto, como son su *forma, dimensiones, orientación,* y los *atributos o variables* que posee. Estas características o atributos suelen ser asignados con valores numéricos, sobre todo su coordenada tridimensional o altitud sobre la que se sitúa.

Todos estos rasgos hay que reflejarlos en el mapa mediante signos y símbolos gráficos que los representen. Un *símbolo cartográfico* es la representación gráfica de un concepto, objeto, hecho o de una relación entre objetos y/o hechos, mediante una forma evocadora de sus características reales, y de un modo simplificado y esquematizado. Conviene diferenciar *símbolo* de *signo*[60]. Su calidad gráfica y semiótica viene determinada por la facilidad de evocación de lo que significa o representa sin necesidad de rotularlo.

Recursos gráficos

Estos *signos* y *símbolos* ocupan sobre el papel del mapa plano o sobre la pantalla del ordenador un área, más o menos extensa, que también posee y debe poseer un significado:

1. Pueden reducirse a ser un simple *punto* o *trazo puntual* individualizado (pequeños círculos o triángulos, cruces, etc.), que es más fácil de situar cuando solo se pretende localizar el objeto en el plano. Representan datos posicionales o de lugar. Por ejemplo, puede representar una ciudad en un mapa de carreteras o en un mapamundi, sin considerar su extensión real sobre la superficie terrestre.
   Un símbolo puntual puede ocupar una superficie en el plano con un *contorno geométrico* o *figurativo*, cuyo centro situará la posición y localización del objeto en la realidad, y una extensión que tendrá un significado cuantitativo del atributo espacial que se pretende representar; como, por ejemplo, el número de habitantes de cada ciudad por el tamaño del círculo que representa a cada núcleo de población en el mapa.
2. El símbolo figurativo puede estar constituido por una *línea* con un espesor mínimo de cierta forma, trayectoria, orientación y longitud, que denote una dirección,

[60] Símbolo: cosa u objeto que representa convencionalmente a otra; por ejemplo, la azucena a la pureza, la paloma a la paz, o la moneda al valor. Signo: Señal, número o letra, pero sobre todo dibujo, que representa convencionalmente algo; por ejemplo © = propiedad intelectual.

un límite o un trayecto. Aunque no siempre indica que el dato o la realidad que representa sea lineal; como ocurre, por ejemplo, con las curvas de nivel que representan cotas o altitudes interpoladas. Al igual que ocurre con el punto, en ocasiones la línea puede tener *anchura* o *espesor variable* entre sí para significar y diferenciar aspectos cuantitativos (p. e. flujos de vehículos en una red de carreteras) y/o cualitativos (jerarquía dentro de la propia red de carreteras). Con el trazado en línea *continua, discontinua*, de *puntos*, de *cruces, combinación de punto* y *línea, etc.* se pueden denotar aspectos jerárquicos u ordinales; como, por ejemplo, ocurre con las demarcaciones o límites administrativos que diferencian estados, comunidades o regiones, provincias, comarcas y municipios.

3. Finalmente, el símbolo figurativo puede extenderse *superficialmente* y de un modo uniforme sobre el mapa, mediante colores (u otras variaciones tonales que matizan las variaciones ordinales continuas, como, por ejemplo, el sombreado del relieve), significando zonas, regiones, etc. con algún atributo común, cuyas extensiones sobre el mapa son proporcionales u homólogas, según su escala, a la que ocupan en la realidad.

Junto a la *rotulación alfanumérica*, con estos tres tipos de recursos gráficos básicos se representan cartográficamente datos nominales, ordinales y de valor, o de intervalo.

I.2.3. Las variables gráficas del signo cartográfico

Diversos autores como Bértin, Joly o Robinson, entre otros, consideran que en el *signo cartográfico* existen 6 *variables gráficas* o *visuales* que facilitan un juego de muchas combinaciones, mediante las que se pueden representar y matizar los rasgos o características más importantes (forma, tamaño y orientación), que poseen los objetos que aparecen en la superficie terrestre. Estas 6 variables que configuran los símbolos gráficos son su (A) *forma*; (B) *tamaño*; (C)

orientación; (D_1) *color-tono*; (D_2) *color-valor* e *intensidad*; y (E) *estructura, espaciado* o *grano*.

Para distinguir los datos de un modo significativo desde un criterio posicional y cartográfico hay que variar el aspecto de los símbolos que los representan, ajustando sus cualidades gráficas entre sí. Estas diferenciaciones se basan en la realización de modificaciones y combinaciones de sus elementos gráficos básicos o variables gráficas y visuales:

A) La *forma*. Sea cual sea su base gráfica (punto, línea o superficie) se puede hacer variar su forma de un modo ilimitado, bien mediante el uso de figuras regulares (círculos, triángulos, rombos, etc.), como de perfiles de figuras irregulares (estados, islas, etc.) o de su contorno lineal (ríos, costas, etc.). De modo que mediante la graduación de parecidos y desemejanzas en las formas de los símbolos gráficos se pueden realizar asociaciones o separaciones mentales de los rasgos del terreno. Pero hay que tener en cuenta que no debe abusarse de las matizaciones en la forma, porque cuando hay muchos símbolos demasiado variados y separados entre sí en un mapa es visualmente difícil captar tales agrupaciones, pues hay una limitación humana (visual y cerebral) para discriminar las formas que se parecen entre sí[61].

Cada vez más, tal y como ocurre con la simbología de las señales de tráfico, se pretende llegar a convenciones internacionales de significado de los símbolos cartográficos; pero aún falta una generalización mundial y por eso sigue siendo necesaria una leyenda adicional que interprete los signos y símbolos de cada mapa.

Por la forma que tienen y su manera de evocar a los objetos de la realidad que representan, los *signos cartográficos* pueden clasificarse en:

a_1) *Signos convencionales*. Son formas geométricas localizadas en unas posiciones

---

[61] Si se abusa de un exceso de graduación en la forma, la lectura del mapa puede acabar convirtiéndose en una especie de juego de «buscar los 7 errores» o «dónde está Wally».

sobre el mapa que indican la situación en el territorio del objeto representado. Suelen ser utilizados para representar objetos de un tamaño real que serían muy pequeños a la escala del mapa y, por tanto, resultaría imposible representarlos con sus formas a dicha escala.

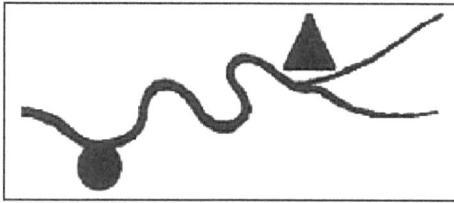

FIG. I.82. *Signos cartográficos convencionales.*

a_2) *Signos simbólicos.* Aquellos cuyas formas evocan la función territorial del objeto en el terreno. Por ejemplo, una fábrica química mediante el dibujo esquemático de una redoma o un matraz.

FIG. I.83. *Signos cartográficos simbólicos.*

a_3) *Pictogramas.* Son evocadores del espacio real que representan de un

FIG. I.84. *Signos cartográficos pictográficos.*

modo más directo que los simbólicos. Por ejemplo, el esquema gráfico de un avión para representar un aeropuerto o de un barco para un puerto fluvial o marítimo.

a_4) *Ideogramas.* Son signos simbólicos de ideas. Por ejemplo, una cruz representa una iglesia de confesión cristiana o un espacio donde reside una mayoría de sus fieles; una media luna para lo musulmán, o la hoz y el martillo hacen referencia a países con régimen político socialista.

FIG. I.85. *Signos cartográficos ideográficos.*

a_5) *Signos proporcionales.* Son símbolos de carácter cuantitativo cuyas dimensiones varían con la cantidad de atributo que representan; como, por ejemplo, el número de habitantes.

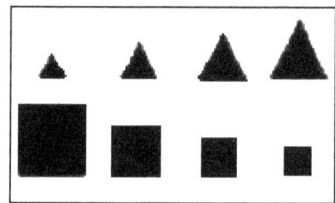

FIG. I.86. *Signos cartográficos proporcionales.*

a_6) *Estarcidos*[62]. Son repeticiones de un mismo símbolo para representar agrupaciones

[62] El término estarcido proviene de las chapas caladas que se utilizan para dibujar formas de modo repetitivo, generalmente en las paredes (ejemplo: los ‹víctores› rotulados en muchos paramentos de los edificios de Salamanca).

de elementos que aparecen en conjuntos de mayor o menor extensión sobre la superficie terrestre; como, por ejemplo, un bosque.

Fig. I.87. *Signos cartográficos estarcidos.*

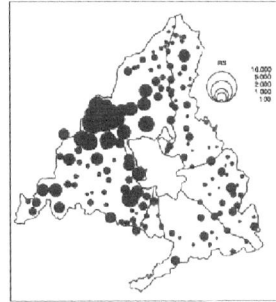

Fig. I.89. *Variación del tamaño de símbolos elementales.*

B) El *tamaño*. Todos los símbolos tienen unos parámetros dimensionales (diámetro, área, anchura, altura, etc.) mediante los que se puede valorar su importancia cartográfica. Si es un símbolo superficial, cualquier variación de su tamaño significa una variación del tamaño o importancia de la realidad representada.

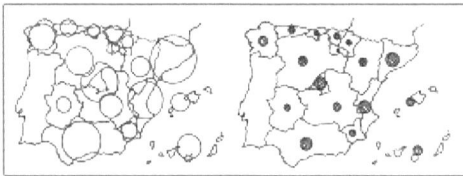

Fig. I.88. *Variación del tamaño de símbolos cartográficos.*

Pero si se trata de un símbolo elemental (punto, figura geométrica, pictograma, etc.) los diferentes tamaños pueden representar distintas cantidades del atributo territorial que representen. Sin embargo, existe una limitación perceptiva humana que hace inútiles gradaciones demasiado sutiles o matizadas de los tamaños de un símbolo con la misma forma; por eso deben tener sobre el mapa tamaños claramente diferenciables por el ojo y el cerebro.

A veces, la variación del tamaño es el único recurso cartográfico disponible cuando se trata de representar o comparar cantidades proporcionales de un atributo o, por el contrario, se pretende establecer un orden jerárquico pero no proporcional al tamaño.

Otras veces se tienen que combinar los tamaños de distintos símbolos para mostrar varios atributos relacionados entre sí, como, por ejemplo, superficies de secano y regadío y sus producciones, o consumos de gasoil en distintos años.

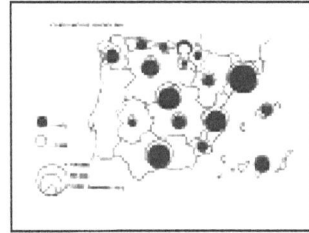

Fig. I.90. *Variación del tamaño y la trama del signo para indicar el consumo de gasoil por Comunidades Autónomas en dos años distintos.*

Las combinaciones del tamaño y la forma son de las más utilizadas en la cartografía temática, pero siempre hay que tener en cuenta que agravan la limitación visual.

C) La *orientación*. Es la disposición direccional de los símbolos respecto a un encuadre de referencia (retícula, círculo, límites del mapa, etc.).

No hay posibilidad de que aparezcan orientados los puntos simbólicos de un modo aislado, pero sí sus agrupaciones.

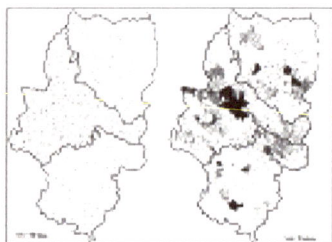

Fig. I.91. *Orientación de agrupaciones de puntos.*

Sin embargo, los trazos rectilíneos pueden representarse en forma vertical, horizontal, inclinada hacia la derecha o hacia la izquierda. Los trazos curvos pueden ser cóncavos o convexos, tener su centro hacia arriba o hacia abajo, hacia la derecha o hacia la izquierda o distintos grados de inclinación respecto a la vertical y a la horizontal del mapa. Los círculos pueden también ser orientados si incorporan algunos de sus diámetros.

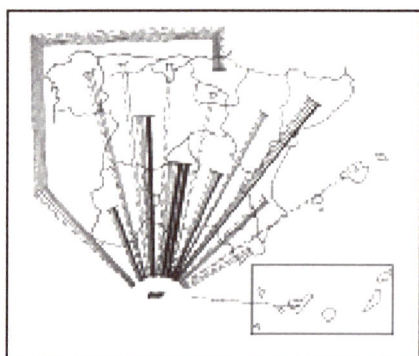

Fig. I.92. *Orientación de líneas migratorias.*

Las superficies y las líneas gruesas pueden también ser orientadas mediante el *sombreado* en diferentes sentidos o mediante *tramados interiores* con líneas orientadas que permiten realizar combinaciones de los tamaños de los símbolos que expresen aspectos cuantitativos y de las tramas que expresen aspectos cualitativos.

En la mayoría de los casos, lo que se pretende con las orientaciones de los símbolos es hacer visualmente más fácilmente diferenciables las distintas superficies y símbolos entre sí;

sobre todo cuando existe la limitación de confeccionar el mapa a dos tintas (blanco y negro). Así es que la orientación de los tramados de las superficies puede sustituir el uso del color o complementarlo cuando se trata de realizar muchos umbrales de diferenciación.

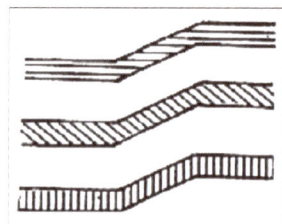

Fig. I.93. *Orientación de tramas.*

D) El *color*. Es el elemento cartográfico por antonomasia porque es el más fácil de diferenciar y el más intensamente perceptible por el ojo humano. Las distintas longitudes de onda que emiten los cuerpos, bien por reflexión, por reemisión o por propia radiación son muy variadas y constituyen en conjunto lo que se conoce como el *espectro radiométrico* o *electromagnético*.

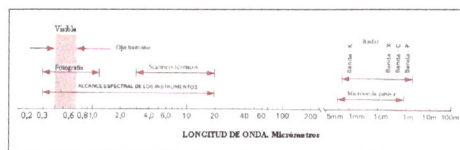

Fig. I.94. *Espectro electromagnético.*

El ojo humano sólo es capaz de discriminar las radiaciones dentro del conocido como *intervalo visible del espectro* o *espectro visible* que se corresponde con las longitudes de onda de 0,4 μm (el correspondiente al color violeta) hasta 0,7 μm (color rojo). Entre ambos se extienden el resto de colores intermedios (según la «progresión espectral» de las longitudes de onda: azul, verde, amarillo y naranja) que completan los seis colores básicos del arco iris que difunde el prisma desde los rayos de luz blanca.

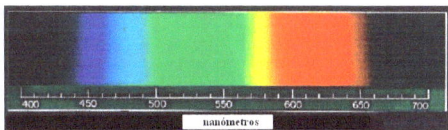

Fig. I.95. *Intervalo visible del espectro electromagné-tico. Longitudes de onda en nanómetros.*

Para el ojo, el color es una variable cartográfica muy selectiva y sus matizaciones permiten al cerebro humano realizar de un modo directo agrupaciones dentro de un mapa. Los colores comunes que se dan en la realidad mediante procesos reunidos de reflexión y absorción por los cuerpos son combinaciones de distintas longitudes de onda.

El color comprende 2 cualidades fundamentales: *tono* y el *valor* o *intensidad*.

D₁) El *tono* es la propiedad del color más asociada a su longitud de onda y hace referencia a lo claro y lo oscuro. La *serie espectral o natural* viene ordenada por la longitud de onda creciente, pero no se corresponde con la escala de sensibilidad o percepción del ojo humano que lo hace en función de la *claridad de los colores*: en los extremos están los oscuros (violeta y rojo) y entre ellos los claros (fundamentalmente centrado en el amarillo que es el más claro). En Cartografía no se suelen ordenar los colores por la situación de su longitud de onda en el espectro radiométrico, sino por la ordenación que mejor aprecia el ojo humano que es el del tono: así, de un modo creciente,

se comienza por el amarillo, para seguir con el naranja, el verde, el azul, el rojo y el violeta.

Mediante esta gama así ordenada suele ser representada una variable territorial homogénea, como, por ejemplo, el orden cronológico de fenómenos territoriales, asignando los más recientes a colores fríos y los más antiguos a los colores calientes, tal como, por ejemplo, se hace en los mapas geológicos con la antigüedad de las rocas. Pero en la ma-yoría de las ocasiones se recurre a una *doble gama* separada con el color amarillo; de modo que, por un lado, aparecen los denominados *colores calientes*: amarillo, naranja, rojo y rojo más violeta y, por otro, la denominada gama de *colores fríos*: amarillo, verde, azul y azul más violeta. Con estas dos gamas se suele representar una variable territorial cuyos valores oscilan alrededor de un valor medio que suele venir representado por el color amarillo; como, por ejemplo, las temperaturas en un ámbito espacial.

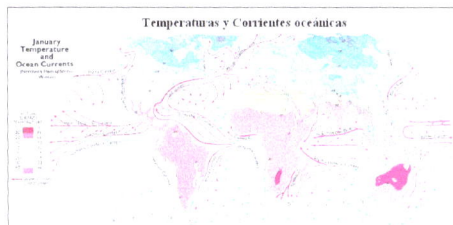

Fig. I.97. *Utilización del tono de color para representar variaciones espaciales de un mismo parámetro.*

Se denominan *tonos primarios* o *básicos* aquellos que dan con sus combinaciones lugar a los demás. El azul, el verde o el rojo son los que se denominan *aditivos*, es decir, aquellos cuya combinación en distinta proporción da lugar a los demás colores y en la misma proporción producen el blanco; además de que ninguno de los

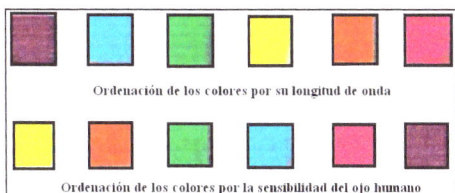

Fig. I.96. *Escalas de colores ordenados por sus longitudes de onda en la parte superior y por la sensibilidad del ojo humano en la inferior.*

tres se forma por combinación de los otros dos. El cián (azul verdoso), el magenta (rojo púrpura) y el amarillo son *sustractivos*; es decir, absorben y sustraen sus tonos y solo permanecen visibles los restantes; el amarillo absorbe la luz azul, el cián absorbe la luz roja y el magenta la luz verde, y combinados los tres en la misma proporción producen el negro.

Fig. I.98. *A la izquierda colores aditivos. A la derecha colores sustractivos.*

Se pueden realizar combinaciones o mezclas de tonalidades de los colores básicos para obtener todos los colores y matices cromáticos mediante lo que se conoce en el mundo de las artes gráficas como *tricromía*, pero cuidando siempre de no superar las limitaciones discriminatorias del ojo humano.

Siendo el tono de color el mejor elemento cartográfico es también el más delicado de utilizar de un modo correcto, porque cuando los colores están muy próximos entre sí en una gama cartográfica se diferencian mal, sobre todo los tonos pálidos como ocurre con la gama del amarillo. Especialmente es difícil diferenciar símbolos coloreados cuando son de pequeño tamaño (menores de 1 ó 1,5 mm) y tampoco debe utilizarse el mismo color para símbolos de distinto tamaño. Es recomendable utilizar el coloreado de los símbolos cuando sean de buen tamaño o con el apoyo de otras variables como la forma y la orientación. En todo caso suelen

estar distorsionados por defectos de percepción humana y, por ejemplo, un conjunto de puntos de gran tamaño o muy denso siempre parecerán más oscuros que otro de puntos más pequeños o dispersos aunque tengan el mismo tono.

D$_2$) El *valor* es la variable que mejor representa la intensidad perceptiva de cada tono y depende de la proporción de mezcla de cada uno de ellos con el color *negro* o con el *blanco*. En el primer caso se habla propiamente de *valor*; en el segundo caso se conoce como *intensidad* o *saturación*. Se define así la mayor claridad u oscuridad al traducir una gama de colores a una escala de grises. La proporción de blanco o negro (10%, 20%, 30..., 60%..., 80%, 90%, etc.) permite la creación de gamas amplias de cada color.

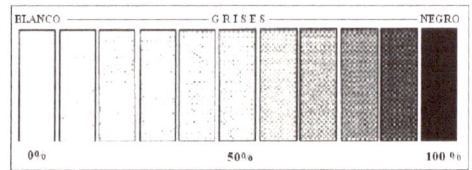

Fig. I.99. *Escala de porcentaje de negro (valor).*

Se pueden realizar gamas aún más amplias al obtener mediante tricromía cada color de una forma aditiva o sustractiva, con distintos porcentajes de cada uno de los tres colores primarios, o incluyendo tramas, más o menos visibles, formadas por conjuntos de líneas o puntos de color blanco o negro en una gradación de distinta densidad.

Eligiendo valores de proporción claramente discontinuos en un número adecuado se pueden crear umbrales o escalones subdivisores de la variable que se quiere representar, que sean claramente perceptibles y diferenciables. En cuanto a la percepción humana, se debe tener en cuenta que el amarillo acepta poco valor del blanco y el rojo poco del negro. El *valor* está relacionado por una parte con las características de *luminosidad* o cualidad de emitir luz de un modo aparente (el amarillo es más luminoso que el azul); por otra parte, se relaciona también con el *brillo* o sensación de las *diferencias* de luminosidad; y asimismo con la *reflectancia* o cantidad de luz no absorbida.

E) El *grano* o *punteado*. Esta variable gráfica es conocida también como *textura*, *estructura del símbolo, tramado* o *densidad simbólica*. En este caso lo que se varía es el *tamaño* de la trama de puntos o líneas, pero conservando el mismo tono y valor. Es lo que se denomina *granulometría* o densidad gráfica: número de elementos gráficos por unidad de superficie. Se suele apreciar muy bien en las ampliaciones y reducciones fotográficas. El grano permite diferenciar muy bien los símbolos, sobre todo cuando son superficiales y ocupan espacios amplios sobre el mapa. Se utiliza mucho para representar subgrupos con un mismo tono y forma.

Fig. I.101. *Texturas puntuales y lineales.*

Todas estas variables gráficas o visuales de los símbolos cartográficos permiten *combinaciones y relaciones lógicas entre ellas*, con objeto de representar del modo más claro y preciso el atributo geográfico que se quiera plasmar en el mapa.

Fig. I.102. *Las seis variables gráficas.*

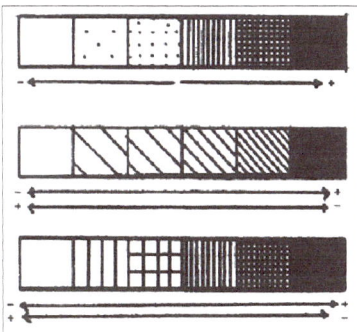

Cada una de estas variables posee una o varias *propiedades perceptivas.*

Las propiedades perceptivas de las variables gráficas son:

1. *Asociativa* o de *asociación*. La posee si pone en evidencia o destaca los parecidos entre los objetos cartográficos; permitiendo agruparlos en conjuntos. Cuando no ocurre así se dice que son variables de símbolos que poseen la propiedad perceptiva *disociativa*.

2. *Selectiva* o de *selección*. La posee si permite destacar las diferencias entre los hechos

Fig. I.100. *Escala puntual, lineal inclinada y lineal horizontal de distinto grano.*

u objetos geográficos, aunque pertenezcan a un mismo grupo.

3. De *jerarquización*. La posee si facilita la ordenación o clasificación de los objetos según una progresión positiva o negativa.
4. De *cuantificación*. La posee si facilita la relación numérica o la ponderación entre las categorías de un mismo objeto.

Ninguna variable simbólica de las que hemos visto posee a la vez estas cuatro propiedades perceptivas y así:

- La *forma* sólo posee la propiedad *asociativa*.
- El *tamaño* la *selectiva*, la de *jerarquización* y la de *cuantificación*.
- La *orientación*, la *selectiva* y la *asociativa*.
- El *color*, la *asociativa* y la *selectiva*.
- El *valor*, la *selectiva* y la de *jerarquización*.
- El *grano*, la *asociativa*, la *selectiva* y la de *jerarquización*.

La percepción de un mapa no se produce en un proceso secuencial como en el lenguaje verbal sino que es sinóptica, simultánea; es decir, que todo el mapa se capta a la vez. Todos sus símbolos están relacionados visualmente entre sí y cada uno de ellos influye sobre la percepción de los demás. Sólo si el mapa consigue en el lector el sentido general que se pretendía, el cartógrafo habrá conseguido su objetivo. Por lo tanto es fundamental la *combinación* de todos los componentes del diseño gráfico o *atributos de los signos* utilizados para la captación general.

En este sentido un mapa debe poseer las siguientes características generales:

1. *Claridad y legibilidad*. Es decir, debe ser resultado de una elección adecuada del tamaño de los puntos, las líneas, las zonas, los colores, las tramas, etc. La familiaridad del observador con el símbolo facilita tamaños pequeños. Las líneas pueden ser más finas que los puntos, debido a que generalmente su longitud las hace más perceptibles. En general a una distancia de 50 cm del mapa se captan bien los trazos de 0,3 mm de anchura; a 2 metros, los trazos de 1,15 mm; y a 30 metros los de 17,4 mm.
2. *Contraste visual*. Es el modo en que un símbolo o signo difiere del fondo sobre el que se dibuja y de los demás signos adyacentes. Si se combinan de forma diversa dos variables gráficas, el contraste será mayor que con una sola variable (por ejemplo, color y forma). La forma de las letras puede facilitar o hacer confusa su lectura, respecto a otras líneas.
3. *Equilibrio visual*. En la colocación de los símbolos y demás elementos gráficos nada debe ser demasiado claro ni demasiado oscuro; demasiado corto ni demasiado largo; demasiado grande ni demasiado pequeño; o estar demasiado cerca del borde ni demasiado lejos. Es, pues, necesario un ejercicio de *composición* que depende de la relación de cada objeto gráfico con el centro del mapa y con sus bordes. El equilibrio visual debe conseguir que los elementos cartográficos encajen o parezcan naturales a la finalidad del mapa. La composición del mapa *(layout)* no es otra cosa que la búsqueda del equilibrio visual mediante ensayos de colocación y de los distintos tamaños de los elementos de un mapa (escala, Norte, leyenda, etc.); es decir, del *formato* del área de imagen.
4. *Figura-fondo*. El ojo y la mente humana trabajan al unísono y reaccionan espontáneamente organizando la percepción de las figuras y del fondo que las rodea. Esta separación figura-fondo es automática y debe ser tenida en cuenta según los objetivos del cartógrafo, por ejemplo, para diferenciar claramente la tierra del mar en un mapa. Siempre deben tener más peso visual las figuras que los fondos. Las formas cerradas se distinguen mejor si aparecen enteras[63]. Lo más oscuro tiende a ser captado siempre como figura y lo más claro como fondo. Se deben contornear bien las figuras y sobreponerlas a otros elementos[64]. Las áreas menores aparecen como figuras en contraste con las mayores que aparecen perceptivamente como fondos. Un área con líneas, signos y rótulos

[63] Por ejemplo, las islas.
[64] Por ejemplo, las retículas de canevás bajo los países parece que continúan por debajo de ellos, destacándolos aún más.

destaca mucho más sobre los fondos que las áreas desnudas de ellos. Todas estas propiedades compositivas siempre deben tenerse en cuenta.

5. *Organización jerárquica*. Debe establecerse una jerarquización visual clara entre los elementos con diferente significación para poder resaltar así semejanzas, diferencias e interrelaciones. La *jerarquización* puede ser de diferentes tipos:

   5.1. *De extensión* (ordinal). De redes de líneas y nodos principales y subsidiarios.

   5.2. *De subdivisión* (de área, color, etc.). Para representar relaciones internas de jerarquía (barrios, distritos, usos de suelo, etc.).

   5.3. *Estereográmica*[65]. Para dar la impresión de que los componentes del mapa están situados a distintos niveles visuales, y permitir concentrarse en un solo elemento.

En resumen, la cantidad de información o representación que poseen los símbolos y signos de un mapa es muy grande y, en general:

– Por el lugar que ocupan en el mapa, nos indican la situación sobre la esfera terrestre (longitud y latitud), por ejemplo, de un edificio.

– Por el color, el conjunto de objetos geográficos al que pertenecen. Por ejemplo, construcción urbana, es decir, perteneciente a una ciudad.

– Por el tono, el subtipo al que pertenecen. Por ejemplo, fábrica.

– Por la forma, al tipo de producción a que se dedican. Por ejemplo, electrodomésticos.

– Por el grano, el producto concreto. Por ejemplo, lavadoras y lavavajillas.

– Por la orientación del símbolo y sus tramas, la parte del producto. Por ejemplo, los motores.

– Por el tamaño, el valor económico de su producción o el número de empleados.

La combinación de todas las variables gráficas es muy difícil y casi pertenece al campo de la intuición artística, pero la combinación puede potenciar o atenuar los resultados perceptivos. Por ejemplo, las propiedades disociativas del tamaño y el tono suelen anular las asociativas de las otras variables. Generalmente, para aumentar la percepción de las similitudes entre objetos conviene combinar la forma y el color, o el tamaño y el tono. Se dice que una sola variable es *significativa* si por sí misma caracteriza bien una propiedad de la superficie terrestre[66].

Un mapa no puede contener toda la información de un área de la superficie terrestre como ocurre en una fotografía aérea, porque al requerir de una representación simbólica, para ser significativa no puede ser exhaustiva sino selectiva. Y esto porque el lector del mapa debe realizar una actividad de interpretación o de traducción de símbolos y signos cartográficos a objetos y fenómenos de la realidad. Hay que tener en cuenta los condicionantes que existen para no sobrecargar un mapa. Por una parte, la dificultad de diferenciar visualmente trazos o puntos que tengan un tamaño inferior a 0,2 mm[67]. No se aconseja que converjan más de 8 líneas en un mismo punto o, lo que es lo mismo, que existan ángulos inferiores a 0,5°. Además las formas de los símbolos de muy pequeño tamaño, sean cuales sean, son reducidos por el ojo a puntos, trazos o cruces. La subdivisión excesiva en un número muy grande de escalones, intervalos o umbrales cuantitativos la convierten en inútil; conviene que los escalones o intervalos sean amplios para que resulten distinguibles entre sí.

Un mapa es un todo que hay que tratar como un objeto de lectura[68]. Y esto porque existen varios niveles de lectura:

– El nivel de *lectura elemental*, que se focaliza sobre cada signo en particular y permite realizar los inventarios; como, por ejemplo el recuento de objetos. En este nivel de lectura suelen buscarse respuestas

---

[66] Por ejemplo, el color para los mares.

[67] Dos puntos separados por esta distancia aparecen visualmente como uno solo.

[68] Como, por ejemplo, un libro, del que no solo interesa el tipo de letra, su color, su tamaño y espaciado, sino también su organización en capítulos, su cubierta; en suma, su estructura general o de conjunto.

[65] Por sobreimposición, progresión de tamaño, progresión de valor, etc.

a preguntas del estilo de «¿qué?, ¿cómo?, ¿dónde?».

– El nivel de *lectura de conjunto* que abarca a toda la información de un modo simultáneo y se realiza mediante métodos de síntesis; de manera que permite captar la estructura de la variable territorial que pretendemos conocer de un mapa.

– Hay niveles de *lectura intermedios* entre los dos anteriores que permiten análisis comparativos y regionales, en cuanto a la interrelación de los objetos entre sí, con objeto de detectar o clasificar homogeneidades o agrupaciones.

Así pues, cuando se vaya a construir un mapa hay que plantear el tipo de pregunta que cualquier usuario del mismo pueda plantearle y se pretende que conteste. Previamente, para decidir el número y tipo de símbolos y signos que se utilizarán es necesario plantearse las preguntas que pretendemos que conteste nuestro mapa; es decir, su legibilidad como conjunto gráfico. En un nivel de lectura intermedio, regional o zonal, también hay que plantearse los grados de interrelación que debe mostrar entre objetos, en función de las preguntas que debe responder; para lo que habrá que elegir una combinación de variables gráficas (forma, color, tamaño, etc.) con su significado preciso. Y, por último, en un nivel de lectura elemental o de detalle, decidir qué grado de precisión o de correspondencia entre la realidad y el mapa se pretende que tenga el mapa, sobre todo en cuanto a la situación de los objetos.

Conviene recordar que *no se debe confundir el tamaño* de un mapa (de su imagen gráfica) y su *escala* (relación dimensional con la realidad): un mapa puede ser muy grande de tamaño y tener una escala muy pequeña[69]. También conviene recordar que el tamaño del mapa impone los trazos, signos y símbolos que se deben utilizar. Lo ideal sería que todos los elementos y objetos de la realidad apareciesen en el mapa con la diferencia relativa entre ellos que impusiera la escala y que ocupasen sobre él la superficie proporcional que ocupen en la realidad, pero esto es completamente imposible en la

inmensa mayoría de los mapas. Así, por ejemplo, en un mapa a una escala tan habitual como 1:100.000, una carretera normal de 10 metros de ancho en la realidad estaría representada por una línea sinuosa de 0,1 mm, cosa que es casi imposible de conseguir técnicamente de un modo gráfico y, si se lograse, sería imposible de apreciar visualmente de un modo directo sin ayuda de artefactos ópticos ampliadores (lupas). Es preciso, en muchos casos, recurrir a representaciones con trazos deformados muy engrosados y de una manera permanente condicionada a los objetos vecinos. No todos los objetos pequeños respecto a la escala del mapa pueden ser representados siempre de un modo aislado[70]. En esos casos un solo signo los agrupa y representa de un modo colectivo.

Resumiendo, se tendrán siempre en cuenta los controles de diseño gráfico que se basan en las *limitaciones técnicas*, los *objetivos del mapa*, la *realidad*[71], la *escala*[72] y el *usuario* al que vaya dirigido; de manera que cada uno de los distintos grupos de lectores estará más o menos familiarizado con los símbolos y diseños, pero, en todo caso, los mapas no deben estar muy recargados. Así pues es fundamental una planificación estricta que se irá definiendo mediante distintos y progresivos esbozos del mapa en distintas fases que comenzarán con el listado de los datos a incluir, el prototipo del mapa y de sus esbozos y el título, la leyenda y las escalas. Deberán tenerse en cuenta las ampliaciones o reducciones que finalmente sufrirá el mapa definitivo para planificar el diseño del grosor de las líneas y trazos, de manera que convendrá recargarlo y exagerarlo si va a sufrir una reducción o viceversa.

I.3. TIPOS DE DATOS. ELEMENTOS BÁSICOS DE REPRESENTACIÓN CARTOGRÁFICA

Los *elementos cartográficos de representación* pueden ser agrupados por sus niveles de lectura o del tipo de datos que representan en

---

[69] Como, por ejemplo, un mapamundi enrollable para impartir clases en aulas.

[70] Por ejemplo, todas las calles de una ciudad, todas las dolinas de un área kárstica o todas las parcelas de un área agrícola.

[71] Por mucho que manipulemos la península italiana tendrá siempre una forma alargada y estrecha de bota.

[72] No debe ser necesaria la lupa para leer sobre un mapa.

4 grandes grupos:

1. El primero comprendería los *puntos, líneas* y *zonas o superficies*.
2. El segundo sería el *color*.
3. El tercero acogería a la *rotulación* (las toponimias) y a la *información auxiliar adicional* del mapa (la leyenda, declinación magnética, orientación del Norte geográfico, tipo de sistema de proyección, etc.).
4. Y el cuarto, que realmente habría que incluir en el primer grupo pero tiene tanta importancia que merece un apartado propio, trataría de la representación de la *tercera dimensión* de cada punto geográfico.

I.3.1. Datos puntuales, lineales y superficiales

1a. *Cartografía de los datos puntuales*. Suelen representar datos nominales de lugar. Estos símbolos están constituidos por figuras geométricas cerradas. Pueden ser *pictóricas* complejas o estilizadas que resultan difíciles de distinguir entre sí cuando son del mismo color, de tamaño pequeño, muy numerosas o con la misma orientación. O pueden ser *asociativas* que combinan forma geométrica e imagen[75]. Y también pueden ser *geométricas regulares* para representar con mayor precisión datos nominales de lugares que son más distinguibles entre sí y permiten situar la localización con sus centros y modificar las otras variables (tamaño, color, orientación, etc.).

Por ejemplo, la figura del *círculo* permite centrar muy bien las localizaciones porque sus centros son muy fácilmente visibles de un modo directo, o de un modo estimado cuando están parcialmente ocultos por otros signos superpuestos. Hay muchas series de formas derivadas del círculo como *estrellas, ruedas dentadas, esferas, semicírculos, círculos concéntricos*, etc. Las demás figuras geométricas son más difíciles de utilizar que el círculo, aunque los *rectángulos* y *cuadrados* se leen muy bien, se prestan al escalado de su tamaño y visualmente se percibe mejor su proporcionalidad,

de un modo más claro que el círculo; además de que aceptan muchas variaciones de forma y permiten su orientación. Los *triángulos*, que son las figuras geométricas más fácilmente orientables, tienen muchas menos formas derivadas. En todo caso, para la simple representación de situaciones o datos «nominales» de lugar no es muy recomendable combinar el tono, la forma, la orientación y el espaciado. Esto se debe reservar para representar datos «ordinales» de lugar; es decir, cuando se pretende localizar y además jerarquizar espacialmente un atributo.

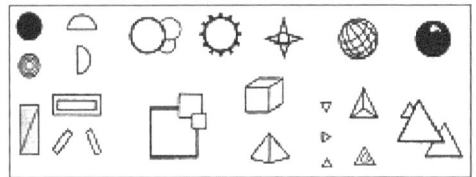

Fig. I.103. *Formas geométricas e icónicas puntuales.*

Si se trata de representar índices según un rango de intervalo es mejor utilizar la variación del tamaño del punto, fundamentalmente del círculo o sus derivados, siguiendo distintos métodos como (1) el de la *raíz cuadrada del escalado del símbolo* (se extrae la raíz cuadrada de los datos y se construyen círculos con radios proporcionales a dichas raíces cuadradas: sus áreas serán también proporcionales a cada dato); (2) el método del *escalado según el rango*, por el que se dividen los datos en intervalos de clase y se asigna un tamaño a cada uno según el valor del punto medio de cada clase; (3) o el método de *escalado psicológico* por el que la percepción del tamaño no es lineal, reduciéndose los «tamaños aparentes» mediante la aplicación de los logaritmos y antilogaritmos de los datos, lo que evita la infravaloración

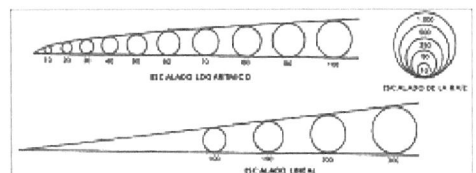

Fig. I.104. *Escalado del tamaño de los puntos.*

---

[75] Por ejemplo, un rectángulo que incluye una cruz para representar un cementerio.

visual que se produce de los símbolos pequeños respecto a los mayores.

Si se utilizan *cubos* o *esferas* se pueden representar rangos mediante sus «volúmenes aparentes». Si se hacen mediante sectores o *cuñas* en
los conocidos gráficos de *tarta* (circulares o rectangulares) se puede representar, de un modo
combinado, la relación entre varios tipos de
datos en un mismo lugar.

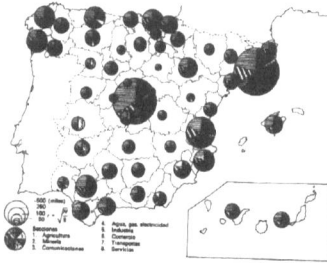

Fig. I.105. *Representación con gráficos de cuña (tartas).*

Si solo se asigna un valor para un punto, su
distribución y su espaciado facilitan la representación de densidades. En todos los casos hay
que ser muy cuidadosos con el tamaño de los
símbolos puntuales, porque si son muy pequeños resultan poco visibles y confusas sus agrupaciones, y si son muy grandes se mezclarán y
superpondrán demasiado en las zonas del mapa
donde sean muy numerosos. Hay que tener cui-
dado con la distribución demasiado regular de
puntos que representan datos para que no se
confundan con simples tramas gráficas. Otras
figuras geométricas (pentágonos, hexágonos,
octógonos, etc.) deben evitarse porque son más
difíciles de discriminar entre ellas.

1b. *Cartografía de los datos lineales.* Sirven
para representar fenómenos u objetos lineales
con anchura despreciable en relación a su longitud, tales como carreteras, límites territoriales,
ríos, divisorias de aguas, líneas de combes, líneas
de transporte (FFCC, electricidad, telecomunicación, etc.). Se utilizan para su representación
líneas continuas, abiertas y combinaciones de
distintos tipos de trazos. Son difíciles de dibujar
cuando tienen un carácter sinuoso. Se utilizan
también para dibujar el recuadro exterior del

mapa que lo encuadra y para dibujar los meridianos y paralelos referenciales o cualquier otra
red cuadriculada de coordenadas o «canevás».
También para separar espacios con distintas
características propias o de uso (parcelarios,
propiedades, jurisdicciones, tipos de coberteta
o de sustrato geológico, etc.). Las líneas tienen
su mayor potencia significativa cuando representan *isometrías*; es decir, cuando unen puntos
en los que la medida de un atributo es la misma
y constante como, por ejemplo, la misma temperatura (líneas isotermas).

En general, se llaman (a) *isolíneas* si son líneas cuyos puntos constituyentes tienen el
mismo valor de atributo (líneas que unen puntos del mismo valor). Se denominan (b) *isopletas* si separan superficies cuyos valores están
comprendidos dentro de dos umbrales que con-
figuren un escalón o intervalo clasificatorio o de
clase (líneas límites entre intervalos). Así, por
ejemplo, del primer tipo son las líneas que
están a una misma altitud (isohipsas); y del
segundo las *curvas de nivel.* También las líneas
que definen los puntos que están a una misma
profundidad bajo el nivel del mar o de otras
superficies de agua, que se denominan *isobatas*; las que están sometidas a una misma presión atmosférica que se denominan *isobaras*; o
las que están a una misma distancia o a un
mismo tiempo de trayecto desde un lugar que
se denominan *isócronas*; así como otros múltiples ejemplos que podían exponerse. La línea
pura sólo define este tipo de atributos o trazados que hemos visto. Para darle un mayor
grado de significación también, como ocurre
con el punto, se puede jugar con su forma, su
color, su trazo y su espesor, haciendo que sean
líneas continuas o discontinuas, de trazos rectos, puntos, cruces, pequeños triángulos, simples, dobles, triples, dentadas y de distintas
figuras puntuales, etc.; así como distintas combinaciones entre ellos y orientaciones con flechas que indiquen dirección (la de la propia
línea) y sentido (el de la punta de la flecha).
Todas estas combinaciones permiten representar variaciones cuantitativas, como por ejemplo
intensidades y direcciones de tráfico, migracio-
nes de poblaciones, etc. Las líneas continuas
expresan certeza, importancia, impermeabilidad,
obstáculo, etc.; mientras que las discontinuas

indican incertidumbre, destrucción o alteración, debilidad, permeabilidad, etc.

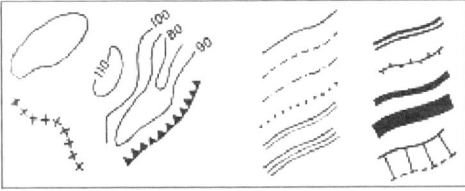

Fig. I.106. *Formas lineales.*

Así pues mediante el juego y combinación de los factores de los signos y de los símbolos, como su forma, su tamaño[74], su color, su continuidad[75], su valor y contraste de brillo[76], y su orientación, se pueden servir a representaciones nominales, como, por ejemplo, las costas litorales, u ordinales, como la jerarquía de fronteras y límites. A partir de una unidad de grosor y continuidad que represente una cantidad de flujo y mediante el tamaño combinado de líneas (su grosor), de su continuidad o discontinuidad y de su espaciado se pueden también realizar representaciones de tales flujos con sus grados, rangos y aforos, así como de conexiones entre distintas partes del espacio y sus movimientos; tanto si se trata de que aparezcan en el mapa las rutas reales de los movimientos, como si sólo se pretende que aparezcan sus orígenes y destinos.

Una variedad es la que se conoce como *superficie estadística con símbolos lineales.* Es muy utilizada actualmente para representar la distribución espacial de un atributo **z** desde un *dato base* o *datum*, tanto según un escalado ordinal, de intervalo o de proporción. Dicha representación se realiza con una tercera coordenada que es la longitud de la perpendicular a cada punto según el valor del atributo en dicho punto. Uniendo estos puntos a distinta distancia

vertical del plano o coordenada horizontal que representan el atributo **z** se forma una superficie estadística ondulada. Se pueden utilizar dos métodos:

a) Mediante el primero se trazan líneas paralelas espaciadas regularmente y con un grosor variable que representa el grado de inclinación de la pendiente de la superficie.

b) Mediante el segundo, denominado *método por normales*, dichas líneas son del mismo grosor, pero para representar el grado de la pendiente de la superficie estadística se varía el espaciado entre ellas (cuanto menor es el espaciado, más abrupta es la pendiente).

Este tipo de distribuciones son concebidas como volúmenes. El cartografiado de isolíneas se utiliza bien para dar idea de la *forma de la distribución* y de la disposición espacial de las magnitudes puntuales discontinuas en el espacio geográfico (poblaciones, o muestras de un atributo mediante la dirección de sus gradientes) o de distribuciones continuas (temperaturas, altitudes, etc.). El ejemplo más típico, que se desarrollará más adelante, es el de la representación del *relieve*: por definición la superficie terrestre tiene todos sus puntos por encima o por debajo de la altura del plano de referencia o datum vertical. Los planos paralelos al datum determinan trazos o líneas de intersección cerradas, que se proyectan ortogonalmente como isolíneas que permiten levantar perfiles y deducir las formas del relieve de las isolíneas. En todo caso, se realiza casi siempre una inferencia de la superficie estadística; es decir, que desde unos pocos valores muestrales debe deducirse toda la superficie estadística.

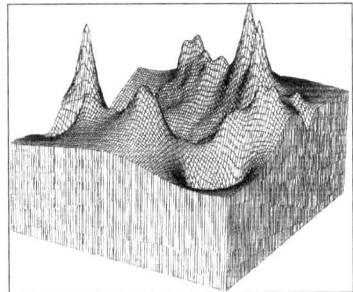

Fig. I.107. *Superficie estadística.*

[74] Por ejemplo, un aumento del grosor de una línea indica aumento de la importancia o una disminución de su grosor indica dirección de procedencia.

[75] Por ejemplo, las líneas cerradas sobre sí mismas indican un todo.

[76] Por ejemplo, cuanto más oscuro indica más valor.

Existen varias formas de cartografiar las isolíneas:

a) Según *valores reales*, por ejemplo, de altitud o de temperatura, que existan en distintos puntos de la superficie terrestre.

b) Según *valores que no pueden darse en ningún punto concreto de la realidad*, como promedios y demás medidas de dispersión estadística (moda, mediana, desviación estándar, etc.) e índices, porcentajes y valores medios por unidad de superficie, como las medidas de densidad (por ejemplo, número de habitantes/km²).

Una vez definido el concepto de superficie estadística, podemos volver a redefinir otros como el de *isolínea* del que ahora podemos decir que es la *intersección de un plano horizontal con una superficie estadística*; que en el caso de mostrar la distribución de valores del atributo dados en la realidad o derivados de ellos se denominan *líneas isométricas*; y en el caso de que representen configuraciones de superficies estadísticas que no existen en puntos concretos de la realidad y por tanto están sujetas a mayores errores de posición se denominan *líneas isopletas*[77].

El proceso para cartografiar estas líneas significativas comienza por una primera fase (1.º) que consiste en la *localización de los puntos de control* de los que se tomarán las muestras o valores del atributo **z**. En esta fase, mayores problemas que para las isométricas presentan las isopletas, pues los valores no se facilitan de puntos reales, sino que cubren superficies. En el caso de tener la superficie una forma regular puede elegirse su centro para tomar el valor de la isopleta. En este caso, puede definirse un *punto muestral* como el *centro de equilibrio de un área con una distribución uniforme de los valores*; es decir, como el centro de gravedad de sus datos. La decisión del número de puntos de control ha de basarse en la búsqueda del equilibrio entre los costes, que suelen ir unidos a la complejidad de su obtención, y la precisión cartográfica que se desea obtener.

La segunda fase (2.º) del proceso es la de *interpolación* o de estimación de los valores

---

[77] Líneas isométricas e isopletas se suelen malinterpretar en castellano como sinónimos.

intermedios entre los puntos de control, para lo que se presupone un gradiente entre ellos. Si la estimación se hace mediante cálculo manual es mejor considerar gradientes lineales (recta entre dos puntos); si se realiza con ayuda de ordenador es mejor aplicar primero una interpolación cuadrática o cúbica a la matriz rectangular de los valores y luego una interpolación lineal a las isolíneas así obtenidas. En todo caso, siempre el nivel de conocimiento acerca del fenómeno espacial que posea el analista cartógrafo jugará un papel muy importante para decidir entre las alternativas de interpolación que ofrece la disposición regular de los puntos de control.

Pueden trazarse perfiles (1) haciendo cortar a la superficie estadística por planos perpendiculares o inclinados paralelos entre sí; (2) mediante puntos de fuga, o (3) con tres variables: ángulo en el que el bloque gira en el plano x-y; ángulo de altura de observación; y distancia de observación; es decir, mediante lo que se conoce como *bloque-diagrama*.

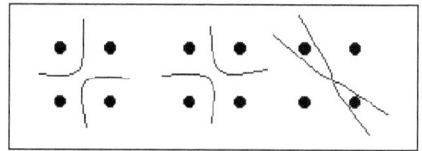

Fig. I.108. *Distintas formas de interpolación gráfica.*

Errores en las isolíneas

Los errores en los mapas de isolíneas vienen determinados por 3 factores influyentes:

a) El *método de interpolación y el número de muestras*
Existe una relación logarítmica entre el número de puntos utilizados, su localización y la precisión del mapa. El *método de Barnes* para la aminoración de errores en los mapas de isopletas consiste en 7 pasos:
1.º Se prepara un mapa de puntos de distribución.
2.º Se selecciona un tamaño para la superficie de control que suele ser un círculo.

3.º Se dispone una red triangular de puntos de control sobre el mapa.

4.º Se calculan los valores reales en los puntos de control: círculo de control con centro en cada punto y comprobación del número de puntos que caen dentro de cada área.

5.º Se registran los valores a representar en los puntos de control.

6.º Se localizan las posiciones de las isopletas, mediante interpolación lineal y si se dispone de ordenador cuadrada o cúbica.

7.º Se trazan las isopletas.

b) La *calidad de los datos* originarios
Sus fallos pueden provenir de:

1. La observación, la encuesta, la estimación o, en general, el método utilizado para obtener **z** (atributo).

2. El tamaño del muestreo y el tipo de generalización realizado desde las muestras.

3. La tendencia o error persistente (preferencia por redondeo alto o bajo, etc.).

4. Las herramientas y conceptos estadísticos utilizados[78].

c) Los *intervalos de clase* utilizados
El intervalo debe ser constante, si no perderá significación la proximidad o alejamiento que exista entre las isolíneas; de manera que, por ejemplo, en un mapa topográfico no se podrán deducir formas de relieve o evaluar las pendientes. A veces hay que modificar los intervalos para destacar una porción concreta en la gama de valores, pero en este caso hay que advertirlo muy claramente al usuario del mapa.

1c. *Cartografía de los datos superficiales o de extensión.*

Para representar fenómenos u objetos que ocupan una superficie sobre la corteza de la Tierra hay que utilizar *símbolos superficiales* o de extensión que se distinguen por el color, el tono y la trama o estructura. Si solo se pretende diferenciar espacios entre sí suelen utilizarse tintas planas, tramadas o compuestas (policromía), tal y como se hace, por ejemplo, en los mapas administrativos[79] o en los geológicos. Si se trata de un mapa monocromo, tal diferenciación se realiza mediante las *tramas*, conocidas como «sombreados» y constituidas por puntos o líneas regulares dispuestas con distintas orientaciones, o por estarcidos de símbolos convencionales. Por ejemplo, para diferenciar los bosques de los campos de cultivo, suelen utilizarse para los primeros esquemas de árboles repetidos (de un modo desordenado si es de origen natural y ordenado si su origen es repoblación forestal), y para los segundos, puntos o líneas paralelos entre sí. En general se representan así bosques, montes bajos, viñas, zonas encharcadas (con símbolos de juncos) y demás coberteras que ocupan superficies, más o menos extensas, en la realidad.

Dentro de una zona con un mismo atributo desde el punto de vista cualitativo, pero con distinto valor cuantitativo, se suele utilizar el color para mostrar lo cualitativo y el tramado superficial para separar los umbrales o escalones cuantitativos. Esto último se realiza mediante una

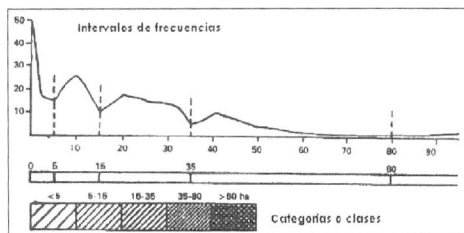

Fig. I.109. *Método de intervalado para el tramado de símbolos superficiales.*

---

[78] Por ejemplo, si la dispersión de los valores de las muestras es muy grande la media aporta poca significación.

[79] Mal llamados «mapas políticos».

graduación en la separación de las líneas paralelas o en su espesor y en la separación o el
tamaño de los puntos, en su caso, de la trama.
A veces interesa desarrollar estas gradaciones
desde un valor medio hacia el extremo del valor
máximo y hacia el extremo del valor mínimo.

Los datos que se cartografían se denominan
(a) *datos de área o de superficie* cuando el escalado del mapa es nominal, y se denominan (b)
datos de volumen cuando el escalado es ordinal, de intervalos o de proporciones. No conviene mezclar ambos de un modo confuso,
sobre todo aparentar un ordenamiento cuando
no exista, por eso conviene tener en cuenta que
los espacios con colores oscuros siempre se
perciben como de mayor importancia que los
claros. Siempre que se pueda conviene usar el
color para datos nominales porque confieren
una menor jerarquización visual que los tramados. También cuando haya que representar
mezclas de fenómenos, porque los colores se
mezclan bien entre sí.

I.3.1.1. *Los procesos de simplificación y clasificación de los datos. La generalización o reducción de mapas*

I.3.1.1.1. Simplificación y clasificación

Se entiende por *simplificación* la eliminación
de datos que no se requieren o la modificación
de los que se dispone para construir un mapa.
Mientras que por *clasificación* se entiende la
tipificación por clases o agrupación de las distribuciones de puntos, redes de líneas o conjuntos de áreas. En el proceso manual el cartógrafo hace una elección práctica basada en un
método de interpolación lineal puro o incluso
de un modo intuitivo; sin embargo, la utilización de ordenador y SIG permite una variedad
muy grande de interpolaciones. En la práctica,
durante esta fase se suele mezclar la simplificación y la clasificación de los datos.

Los datos se pueden presentar en distintos
formatos: como *informes, tablas, imágenes fotográficas o cartográficas, archivos vectoriales* o
archivos raster.

Los datos de salida en el mapa resultante
siempre aparecen a menor escala que los datos
fuente.

Mediante el proceso de simplificación se
determinan las características fundamentales de
los datos, se eliminan los detalles prescindibles
y se exageran los importantes. Esto se hace de
un modo subjetivo (p. e. eliminar islas a representar en un archipiélago) u objetivo mediante
técnicas cuantitativas estadísticas (p. e. medias
móviles, regresiones y correlaciones simples
o correlaciones múltiples, análisis factoriales o
componentes principales si existe ayuda de
ordenador); aunque, en todo caso, *siempre
resultará subjetivo el método de simplificación.*

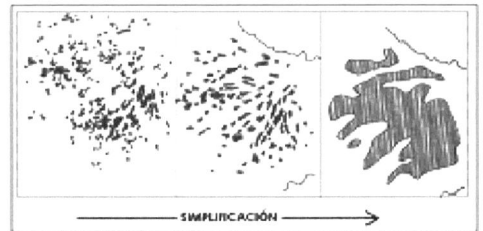

FIG. I.110. *Simplificación subjetiva de un conjunto de lagos.*

La simplificación y la eliminación suelen
venir motivadas por la necesidad de reducir la
escala de un mapa o de variar el peso representativo de un conjunto de datos en el mapa.

Existen muchos métodos para eliminar puntos o líneas de un mapa[80].

Para eliminar caracteres según tamaño, proximidad u otros criterios se les da valor cero[81].

Sobre los archivos raster y vectoriales tratados con ordenador se utilizan varias técnicas de
simplificación por modificación que prácticamente se reducen a dos:

a) *Atenuación,* por la que cada elemento de
   una imagen se compara con sus vecinos
   y, sin hacerlo desaparecer, se le modifica

---

[80] Por ejemplo, el método de Douglas Peucker elimina
líneas trazando una recta entre sus puntos extremos y llevando los valores de la originaria que superen el umbral
determinado a la nueva, mediante perpendiculares y eliminando los puntos que no superen el umbral.

[81] Por ejemplo, en un archivo raster a este método se
le denomina en inglés «stenciling» y de estarcido o de plantilla en castellano.

su valor para homogeneizar la zona en la que se encuentra, bien mediante el método de las *medias móviles* para realzar (que tiene en cuenta la autocorrelación), o el de ajuste de superficies mediante *ecuaciones de regresión bivariable* (p. e. para hacer depender un mapa térmico de la altitud).

b) *Intensificación* para aumentar la diferencia entre puntos próximos que permitan una mayor diferenciación y discriminación entre ellos. Esto se realiza, bien mediante la *ampliación del contraste* («strecht»); o también formando *índices* con, por ejemplo, varias bandas de satélites (en esto se basan técnicas como las de Componentes Principales o las de Índices de vegetación); o mediante *filtros*, como por ejemplo los que intensifican los «bordes» («*edge enhancement*»)[82].

b) Aglomerados de *datos lineales* con líneas nuevas y en menor número.

c) Aglomerados de *datos zonales* mediante la agrupación, manteniendo la escala, por superposición de las zonas que, por ejemplo, son renumeradas según su característica principal de uso.

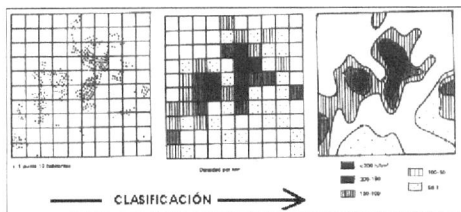

Fig. I.112. *Proceso de clasificación.*

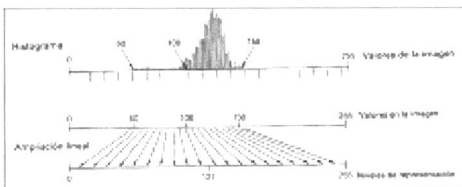

Fig. I.111. *Ampliación del contraste o «strecht».*

Los procesos de *clasificación* persiguen los mismos objetivos que los de la *simplificación* pero con distintos métodos. Se puede definir la *clasificación* como la *agrupación y ordenación jerarquizada de los datos*, de modo que no se mantiene en el mapa final ningún dato original. Mediante estos métodos un elemento nuevo representa y sustituye a los originales.

Esto se puede hacer para *datos ordinales* como:

a) Aglomerados de *datos puntuales* mediante un nuevo punto con un valor y una nueva situación que agrupa y sustituye a varios originarios.

El mayor problema que plantea la clasificación de datos es la determinación de los límites de cada clase.

I.3.1.1.2. Determinación de un límite de clase y su intervalado

En general, lo primero que se hace es determinar el número de intervalos, para lo que habrá que definir también los valores críticos (por ejemplo, un 40% de la riqueza para definir la pobreza, etc.). Este proceso está muy relacionado con las técnicas conocidas como de *generalización y simplificación* que imponen, según la técnica que se utilice, una *tipología de las series de intervalos de clase*:

1. *Series constantes o de intervalos iguales*
   a) Basado en el *rango de los datos*. Primero se decide el número de clases mediante una generalización y luego se resta la gama de datos entre el valor más alto y el más bajo. Su resultado se divide entre el número de clases que pretendemos realizar. Desde el límite o valor más bajo, el resultado de dicha operación se va sumando a cada límite de clase anterior para ir obteniendo el siguiente límite de clase; y así sucesivamente. Este

[82] Un «borde» es, en este caso, una zona dentro de una imagen que separa dos sectores que contrastan mucho en sus valores.

sistema no tiene en cuenta la forma estadística de la distribución de los datos ni sus estadígrafos (desviación estándar, media, moda, sesgo, curtosis, etc.).

b) Basado en los parámetros de una *distribución estadística gaussiana o normal*. Este método sí tiene en cuenta los estadígrafos de la distribución de los datos y utiliza técnicas como, por ejemplo, la de sumar o restar una vez la desviación estándar a la media, o dos veces, o tres, etc. Dentro de este apartado, un método muy útil es el conocido como de *medias anidadas*, por el que la media general divide la distribución en dos partes y se vuelve a calcular la media de cada parte (media de 2.º orden); a continuación se vuelve a dividir cada una de estas partes en dos nuevas partes (media de 3.er orden); y así sucesivamente. Su ventaja es que no pueden construirse clases que no contengan ningún dato o muestra y que la distribución está equilibrada a cualquier nivel de datos. Su inconveniente es que no puede superarse un número de clases 2^n (n = n.º de orden de media que se calcula).

c) Basado en la utilización de *cuantiles*. Con este método se realizan divisiones iguales del número de observaciones *ordenadas* por su valor. *Cuartiles* (4 divisiones, intervalos o partes), *quintiles* (5), *sextiles* (6), *deciles* (10), *centiles* (100 partes), etc. El primer cuartil lo constituye la primera cuarta parte de la distribución, el segundo cuartil la segunda cuarta parte de la distribución, el tercero la 3ª/4 parte y el cuarto la 4ª/4 parte.

d) *Intervalos de igual superficie o «cuantiles geográficos»*. La superficie del mapa se divide en regiones iguales utilizando un gráfico de frecuencias acumuladas. Este método no puede realizarse si no se conocen las superficies de las unidades de la región. Cada clase ocupa un espacio igual en el mapa.

2. *Límites de clase de intervalo desigual de un modo sistemático*

Se basa en dos grupos de series con intervalos desiguales:

a) Serie *aritmética*, en la que cada clase está separada de la anterior por una diferencia numérica establecida y no constante.

b) Serie *geométrica*, en la que cada clase está separada de la anterior por una razón establecida, según la fórmula:

$$L + B_1 x + B_2 x + ... + B_n x = H$$

En la que L = valor inferior; H = valor más alto; B_n = valor del término n en la progresión.

Tanto las series geométricas como las aritméticas definen *progresiones matemáticas*:

* *Aritmética*: B_n = a + [(n-1).d]; donde a = valor del primer término; n = n.º del término que se determina (1.º, 2.º, 3.º, etc.); d = diferencia establecida.

* *Geométrica*: B_n = g.r^{n-1}; donde g = valor del 1.er término distinto de cero; n = n.º del término que se determina (1.º, 2.º, 3.º, etc.); r = razón establecida.

Ambos tipos de series pueden tomar cualquiera de las 6 formas de progresión siguientes:

a) aumentando en un índice constante,
b) aumentando en un índice en aumento,
c) aumentando en un índice en descenso,
d) descendiendo en un índice constante,
e) descendiendo en un índice en aumento
f) descendiendo en un índice en descenso.

3. *Límites de clase de intervalo irregular*

Según (a) *técnicas gráficas* y (b) técnicas *iterativas*.

En las *gráficas* no tienen por qué tener significación geográfica las inflexiones o los máximos y mínimos de los gráficos pero pueden realizarse sobre:

a_1. *Gráfico de frecuencia*. Ordenando las frecuencias en el eje de las «y» y los valores **z** en el eje de las «x», luego se eligen los puntos más bajos del histograma como límites de clase.

a_2. *Curva clinógrafo*. Se realiza ordenando los valores z en orden numérico sobre el eje «y», trazado en función de las superficies acumulativas a las que se refiere sobre el eje «x». El eje «y» se escala aritméticamente y el «x» en porcentaje de la superficie total. Los puntos críticos son los puntos en los que cambia la inclinación de la curva y se utilizan como límites de clase.

a₃. *Curva de frecuencia acumulativa.* Los límites de clase son las zonas superiores e inferiores de los escarpes de la curva.

De las técnicas *iterativas,* que son muy complejas, solo mencionaremos el método GVF o «calidad de ajuste de la varianza» y el GADF «calidad de ajuste de la desviación absoluta»[83].

Por su propia naturaleza, los procesos y métodos de clasificación arrastran y acumulan errores, por eso en los mapas de coropletas debería incluirse siempre un mapa con sus índices de los errores que se van acumulando.

Existen muchas más técnicas estadísticas con base en algoritmos de regresión para puntos y caracteres, y de correlación para zonas, superficies e intervalos de clases. Las más utilizadas son:

a) El método de *mínimos cuadrados* para la resolución de las regresiones, de manera que la suma del cuadrado de las diferencias entre las muestras o datos originarios y las estimaciones o datos de representación sean mínimas.

b) También se utiliza mucho la representación de *valores residuales* entre los valores observados y los estimados para cartografiar los errores del método utilizado.

c) Y todo tipo de técnicas de coeficientes o *índices de correlación y autocorrelación*, agrupadas en la rama de la Estadística que se conoce como Geoestadística con sus conceptos básicos: «lags», «sills», «range».

I.3.1.1.3. La generalización cartográfica (también denominada reducción de mapas)

Es la agrupación de datos realizada para conseguir una representación más general o, lo que es lo mismo, para bajar un peldaño o varios en

la escala del detalle. Esta operación suele realizarse, primero, mediante una selección de los objetos o rasgos que se deseen conservar; para después proceder a la esquematización de las formas y los trazos; y, por último, se busca una armonización general que mantenga las relaciones espaciales y el equilibrio gráfico entre las distintas partes del nuevo mapa. Así pues no se trata de simples reducciones sino que va acompañada de operaciones conceptuales. Resulta más difícil cuanto más pequeña es la escala del mapa objetivo y más recargado está el mapa fuente, pero se pueden dar una serie de pautas:

a) Conviene trabajar previamente con una escala que sea el doble de la del mapa al que se pretende llegar finalmente, para disponer así del máximo de la información del mapa originario.

b) Conviene realizar varias reducciones. Por ejemplo, digitalizando el originario y reduciendo con cualquier programa gráfico, para ir definiendo los detalles que hay que eliminar en cada reducción por su mala legibilidad y reemplazándolos por otros signos o símbolos que los agrupen. Sobre la última reducción se realizará el dibujo del mapa final.

c) Tras tener definido el mapa objetivo se realizará una última reducción para afinar los trazos del dibujo y corregir los errores de tipo gráfico.

En la generalización no caben automatismos. Sigue siendo una labor que debe realizarse de un modo bastante artesanal y conceptual, porque obliga a tomar decisiones científicamente motivadas, basadas en un gran conocimiento del tema tratado por el mapa. Un mapa puede comunicar la información espacial mejor que una tabla de datos, pero puede inducir más errores en el lector. Por eso debe evitarse que dé una mayor sensación de precisión que la de los datos en los que se basa. Para ello se suelen utilizar líneas discontinuas o signos de interrogación en lugares excesivamente interpolados y sobre todo extrapolados. Siempre hay que seleccionar antes el atributo que se quiere representar, determinando si es de un tipo nominal, ordinal, de intervalo o de índice, y si aparece espacialmente de un modo puntual,

---

[83] Bien explicados en Robinson *et al.* (1987: 363).

lineal, superficial o volumétrico, y después el símbolo que lo represente.

La generalización a través de la simbolización se realiza, pues, en dos pasos: en el primero se puede ir convirtiendo el carácter nominal del atributo a ordinal, a intervalo o a índice, o cualquiera de los pasos entre ellos, respetando la contigüidad conceptual (de ordinal a nominal, o viceversa, incluso de intervalo a ordinal o nominal, pero no de nominal a índice). Luego se realiza la simbolización mediante el juego de variables (tamaño, color, valor, espaciado o textura, tono orientación y forma), pero sin variar la posición relativa del símbolo en el mapa que hay que mantener.

Un caso especial es el de la conversión a una *superficie estadística* que considera la distribución espacial de cualquier serie de valores o cantidades de un atributo, medidos de un modo ordinal, de intervalo o de índice, de un modo matemáticamente continuo en el espacio, uniendo una serie de puntos tridimensionales; en los que la x y la y son las coordenadas de su situación en el plano y la z es el valor del atributo representado por números, líneas perpendiculares o prismas de distinta altura, o gradientes continuos. Los *gradientes* o variaciones de los valores en el espacio están definidos por vectores que tienen una magnitud o cantidad escalar, una dirección y un sentido.

I.3.2. EL COLOR Y LAS TRAMAS

Es el segundo elemento o componente de la representación cartográfica.

Desde hace bastante tiempo se ha ido generalizando de un modo convencional la utilización de colores determinados que han ido adquiriendo ciertos significados. Suele basarse en la percepción directa de tales colores desde los objetos naturales. Por ejemplo, el azul de los mares y ríos, el verde de los bosques, o el marrón de montañas y continentes[84]. Pero, en general, el uso de los colores en Cartografía no deja de tener un carácter arbitrario con el único fin de diferenciar bien espacios con distintas características territoriales entre sí.

Hay varios modos de medir el color que han sido acordados convencionalmente. Entre los más conocidos se encuentran el Sistema CIE (Commision International de l'Eclairage) o ICI (Commision on Illumination) que establece cada color por combinaciones numéricas que se conocen como *coordenadas cromáticas* (x = rojo, y = verde y z = azul)[85]. Hay otros sistemas como el Sistema Munseil que basa el tono, el valor y el cromatismo RGB (Red-Green-Blue) en escalas también tridimensionales sobre una esfera con 10 ejes, cada uno representando un tono (5 principales y 5 intermedios) numerados del 0 al 9[86].

Los criterios globales en la elección de los colores para los mapas son fundamentales para su éxito y siempre se basan en soluciones de compromiso entre aspectos puramente geográficos, gráficos, económicos y perceptivos. En todo caso, siempre se producen en el juego combinatorio con los que son conocidos como *colores primarios perceptivos* (azul, verde, amarillo, rojo, marrón, negro y blanco –los dos últimos no son colores pero se usan como tales–). Estas convenciones se han ido estableciendo progresivamente en el tiempo y cuando no se respetan suelen crear confusión en el lector del mapa. A continuación se muestran algunas de estas convenciones y criterios que han ido consolidándose a lo largo del tiempo:

– Hay que tener en cuenta la sensibilidad ocular y no utilizar colores en símbolos de pequeño tamaño. *Cuando hay dos colores juntos y, sobre todo, un color rodea a otro se modifican entre sí*. También conviene tener en cuenta la *falsa percepción de aproximación y alejamiento* que producen

---

[84] El climatólogo Gaussen estableció que la gama de azules debe representar los aspectos de la humedad, la de los rojos el calor, los amarillos la sequía, etc., y que sus combinaciones tuviesen también un carácter significativo: así el color violeta (azul + rojo) caracterizará el cartografiado de las zonas ecuatoriales (cálidas + húmedas), el anaranjado (amarillo + rojo) para los desiertos cálidos (sequía + calor), el verde para regiones templadas, etc.

[85] Este sistema de medida del color se basa en la iluminación de la lámpara incandescente de tungsteno, la luz solar a mediodía y la luz diurna bajo un cielo nublado para un observador medio.

[86] Si se utiliza ordenador se pueden emplear 256 ejes, numerados del 0 al 255.

los distintos colores: los azules se enfocan delante de la retina y los rojos detrás; por eso un objeto rojo se verá más próximo que uno azul[87].

– Considerando la agudeza visual, hay que respetar el criterio de que cuanto más monocromático sea el *fondo* se distinguen mejor los detalles, sobre todo en algunas combinaciones como la del negro sobre fondo amarillo. Un error, desde el punto de vista perceptivo, es el de utilizar el color marrón para las curvas de nivel porque destacan poco sobre cualquier otro color de fondo, pero por desgracia se ha extendido y generalizado su uso convencional.

– La utilización del *valor* permite facilitar impresiones de luz u oscuridad. Pero, teniendo en cuenta la escasa sensibilidad de la visión humana, sus diferencias deben estar muy separadas; por lo que no deben utilizarse más de 4 ó 5 niveles de valor y mejor bordeados los signos que sin bordes. En superficies pequeñas conviene contornearlas de negro para que destaquen bien las diferencias de tono. Las líneas oscuras sobre fondos claros aparecen más finas que a la inversa. Los objetos oscuros suelen significar más valor cuantitativo que los claros. Si la graduación de un mismo color (lo que se conoce como camafeo) es muy amplia se creará confusión perceptiva. La superposición de colores no es posible porque forma nuevos colores[88]. Conviene utilizar colores individuales para objetos o fenómenos individuales y mezclas de color para mezclas de objetos o de fenómenos espaciales.

– Los colores *cálidos*, fuertes y vivos deben utilizarse para los fenómenos más importantes o de mayor valor cuantitativo. Los colores *fríos*, débiles y pálidos deben asociarse a los fenómenos secundarios o atributos territoriales de menor valor cuantitativo.

En general, el color azul se utiliza para representar aguas, temperaturas bajas, fenómenos secundarios; el verde para la vegetación, los bosques y las tierras bajas; los amarillos y canelas para la sequía, la escasez de vegetación y elevaciones topográficas intermedias; el marrón para altos relieves y curvas de nivel, y el rojo para el calor y las carreteras, ciudades, etc., más importantes.

– En los mapas geológicos a pequeña escala se asocian los estratos y rocas más antiguas a los colores cálidos y fuertes, y los más recientes a los colores fríos. El rojo para las rocas ígneas, el rosa para las metamórficas y el amarillo para las del Terciario. En los mapas geotectónicos se siguen los colores del semáforo: los terrenos inestables y de más alto riesgo aparecen coloreados en rojo; los más estables y de menor riesgo en verde; y los intermedios, amarillos.

– No es aconsejable añadir el *negro* y las gamas de *grises* a una paleta de colores.

– En relación a la monocromía, el color es muy caro en su uso por la industria gráfica, porque como mínimo hay que usar *tricromía* (3 colores básicos) o *cuatricromía* (3 colores básicos + el negro).

– El color aporta claridad y sobre todo sentido *estético* pero, salvo que se quieran aportar muchas variables espaciales al mapa, no es estrictamente necesario su uso.

También se pueden relacionar unos criterios prácticos para la utilización del *sistema de tramado de medias tintas*, mediante puntos de color más o menos gruesos que se miden por unidades IPI[89]. Es fundamental considerar que los valores extremos tienden a dominar en cualquier composición. El sistema de tramado de medias tintas suele realizarse en grises o en color.

– En la *escala de grises* suele asignarse el negro al menor valor (por ejemplo, cero) y el blanco al mayor valor (por ejemplo, 255) y deben coincidir los intervalos de grises con los intervalos de clase de los

---

[87] Se juega con esta característica perceptiva en los mapas hipsométricos dando color rojo a los espacios de más altitud, verde a las tierras bajas y azul a las aguas (el elemento generalmente a menor altitud en los mapas).

[88] Sin embargo, esto es posible realizarlo mediante tramas de negro sobre blanco.

[89] IPI = Puntos por pulgada.

valores; por ejemplo, blanco + 3 grises + negro; blanco + 4 grises; o 5 grises. Puede ser una escala lineal o logarítmica.

Los pasos recomendables a seguir son:

1.º Determinar el número de clases que hay que simbolizar.
2.º Elegir los tonos de la primera y de la última clase.
3.º Dividir la gama por el número de clases menos uno (n-1)[90].
4.º Hallar las tramas de medias tintas que corresponden a 0, 25, 50, 75 y 100 de la proporción de negro.

También es recomendable:

a) Utilizar el mínimo número de clases que sea posible.
b) Espaciar los tonos de la escala del negro lo máximo que se pueda.
c) En caso de que sea posible, utilizar estructuras gráficas como rayas, cuadrados, cruces, etc. En todo caso, hay que tener en cuenta que cuanto mayor sea un área aparecerá más intensa a la vista.

– En la *escala de color* hay que establecer si se pretende diferenciar varios usos de suelo por un lado y entonces se hace con varios tonos; o si se pretende diferenciar variaciones en la magnitud de un único atributo, en cuyo caso se construye el mapa con un solo tono. En el caso de disponer de series graduadas o clases jerarquizadas, también se pueden utilizar varios tonos, pero es más recomendable distintos valores de un solo tono o color.
– Las *tramas* son una repetición sistemática de signos en la que se juega con sus (a) tamaños, (b) formas, (c) espaciado y (d) orientación. Estos signos pueden formar *tramas lineales* (rectas u ondulaciones paralelas o cruzadas de distinto grosor); *tramas de puntos redondos*, en triángulo (tresbolillo) o en cuadrado (marco real), que cuando forma una superficie uniforme se denomina «puntillado»; y *tramas diversas* (enladrillados, manojos de hierbas, cruces,

triangulitos, etc.). Con estas tramas se pueden establecer escalas de magnitud mediante el espaciado o el tamaño de puntos y líneas, aunque resulta muy difícil y suele dar resultados confusos. Suelen utilizarse más para simbolizar superficies terrestres homogéneas con un atributo único. Cuando se utilicen tramas de líneas paralelas, tanto en color como grises, hay que cuidar que no se produzca el «efecto muaré» (hacer aguas). Este efecto se atenúa usando líneas de grosor fino, en vez de grueso.

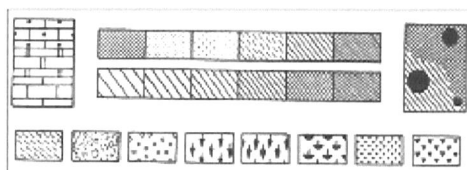

FIG. I.113. *Distintos tipos de trama para los símbolos superficiales.*

I.3.3. LA TIPOGRAFÍA. ROTULACIÓN E INFORMACIÓN ADICIONAL

I.3.3.1. *La rotulación*

Dentro de este tercer componente de la representación cartográfica, la rotulación se refiere fundamentalmente a la nomenclatura de lugares y hechos geográficos o *toponimia* que aparece entre los demás signos y símbolos cartográficos, pero no debe estorbar la lectura de éstos[91]. Sólo debe usarse para denominar objetos o hechos espaciales que no sea posible representar con otros signos simbólicos como los que se han tratado hasta aquí. Hay que evitar lo que ocurría en algunos mapas antiguos en los que aparecía información escrita como, por ejemplo, «campo de trigo», «industria» que podían ser sustituidos perfectamente por los dibujos

---

[90] Por ejemplo, 100/4 = 25 sería la diferencia en el valor o contraste.

[91] El término *toponimia* hace referencia tanto al estudio del origen y significación de los nombres propios de lugar, como al conjunto de los nombres propios de lugar de un país o de una región.

gráficos esquemáticos de espigas o fábricas que los acompañaban. En todo caso hay que reducir al mínimo posible la acumulación de palabras sobre un mapa y considerarla un mal necesario porque complica la representación. Su fácil lectura, la armonía de la colocación respecto al conjunto influyen mucho sobre la calidad del mapa.

La rotulación se caracteriza por:

A. El *tipo* de los caracteres. Viene definido por la *forma de la letra* y su *orientación*. En función de estas características de la letra, la *tipografía* ha creado denominaciones y clasificaciones para los distintos tipos que se han ido ideando históricamente y de los que, debido al uso generalizado de los editores informáticos para ordenador, se está hoy muy familiarizados con ellos (Times New Roman, Arial, Itálica, Gótica, etc.); así es que no profundizaremos en su descripción dentro de este apartado.

B. El *cuerpo* o tamaño de la letra o tipo, en cuanto a su altura y anchura.

C. El *grosor* de la letra o tipo que es el espesor de su trazo.

D. El *espaciamiento* entre las letras o tipos, las palabras y los párrafos.

En la actualidad se tiende a reducir al mínimo el uso de la rotulación, eliminando muchos topónimos que no se consideren necesarios. Incluso se utilizan transparencias con la rotulación para, separándola del mapa, superponerla al mismo cuando se quiera conocer una toponimia y retirarla después para seguir con la lectura de los demás signos y símbolos del mapa.

En función del modo de simbolizar al objeto o fenómeno que nombre el rótulo, conviene tener en cuenta algunas recomendaciones elementales. Así:

– Si se trata de nombrar un *punto*, el rótulo debe ocupar el menor espacio posible, al lado derecho o encima del mismo y alineado paralelamente a la base del mapa.

– Si el signo a nombrar es *lineal*, el rótulo irá paralelo sobre él y siguiendo su trazado. Si los rótulos están forzados a escribirse de un modo vertical conviene tener en cuenta que se leen mejor de arriba hacia abajo cuando se sitúa al lado izquierdo de la línea y a la inversa en el lado derecho.

– Si el objeto está representado en el mapa por una *superficie*, se centrará el rótulo en la zona que nombra, juntando o separando sus letras de un modo regular; de modo que ocupe toda la zona, pero sin ocultar partes importantes de la misma, ni sobrepasarla.

– Lo primero que conviene hacer es seleccionar los tipos que se van a utilizar, teniendo en cuenta que cuanto más artísticos u ornamentales serán más difíciles de leer, y ensayar los nombres escritos a mano en distintas colocaciones para, variándolas, armonizar el conjunto. También ensayar variaciones del estilo, forma y color del tipo que permitan definir distintas clases nominales. Por ejemplo, se suele utilizar el color azul para rotular todos los objetos hidrográficos: las mayúsculas oblicuas para océanos, las rectas para los mares, mayúsculas para inicial de nombre de ríos y resto en minúsculas, etc.; así como variaciones de su tamaño (siguiendo la escala del mapa para poder comparar las rotulaciones entre mapas de distinta escala), indicando así su distinta importancia o jerarquización.

Así pues, en la *planificación de la rotulación* hay que tener en cuenta:

1. El *estilo* del tipo. Es decir, si será clásico o antiguo (góticos), con «serifs», o sin ellas[92]; modernas (desde 1800) con trazos precisos y geométricos de distinto grosor, etc. Cuanto menor sea la mezcla de estilos, mayor será la armonía del mapa, pero, sobre todo, no conviene mezclar estilos clásicos con modernos. Por ejemplo, mejor queda clásico para título y/o leyenda, y moderno para el mapa, aunque en el título el tamaño es más importante que el estilo.

2. La *forma* del tipo. Mayúsculas y minúsculas: para nombres importantes o de letras muy separadas entre sí deben utilizarse las

---

[92] Las «serifs» son las líneas cortas que interrumpen el trazo en los extremos y que permiten conectar letras consecutivas.

mayúsculas; para el resto sólo la primera letra del nombre deberá ser mayúscula. Los accidentes terrestres, hidrográficos y otros objetos naturales suelen rotularse con caracteres inclinados o itálicos[93] (a veces se diferencia la hidrografía, inclinando los caracteres en sentido contrario hacia la izquierda). Los objetos de origen humano se suelen rotular en estilo vertical.

3. El *tamaño* del tipo. Se mide en puntos. Cada punto mide 0,35 mm. El límite de percepción de un ojo humano normal está en 4-5 puntos. El tamaño del tipo estará siempre realizado en función del tamaño del objeto cartográfico que se pretende nombrar. Las diferencias de tamaño que no superen un 25% son difíciles de apreciar. También resulta difícil de apreciar más de tres niveles diferenciales de tamaño de los tipos. Hay que tener en cuenta la lejanía del lector del mapa[94].

4. El *color* del tipo. Depende su elección del color del fondo sobre el que se vaya a superponer el rótulo.

5. La *colocación* de los rótulos. Debe ser clara pero no monótona (por ejemplo todos los rótulos horizontales y paralelos). Se debe cuidar que los tipos no se confundan con partes de otras líneas o signos del mapa y que faciliten la localización del objeto. Cuando sea imposible evitar superposiciones con otros elementos del mapa no será el rótulo el que se interrumpa. Como normas generales se tendrá en cuenta que los nombres deben estar completos sobre tierra o sobre agua; que deben tener el máximo paralelismo posible con el borde superior o inferior del mapa; que salvo siguiendo un trazado lineal sinuoso como un río no deben curvarse los rótulos o al menos las curvas deben ser de amplio radio; que la separación entre los tipos deberá ser la mínima posible; y que los rótulos no aparecerán

nunca invertidos, es decir, escritos de derecha a izquierda ni boca abajo[95].

Se tendrá en cuenta la correcta grafía de cada nombre y la transliteración o traducción de nombres en las distintas lenguas y alfabetos. Para ello existen muchos *nomenclátores*, como, por ejemplo, el Board on Geographical Names, o la Base de Datos GNIS (Geographical Names Information System) del USGS (US Geological Survey) en EEUU, o el Nomenclátor del Instituto Nacional de Estadística en España.

I.3.3.2. *La información auxiliar del mapa*

Es gráfica pero en su mayoría también escrita. Fundamentalmente se refiere a:

– El *marco* delimitador del mapa sobre el papel. Se acepta que, a veces, el mapa supere ligeramente a su marco en algunos puntos.

– Las *referencias* de la red de cuadrículas o canevás: longitudes, latitudes; así como el sistema de proyección con el que se ha levantado el mapa.

– Las *escalas* numérica y gráfica.

– La *fecha* de *confección* del mapa que nos dará idea del periodo de actualización de sus datos y objetos. Es conveniente también que refleje las fechas de la *adquisición* de sus datos.

– La *declinación magnética* y la fecha de su medida.

– La *leyenda* o cuadro de interpretación de los signos y símbolos utilizados en el mapa y en el que no debe faltar ninguno.

– El *título* en el que se identifique la *zona* que cubre, por ejemplo, con el nombre del núcleo de población más importante que recoge y el *tema* geográfico representado como, por ejemplo, geológico, geomorfológico, demográfico, etc.

– El *autor* o la *empresa editora* del mapa, que suele aparecer al pie del marco.

[93] En castellano se denomina «cursiva o bastardilla».

[94] Por ejemplo, un tipo de 144 puntos situado a 10 metros del observador es equivalente a un tipo de 8 puntos a una distancia media de lectura de un libro.

[95] Salvo, naturalmente, que la rotulación sea en árabe, chino, japonés o coreano.

I.3.4. La tercera dimensión. Perspectivas y diagramas de bloques

Realmente este cuarto elemento cartográfico que sirve exclusivamente para la representación de la tercera dimensión o altitud debería estar incluido en el primero (líneas, puntos y superficies), pero tiene tanta importancia que merece un apartado propio. En algunos tipos de cartografiado se emplean diagramas y bloques-diagramas que representan las variables visuales del relieve en relación al alejamiento y situación del punto de observación del mapa bidimensional desde el que se levantan.

La perspectiva se construye a partir de líneas de fuga que convergen hacia un punto situado en el horizonte o línea de tierra. Esto se hace distorsionando las alturas, los ángulos y el paralelismo horizontal que se convierte en líneas que convergen, mientras que el paralelismo vertical se mantiene. También haciendo que los tamaños disminuyan con su alejamiento del punto de observación y variando el espesor de los trazos. Así como utilizando tintas y colores oscuros para los primeros planos y claros para los planos más alejados (sfumato). Estas perspectivas, descubiertas por los pintores italianos del Renacimiento, suelen utilizarse para representar el relieve y son más artísticas que estrictamente cartográficas. Más cartográficos son los bloques-diagramas o bloques-esquemas que se levantan directamente desde los mapas por procedimientos de proyecciones múltiples en las tres dimensiones, usando tres planos de perspectiva, y alturas proporcionales creadas por superposición de capas.

La representación de la tercera dimensión o del relieve ha sido una preocupación tradicional en la Historia de la Cartografía para lo que se han utilizado (a) sombreados y difuminados, (b) tintas hipsométricas para las escalas pequeñas, (c) cotas y (d) curvas de nivel. En 1799 el militar austriaco Johann Georg Lehmann utilizó por vez primera para representar el relieve signos lineales cortos denominados «schraffen, schraffieren» –rayar– («hachures» en inglés y francés) y en castellano *hachuras*[96] y mejor

expresado *normal o normales*, que es la representación del relieve sombreándolo con trazos cortos, normales en dirección de la máxima pendiente y con anchura proporcional a su grado. Degeneraron en formas que se asimilaban a «orugas peladas».

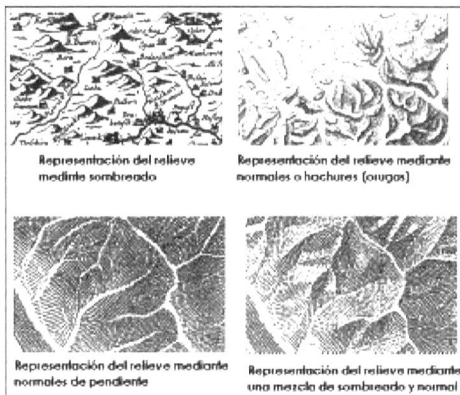

Fig. I.114. *Evolución antigua en la representación cartográfica del relieve.*

A finales del siglo XIX el sistema de *isobatas* de las cartas náuticas se empezó a generalizar para representar el relieve en general mediante las llamadas «höhenlinien», «courbes de niveau», «contour lines» y *curvas de nivel o hipsométricas*. En todo caso, siempre ha existido una especie de incompatibilidad cartográfica entre los aspectos cartográmetricos o de medidas científicas sobre mapas y el realismo visual, que se ha intentado solventar mediante la mezcla de normales o hachuras, sombreados y curvas de nivel con escaso resultado. En la actualidad se utilizan más las curvas de nivel y algo el sombreado; pero las normales o hachuras se utilizan sólo en grandes escalas para representar rupturas de pendientes abruptas como canteras, cortes, taludes o diques.

Los colores hipsométricos se utilizan para representar el relieve en los mapas a pequeña escala o en los atlas[97].

---

[96] El término «hachura» es un galicismo que no está recogido en el diccionario de la lengua española aunque sea de uso muy extendido entre los cartógrafos.

[97] Generalmente en mapas a escalas inferiores a 1:200.000.

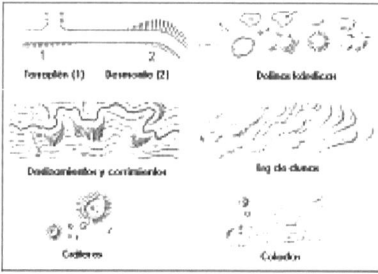

Fig. I.115. *Utilización actual de las normales para la representación de algunos rasgos geomorfológicos.*

Las curvas de nivel se utilizan para representar el relieve en mapas a gran escala[98].

Elaboración de las curvas de nivel

De los sistemas existentes para representar el relieve, el de curvas de nivel es el sistema más científico y métrico. Sobre un sistema de proyección determinado y a una escala concreta se proyectan los puntos de altitud que han sido medidos en la realidad, en un número que cuanto mayor sea más precisión aportará al mapa topográfico. Estos puntos permiten realizar interpolaciones para generalizar las altitudes, mediante distintos planos de altitud que definen las formas de las líneas que recorren la serie de puntos (tanto medidos como calculados por la interpolación de los medidos) que tienen la misma cota.

La *cota* es la cifra que señala la altitud de un punto con respecto a un nivel de referencia. Se denomina *cota de curva* a la cifra que aparece junto a una curva de nivel o interrumpiéndola y que indica su altitud. Estas líneas que delimitan los planos paralelos situados a distintas altitudes y que luego son proyectadas ortogonalmente sobre el mapa plano y proyectado son conocidas como *curvas de nivel*. Son isolíneas resultantes de la intersección de superficies, regularmente espaciadas, horizontales y paralelas a la superficie terrestre tridimensional, y de su proyección ortogonal.

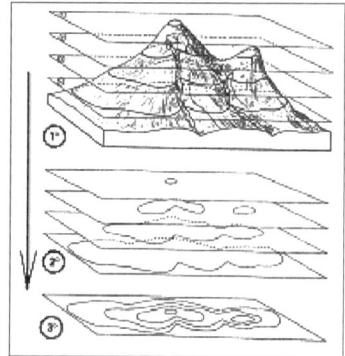

Fig. I.117. *Proceso conceptual de la elaboración de las curvas de nivel.*

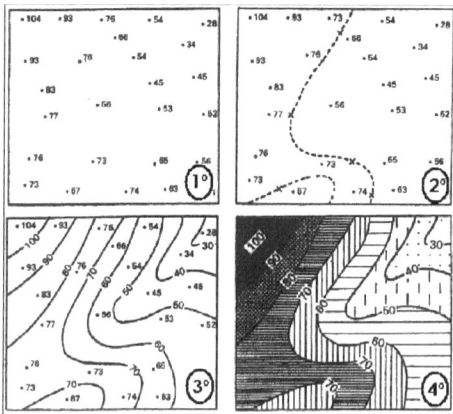

Fig. I.116. *Proceso de interpolación y elaboración desde los puntos muestrales acotados hasta las isopletas de nivel o curvas de nivel.*

[98] Generalmente en mapas a escalas 1:100.000 y superiores.

Para evitar una rotulación excesiva que obligase a definir la altitud de cada curva de nivel, la cartografía topográfica utiliza la técnica de la *equidistancia* o igual intervalo entre curvas de nivel: en vez de elegir los planos paralelos que corten el relieve a distintas altitudes desiguales o intervalos de altitud irregulares, se hace con una separación entre curvas consecutivas a intervalos de altitud iguales entre sí. Así, expresando una sola vez el valor de la equidistancia entre todas las curvas al pie del mapa se evita mucha rotulación y facilita la cartogrametría[99].

Cada cierto número de curvas, que en la escala 1:50.000 suelen coincidir con las curvas que señalan centenas enteras de altitud, se dibuja la correspondiente curva con un trazo más grueso y se rotula su altitud. Son las *curvas maestras* que suelen ser múltiplos redondos de la equidistancia, por ejemplo, centenas de metros de altitud (100, 200, 300, 400, etc.). En el Mapa Topográfico Nacional a escala 1:50.000 (MTN50) las curvas maestras separan las superficies que se encuentran a una diferencia de cien metros de altitud; por ello entre cada dos curvas maestras deben existir cuatro *curvas normales* sin rotular (100 + 20 + 20 + 20 + 20 = 200). A veces se pretende destacar o representar en el mapa pequeñas formas de relieve que no podrían representarse con los umbrales normales elegidos de curvas de nivel y se recurre a intercalar *curvas auxiliares* de nivel o intercaladas. En otros casos, generalmente cuando los relieves son atenuados y predominan los terrenos llanos, para evitar un exceso en la distancia lineal de separación entre dos curvas de nivel normales se utilizan también curvas auxiliares intercaladas, cuyo valor de intervalo suele ser la mitad o la cuarta parte de la equidistancia general del mapa. Además existen las curvas de nivel *aproximadas*, también denominadas de *configuración*, constituidas por líneas de puntos separados que no tienen valor altitudinal específico en lugares donde no se pueden precisar valores de altitud pero se quieren destacar formas de relieve.

Para dibujar estas curvas de nivel se utilizan colores y tonos ocres o marrones, en líneas gruesas para las curvas maestras, con mitad de este grosor para las normales e interrumpidas a trazos para las auxiliares.

Las curvas de nivel indican precisión cartográfica. Si no se tienen datos objetivos medidos sobre el territorio es mejor utilizar el método del sombreado. La precisión que expresan puede ser (a) *absoluta* o vertical cuando no más del 10% de las cotas tendrán errores que superen la mitad del intervalo entre curvas normales o equidistancia y se mide en RMSE (error cuadrático medio o media de la raíz cuadrada de los errores). También pueden aportar una precisión (b) *relativa* o de relación entre las curvas, cuando la equidistancia no es precisa y aparecen como escalones, porque a veces conviene desplazar una curva para que recoja un accidente que interesa destacar.

Según la precisión que se pretenda, el objetivo y la escala del mapa, tiene gran importancia la *elección del intervalo* que debe ser regular, uniforme y mejor cuanto más pequeño, siempre que no resulte un mapa abigarrado y confuso. Este intervalo mínimo entre curvas depende de la escala del mapa (1/E), de la pendiente máxima (α) y del número de líneas que puedan distinguirse de un modo horizontal (k), mediante la formula de cálculo del intervalo entre curvas:

Intervalo entre curvas = E. tg α/1000k

Por ejemplo, 2 x k requiere líneas de 0,1 mm de grueso y separadas entre sí 0,4 mm.

El grosor de las líneas limita los radios de curvatura de las curvas de nivel. En realidad todas las curvas de nivel son resultado de generalización o simplificación cartográfica: es un conjunto de curvas lo que se generaliza y se representa con una sola curva, sobre todo en áreas anfractuosas como por ejemplo los «bad lands».

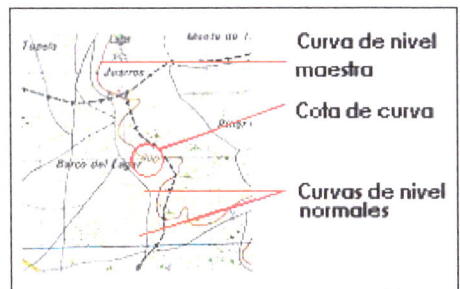

Fig. I.118. *Jerarquía de las curvas de nivel.*

La lectura directa requiere mucho entrenamiento sobre todo tipo de mapas topográficos.

Más fácil es la lectura sobre mapas que utilizan el *sombreado* para representar el relieve. Es decir, la combinación de luz y oscuridad que se utiliza mucho en el arte pictórico como técnica del claroscuro para dar volumen a las formas. El invento del aerógrafo o pulverizador de tinta lo facilitó mucho.

Con un ordenador y un programa informático SIG (sistema de información geográfica) es muy fácil realizarlo automáticamente sobre un MDE (modelo digital de elevaciones: matriz regular y cuadrada de puntos acotados en un sistema de proyección cartográfica), tras fijar azimut, ángulo cenital de la fuente de iluminación y gradientes de altitud. Lo primero que hay que fijar es el punto de iluminación; es decir, localizar la fuente de luz que siempre procede de un azimut y una altura determinadas. Si éste es ortogonal, o sea está situado en el punto central elevado sobre el terreno, cuanto mayor sea la pendiente será más oscura. Si procede de enfrente del observador, el relieve aparece directo (depresiones abajo y culminaciones arriba), e inverso si procede desde el lado del observador. De los tres sistemas de iluminación: ortogonal o vertical, oblicuo y mixto de ambos, el mejor es el tercero e iluminarlo desde el NW o extremo superior izquierdo del mapa. Si hay que realizarlo manualmente es necesario poseer dotes artísticas, si no se poseen éstas es mejor utilizar las hachuras o normales. Y conviene hacer previamente un fondo de preparación, a pequeña escala, sin utilizar las curvas de nivel sino las líneas de crestas y los «talwegs» con distintos colores. El sombreado considera una superficie terrestre desnuda de vegetación y de otras coberteras.

También se pueden realizar maquetas a escala del relieve con planchas de madera, corcho, plástico, etc. que tendrán un grosor a escala equivalente al intervalo o equidistancia.

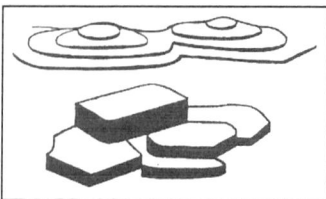

Fig. I.119. *Maquetas de relieve.*

Con las lecturas directas del mapa topográfico, de sus curvas de nivel y de las trayectorias de los cursos de agua (corrientes y secos) se puede deducir tanto formas generales de relieve como la estructura hidrológica e hidrográfica.

La *red hidrográfica* es un componente cartográfico que aparece en todo mapa topográfico de un modo exhaustivo, constituyendo una referencia cartográfica fundamental. Para representar los cursos de agua se utilizan parejas de líneas, más o menos paralelas, o líneas simples que representan su trazado, trayecto y forma. Estas líneas tienen una separación entre sí o un grosor que indican el orden jerárquico que ocupa cada curso fluvial en la red hidrográfica a la que pertenece. Se utiliza el color azul en todos los casos. Las líneas continuas denotan cursos permanentes y regulares de agua y las discontinuas indican cursos esporádicos y no permanentes de agua. Los lagos, lagunas y embalses también se representan con las mismas características anteriores; así como los regadíos, en los que mediante flechas se indican los sentidos de los cursos de agua. En los ríos esto se denota mediante la separación de las líneas paralelas: hacia donde se van separando más es hacia donde corre el agua; y también se puede deducir la dirección del curso analizando las pendientes del relieve general.

Otros elementos que aparecen en el mapa topográfico son las *infraestructuras humanas.* Sobre todo las de poblamiento, ya sea éste ordenado o desordenado por ríos, carreteras, etc.; concentrado o disperso; rural o urbano; etc. Están representadas por las edificaciones, tanto aisladas como formando agregados en núcleos. Las edificaciones aparecen en rojo delimitando calles según sea la escala. También aparecen las redes de vías de comunicación y transporte. Tanto de vehículos: carreteras y caminos con distinto grosor o anchura y color según su importancia jerárquica[100]; como de transporte de energía: oleoductos, gasoductos y líneas de alta tensión[101]. En las carreteras suelen indicarse los

---

[100] Rojo para las vías principales, amarillo para las secundarias y negro para los caminos (de trazo continuo si son de rueda y discontinuo si son senderos) y vías de ferrocarril en las que se diferencian si son electrificadas o no.

[101] En las que se rotula su capacidad de transporte o tensión en kilovoltios.

puntos kilométricos (k.n) según la escala, y en las líneas aéreas de cables de telecomunicaciones los postes.

También suelen aparecer algunas formas de ocupación o cobertera superficial de *usos de suelo de base vegetal*. Pero solo cuando suponen ocupaciones de cierta permanencia y de tipos definidos, como bosques, matorrales, y de algún tipo de cultivo agrícola, como huertas, viñedos u olivares que se representan con tramas regulares en color verde o conjuntos de signos puntuales de árboles y arbustos repetidos o estarcidos regularmente[102].

Al margen de las curvas de nivel existen otros métodos no tan extendidos:

A) Los *mapas pictóricos en perspectiva*:

A₁. los *bloques-diagramas*. En los que, desde encima y oblicuamente, se ven la parte superior y dos perfiles o cortes laterales del bloque. Con los ordenadores se ajustan muy bien la distancia, la elevación y el ángulo del punto de observación; pero también se pueden levantar artesanal y manualmente. No tienen en cuenta la curvatura de la superficie terrestre y por eso suele utilizarse para espacios pequeños.

FIG. I.120. *Bloque-diagrama*.

A₂. Las *vistas regionales oblicuas*. Son vistas de una sección del globo terrestre (como una fotografía oblicua) y sirven para ilustraciones panorámicas. En ellas hay que exagerar mucho el relieve[103].

A₃. Los *diagramas fisiográficos-mapas morfológicos*. A partir de estos dos modelos anteriores se crean mapas que combinan la vista en perspectiva del relieve y la precisión planimétrica bidimensional. En ellos se dibujan las montañas tal y como son observadas desde un lado en perspectiva sobre un plano horizontal, y por eso o bien su cima o bien su base no están bien situadas en el mapa plano.

B) Los *mapas morfométricos*. Con ellos se representan, mediante isolíneas, relieves relativos o locales con las diferencias entre la altitud superior y la inferior, así como mapas de pendientes con los gradientes medios o en porcentajes en un área limitada. Para los estudios de erosión son mejores que los hipsométricos o de curvas de nivel sobre datum vertical.

C) Los *mapas de unidades de relieve*. Que representan las montañas, colinas, llanuras y sobre todo las zonas de cambio entre ellos. Para interpretarlos se requieren conocimientos geográficos.

I.4. DEFINICIÓN DE LOS CUADRANTES DE UN MAPA

Idealmente, cualquier mapa se puede subdividir en cuatro partes iguales si se trazan dos líneas que pasen por el centro del mapa, perpendiculares entre sí, desde la mitad del marco superior a la mitad del marco inferior y desde la mitad del marco izquierdo a la mitad del marco derecho del mapa[104].

---

[103] Si el Everest (8.848 m) se representase sobre un modelo tridimensional de Asia a una escala 1:1.000.000 en un mapa que ocupase 1,2 m², tendría menos de 1 mm de alto.

[104] Sólo se pueden emplear los términos derecha, izquierda, encima o debajo al referirse a los cuatro lados del marco del mapa, nunca para situar puntos o partes del mismo; en este caso habrá de referirse a su situación respecto al centro del mapa utilizando la nomenclatura de la rosa de los vientos o puntos cardinales: Norte, Sur, Este, Oeste, NE, SW, etc.

[102] Antes de 1950 se cartografiaban en los mapas topográficos todo tipo de cultivos agrícolas.

En Cartografía los cuadrantes son las cuatro partes iguales en que se puede dividir un mapa y no se numeran como los cuadrantes del sistema de ejes cartesiano en el que comienzan a numerarse comenzando en el cuadrante de las coordenadas (x e y) con valores positivos. En un mapa se numeran los cuadrantes con números ordinales, comenzando por el NorOeste –NW– (*1.er cuadrante*) y siguiendo el recorrido horario de las agujas del reloj: NorEste –NE– (*2.º cuadrante*); SurEste –SE– (*3.er cuadrante*); y SurOeste –SE– (*4.º cuadrante*).

I.5. EL MAPA TOPOGRÁFICO

Es el mapa por excelencia o fondo referencial de todos los demás mapas, tanto temáticos como sintéticos, analíticos, de flujo, etc. Es el mapa que condensa la mayoría de los rasgos del territorio. Aquel que ofrece la mayor información geográfica representada del terreno. Su función de mapa básico de referencia para cualquier tipo de mapa temático viene dada porque sobre él se pueden leer o interpretar las formas de relieve (a través de las cotas, curvas de nivel y otros símbolos); realizar medidas de distancias, ángulos, pendientes y superficies; obtener información de objetos físicos de origen humano, así como de los usos de suelo para las actividades humanas. Y todas estas lecturas están ofrecidas por un sistema de proyección determinado y con una escala que nos permite reconstruir el tamaño real de los fenómenos naturales y humanos territoriales, más o menos permanentes. En la mayoría de los países, su cobertura mayor viene ofrecida por el mapa a escala 1:50.000 que permite contener una información, suficientemente detallada, que recoge los rasgos territoriales fundamentales para una gran cantidad de disciplinas, tanto de las Ciencias Naturales como de las Sociales o Humanas. También está muy extendido el uso del mapa topográfico a escala 1:25.000 de mayor detalle y cuyo mosaico se va completando poco a poco. En España el MTN50 (Mapa Topográfico Nacional a escala 1:50.000) está editado en formato de papel por el Servicio Cartográfico de las Fuerzas Armadas de Estados Unidos; por el Servicio Cartográfico del Ejército Español y por el Instituto Geográfico Nacional[105].

Su mayor información viene dada porque sobre él se pueden leer e interpretar la mayoría de los objetos y fenómenos geográficos y se pueden realizar todo tipo de medidas, tanto de orientación como de distancias, superficies, pendientes, etc. Además de que suele aportar información sobre usos de suelo y de los demás elementos físicos de la actividad humana sobre el territorio.

Tanto usos, objetos, como cualquier otra manifestación que deje una huella relativamente permanente sobre el terreno están representados mediante trazos y dibujos gráficos que simbolizan a los rasgos reales. La interpretación de estos signos y símbolos convencionales con su significado a través de las variables gráficas (tamaño, forma, color, valor, espaciado, etc.) viene facilitada por la *leyenda* que acompaña forzosamente a cualquier mapa.

– A través del tamaño y el grosor de la letras de la rotulación de los núcleos de población en algunos mapas topográficos (p. e. a escala 1:50.000) puede deducirse el tamaño, en cuanto al número de habitantes, de cada uno, porque la representación del propio núcleo con puntos o

Fig. I.121. *Claves de números de habitantes según el tamaño de letra de la rotulación.*

[105] En la actualidad el IGN (Instituto Geográfico Nacional) no comercializa el mapa MTN50 en papel, sino el 1:25.000 en formato digital como archivo vectorial o Base Cartográfica Numérica (BCN25). También a otras escalas: BCN200 -1:200.000 y BCN1000 -1:1.000.000. Este último forma parte del proyecto EGM (Euro Global Map).

pequeñas superficies, que sí permiten situarlos en el espacio, sin embargo sus tamaños no pueden ser proporcionales en esta escala.

– En la leyenda puede apreciarse también como aparecen siempre los signos que representan simbólicamente elementos del terreno, que en muchos casos no aparecerían a estas escalas con su forma y tamaño proporcional por su pequeño tamaño. Aunque está muy extendido su uso, suele aparecer su significado en las leyendas, que así se asimilan a los glosarios de palabras que aparecen junto a muchos textos escritos, como los libros. Ya se vio que existen diversos tipos (geométricos, puntuales, lineales, pictóricos, ideogramas, etc.) que representan, por ejemplo, vértices geodésicos y su orden; iglesias; cementerios; cursos de agua según su jerarquía, etc.

Fig. I.122. *Ejemplos de signos puntuales y lineales.*

– También aparece con detalle la leyenda de las vías de comunicaciones según la jerarquía y funcionalidad dentro de cada red respectivamente. Y esto, por ser los componentes espaciales que con sus formas son los que más organizan el espacio y lo explican en una gran medida (adaptación al relieve y a la red hidrológica, en función de las redes urbanas, etc.): carreteras y caminos con indicación de su orden jerárquico, vías de FFCC y fluviales.

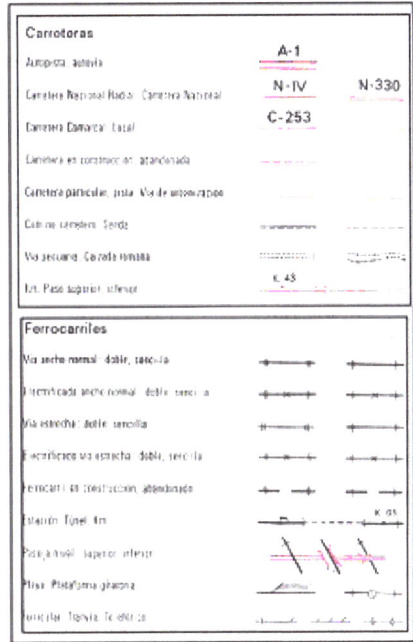

Fig. I.123. *Ejemplos de signos lineales.*

– El mapa topográfico aporta el «canevás», reticulado o malla cuadriculada de coordenadas, además del título o nombre de la Hoja correspondiente (suele ser el del núcleo de población más importante de los que están incluidos en la hoja) y del número de la Hoja (dentro del plan general de numeración), así como el de las 4 hojas adyacentes.

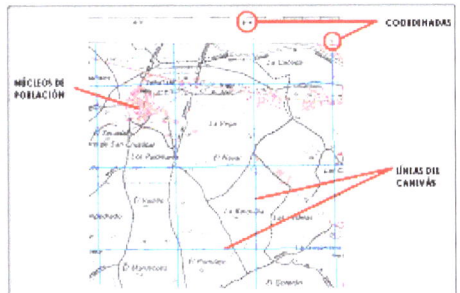

Fig. I.124. *Referencias fundamentales del mapa topográfico.*

También aporta información técnica de las operaciones y métodos utilizados para su levantamiento o realización, que hay que considerar siempre para trabajar sobre el mapa: así aparecen reflejadas las escalas numérica y gráfica; el sistema de proyección y el elipsoide de referencia con el que se ha realizado el mapa; el nivel de referencia de las altitudes, el valor de equidistancia de las curvas de nivel; el meridiano de referencia para las longitudes (cada vez es más habitual no incorporar esta información si, como ocurre casi siempre, es el 0º o de Greenwich y sólo suele expresarlo cuando se trata de otro meridiano) y el datum; el ángulo de convergencia para el centro de la hoja que señala el Norte de Cuadrícula UTM; la declinación magnética en el centro de la hoja en una fecha muy próxima a la de confección del mapa; la variación anual de la declinación magnética calculada; la notación de las coordenadas en distintos sistemas de proyección; y la fecha de confección y de edición o impresión gráfica.

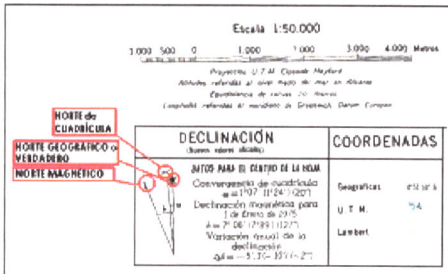

FIG. I.125. *Informaciones auxiliares fundamentales del mapa topográfico.*

– En una Hoja del MTN 1:50.000 se puede apreciar la malla de coordenadas de la proyección UTM con la cuadrícula kilométrica en trazo fino color azul o negro y la de 10 km con trazo más grueso, así como la nominación del cuadrado de 100 km con las dos letras correspondientes. Las coordenadas UTM, Lambert y Geográficas. Por otra parte, las curvas de nivel maestras y auxiliares en marrón y las cotas de los vértices geodésicos. Los núcleos de población y la red viaria que los conecta con colores según su rango u orden jerárquico, con expresión de las anchuras de las carreteras y los amojonamientos

kilométricos. La red fluvial jerarquizada. La vegetación natural y la destacada de cultivos casi permanentes. Aparecen diferenciados los límites administrativos municipales y provinciales.

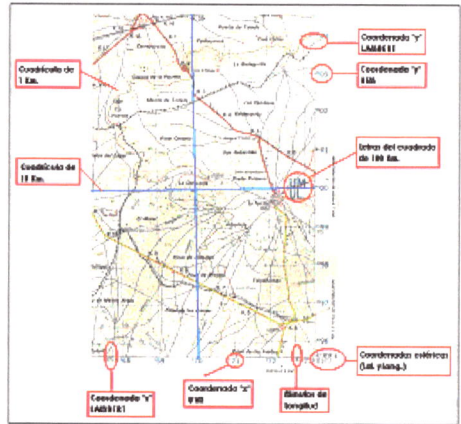

FIG. I.126. *Informaciones auxiliares fundamentales del mapa topográfico.*

– En una hoja del MTN 1:25.000 se aprecia también el cuadriculado kilométrico UTM en trazo azul o negro, pero ya no se diferencia el de 10 km ni el de 100 km. También aparecen las coordenadas pero separados los marcos que indican las geográficas de las que indican las UTM y ya no se incorporan las Lambert (entre otras cosas porque el 1:25.000 del ejemplo es del IGN y el anterior 1:50.000 era del Servicio Cartográfico del Ejército). El caserío de los núcleos de población aparece con más detalle y a escala, así como las construcciones aisladas. Las curvas de nivel maestras se dibujan cada 50 metros y todas tienen una equidistancia de 10 metros de altitud. La vegetación se representa de un modo más detallado. Y se describe el sentido de los cursos de agua en los canales (en los cursos naturales de agua el sentido viene expresado por la mayor anchura del trazo según se aleja de su origen).

I.6. MAPAS TEMÁTICOS

I.6.1. La confección de mapas temáticos

La realización de los mapas temáticos también sigue las pautas semánticas que se han visto en los temas anteriores.

Se parte siempre confeccionando un *mapa referencial básico* de la zona de estudio contenida dentro de una hoja del mapa topográfico. La idea básica de la confección de este mapa referencial, sobre el que montaremos después el cartografiado temático que queramos dar a conocer (tipos de suelos, masas forestales, unidades geomorfológicas o afloramientos geológicos, etc.), es poderlo situar correctamente en el espacio. Conviene considerar los atributos espaciales referenciales como si estuviesen formados por capas independientes, cada una con un color. Para ello, si se trabaja con un mapa topográfico tradicional, en un papel transparente de tamaño apropiado se calcarán algunos de los elementos cartográficos básicos de la zona bajo estudio que sirvan para su orientación; o si se trabaja en un SIG se tomarán como capas bases del trabajo las de los archivos digitales del mapa topográfico:

- La parte de la red hidrográfica que lo afecte: calco de los trazados de los cursos fluviales (por ejemplo, en color azul), diferenciando claramente su jerarquía mediante el trazo de distinto grosor[106].
- Se calcarán también las curvas de nivel maestras, o al menos una selección significativa de ellas con sus valores de altitud.
- También los núcleos de población, calcando sus límites (en color rojo, por ejemplo), lo que dará después idea de la importancia relativa de cada uno de ellos, en función de la superficie que ocupen en nuestro mapa.
- Asimismo se calcarán las redes de transporte que afecten a la zona bajo estudio, diferenciando bien su jerarquía[107].

- Se calcará también el rectángulo seleccionado georreferenciándolo, indicando claramente las coordenadas geográficas o UTM de sus cuatro vértices o esquinas y las marcas del cuadriculado kilométrico en los cuatro lados del rectángulo; aunque no conviene calcar todo el cuadriculado porque complicará la lectura de nuestro mapa.
- Se orientará el mapa calcado, indicando mediante una flecha la dirección del *Norte geográfico*. Para ello con escuadra y cartabón se trasladará la flecha que lo indica en el mapa topográfico.
- Se calcará la escala gráfica del MT y se anotará la numérica, así como el sistema de proyección y el datum.
- Se añadirá un cuadro de leyenda con indicación de los símbolos puntuales, lineales y superficiales, pictóricos y cromáticos que utilicemos en nuestro mapa y la categorización de la rotulación.
- Se rotularán los nombres de los elementos más importantes de nuestro mapa (montañas, montes, ríos, núcleos de población, etc.).
- Por último, se incorporarán los límites de nuestras aportaciones temáticas, los signos nuevos de los nuevos atributos que aporta nuestro estudio, y los colores y tramas que definen las superficies que cubren cada uno de ellos (por ejemplo, un estudio sobre la propiedad sobre un parcelario agrario). En la leyenda se incorporarán los símbolos que nosotros hayamos añadido al mapa referencial con nuestro tema.

I.6.2. Ejemplo de mapa temático: el mapa geológico y su información auxiliar

Uno de los mapas temáticos más utilizados por múltiples disciplinas es el mapa geológico, que en la actualidad puede ser tratado individualmente, respecto a su base topográfica, gracias a su digitalización y manejo como un archivo informático por los Sistemas de Información Geográfica.

Como los objetos de estudio de las distintas disciplinas científicas son distintos (como, por ejemplo, los de la Geografía y la Geología), las lecturas del mapa geológico, que aporta datos

---

[106] Por ejemplo, los cursos más importantes en cuanto a cantidad y regularidad del caudal en trazos más gruesos y los arroyos intermitentes en trazos finos e interrumpidos.

[107] Por ejemplo, con color rojo las carreteras nacionales de distinto grosor si son autovías o de doble sentido, en trazos amarillos las de las redes secundarias, en negro las vías de ferrocarril, etc.

acerca de la estratigrafía, la litología y la tectónica, también serán distintas.

El especialista geólogo hace una lectura temporal y estructural que se manifiesta en una cronología relativa, deducida por la existencia de fósiles y técnicas de laboratorio que permiten calcular la edad de los distintos estratos mediante las combinaciones características de dichos fósiles y exclusivas de cada periodo geológico; así como por la estratigrafía o colocación vertical de las distintas capas. Por su parte, el geógrafo realiza una lectura estructural que le permite explicar las formas de relieve o la explotación humana de los recursos geológicos.

Fundamentalmente, del mapa geológico se puede extraer información acerca de:

a) La *edad y naturaleza* de los materiales que componen los estratos que estudia la *Estratigrafía* desde dos perspectivas:

a$_1$. La *cronológica*, o edad de los materiales, agrupados según clasificaciones temporales: cuatro *eras*, dividas en *periodos*, que a su vez se dividen en *pisos*. El piso es la última subdivisión cronológica. A cada uno de ellos se le asigna un color y una trama, además de asignarle una letra y un número que evite confusiones entre colores o tramas parecidas.

a$_2$. La *litológica*, que considera que un mismo piso cronológico puede tener varias *facies* o *pisos litológicos*, compuestos de distintos tipos de rocas y de minerales particulares[108]. Los cambios de facies dentro de un mismo piso cronológico pueden ser horizontales o verticales.

La naturaleza de los materiales interesa a la Geografía desde el punto de vista de su *grado de resistencia* a la meteorización y erosión, porque suele configurar las formas de relieve: los materiales más duros suelen constituir las zonas más elevadas y los más blandos las más bajas.

b) La *disposición espacial de las rocas y estratos*: después de depositarse, todas las rocas suelen sufrir deformaciones físicas, a causa de las tensiones geofísicas. Estas deformaciones generales se manifiestan en la rotura o el buzamiento (inclinación) de las capas sedimentarias y de las rocas amorfas.

Mediante signos y símbolos convencionales sobre el mapa se expresan una gran cantidad de elementos estructurales o tectónicos que existen en el terreno, tales como fallas, pliegues, anticlinales, sinclinales, diapiros, etc., pero hay otros muchos que no aparecen en la superficie terrestre y que hay que deducir. Esto da lugar a distintas interpretaciones según cada autor y cada escuela cartográfica. Por esto, conviene tener muy en cuenta la fecha de confección y quiénes son los autores del mapa geológico, porque nos pueden orientar sobre su calidad geológica. Cuando no aparece explícitamente señalado, el buzamiento de las capas puede ser deducido indirectamente. Para ello hay que realizar un análisis previo del tipo de estructura, en relación a la litología, de una forma independiente a las deformaciones existentes en el terreno; lo que permite, por una parte, detectar y diferenciar *series sedimentarias*, tanto concordantes (cuando existe paralelismo entre las capas) como discordantes (cuando no existe dicho paralelismo respecto a otras capas o rocas cristalinas) y, por otra, las *series cristalinas*. En las sedimentarias el grado de dureza suele tener un resultado morfológico. Las discordancias suelen producirse cuando existe una serie sedimentaria sobre una superficie de erosión o sobre otra serie también sedimentaria pero fosilizada. Las rocas cristalinas, al no generarse bajo las mismas condiciones de cristalización que se manifiestan en sus diferentes comportamientos ante las fuerzas tectónicas, ofrecen la gran dificultad de su datación cronológica.

Cuando se realiza un corte o perfil geológico desde el mapa geológico ha de jugarse de un modo escrupuloso con la escala vertical y con la horizontal y mantenerlas de acuerdo a la escala del mapa sobre las que se realice, porque sólo así se podrán plasmar los espesores y los buzamientos de las capas de acuerdo a la realidad. Tan solo en el caso de que las estructuras geológicas sean subhorizontales se puede exagerar la escala vertical para reflejar los detalles del

---

[108] Facies o piso litológico no es un término sinónimo de piso cronológico.

terreno de un modo más visible.

– Por los modos y formas en que cortan las capas a las curvas de nivel sobre el mapa pueden realizarse lecturas directas cualitativas acerca de los espesores de las capas y de sus buzamientos:
  • En las superficies horizontales las capas van paralelas a las curvas de nivel y no las cortan.
  • En las inclinadas sí cortan a las curvas de nivel.
  • En las capas subverticales no existe ninguna relación ni parecido visual entre el trazado de los afloramientos de las capas y las curvas de nivel.

En el mapa no hay que confundir la anchura del afloramiento con la anchura o espesor real (muro) de la capa. La anchura de la capa hay que considerarla simultáneamente en relación al:
  • Buzamiento de la capa.
  • La pendiente del terreno.

Fig. I.127. *Afloramiento de capas horizontales y de capas con buzamiento.*

Cuando se estudia el mapa geológico mediante cortes o perfiles geológicos conviene realizar la columna o escala cronológica y estratigráfica por donde pase el corte o perfil principal sobre el que vamos a trabajar. También conviene realizar la columna de la escala de resistencia de las rocas de dicho corte o perfil a la erosión.

El relieve fallado se dibujará en el corte siguiendo las indicaciones de los símbolos de las fallas que aparecen en el mapa; en principio cuando se comienza el análisis se colocan todas las fallas verticales y luego se van analizando sus inclinaciones, indicando el bloque hundido.

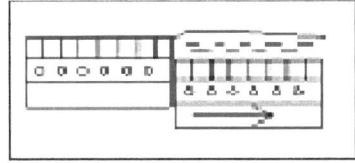

Fig. I.128. *Relieve fallado con indicación del bloque hundido.*

– *La interpretación del mapa geológico*

ESTRUCTURA del MAPA GEOLÓGICO 1:50.000.
  Partes del mapa:
  1. Número y Nombre de la Hoja (coincide con la Hoja correspondiente del Mapa Topográfico).
  2. Esquema tectónico del espacio que aparece en la hoja. Suele estar a una escala 1:250.000.
  3. Esquema geológico regional, a escala 1:1.000.000.
  4. Columnas estratigráficas de los cortes que aparecen en el propio mapa.
  5. Leyenda del mapa con la simbología.
  6. Signos convencionales.
  7. Cortes geológicos.

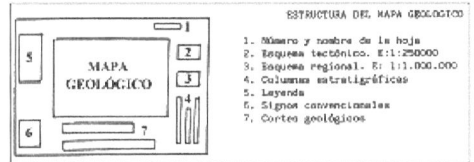

Fig. I.129. *Estructura del mapa geológico.*

Veamos, una a una, las partes del mapa geológico:

– El *esquema tectónico* es un pequeño mapa, auxiliar del principal, que indica y diferencia por su génesis y datación las unidades de deformación que aparecen en la hoja. Como su tamaño es muy pequeño está a escala 1:250.000.

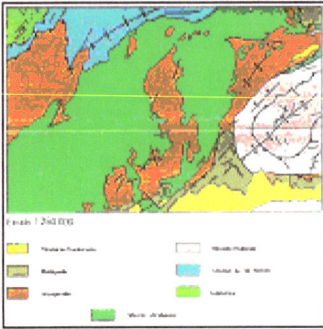

FIG. I.130. *Esquema tectónico.*

– El *esquema geológico regional* es otro pequeño mapa, también auxiliar del principal, que proporciona el contexto geológico a la hoja en cuestión y la sitúa en un espacio mayor (regional geológico). Como el tamaño también es pequeño y abarca mucho más espacio de la realidad, la escala es aún más pequeña (1:1.000.000).

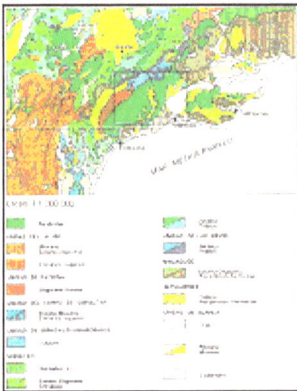

FIG. I.131. *Esquema-contexto geológico regional.*

– Las *columnas estratigráficas* se corresponden generalmente con las zonas o afloramientos geológicos más importantes en cuanto a su extensión en la hoja y suelen coincidir con algunos de los cortes que incorpora el mapa. Los distintos estratos de las columnas utilizan los mismos colores y rotulaciones que los del mapa y se interpretan en la leyenda.

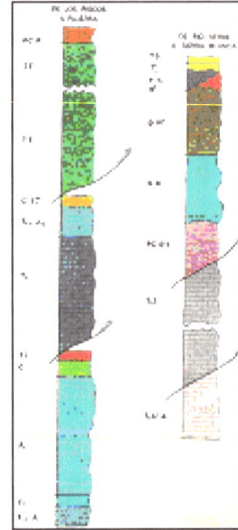

FIG. I.132. *Columnas estratigráficas.*

– La *leyenda* contiene las claves simbólicas de los colores (cronología), tramas y rotulaciones (tipos de roca) que aparecen en el mapa y

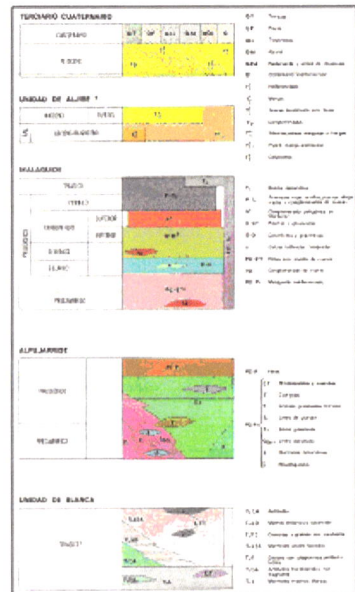

FIG. I.133. *Leyenda del mapa geológico.*

suelen estar agrupados por las correspondientes unidades tectónicas. Dentro de cada una de ellas se diferencian los estratos por su cronología mediante combinaciones de colores y tramas, y según el tipo de rocas que los constituyen mediante signos de rotulación.

– El *cuadro de signos convencionales* es una leyenda auxiliar en el que aparecen los signos y símbolos con los que en el mapa se representan detalles informativos sobre las rocas, acerca de sus formas y accidentes, como, por ejemplo, los contactos concordantes y discordantes, los cambios laterales de facies, las fracturas y fallas, sus buzamientos, pliegues y cabalgamientos; así como los depósitos de fósiles, minas y canteras existentes en el terreno que representa la hoja.

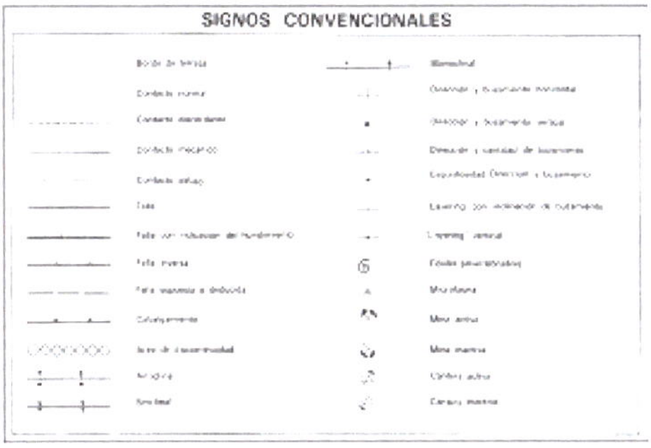

– Bajo el mapa principal, aparecen la escala numérica y gráfica, el tipo de proyección y de coordenadas referenciales, el elipsoide, la equidistancia de las curvas de nivel, el editor del mapa topográfico de referencia sobre el que se ha confeccionado el mapa geológico y la fecha de confección o al menos del depósito legal del mapa; lo cual puede dar una idea de la época en que se realizó el mapa. También bajo el mapa principal aparecen los *cortes geológicos* con su orientación geográfica cada uno (p. e. NE-SW). Estos cortes se encuentran expresados en el mapa con su comienzo y terminación mediante números romanos (p. e. IV-IV'). Tienen la misma escala horizontal y vertical que el mapa principal, aunque también se indica esto bajo los mismos.

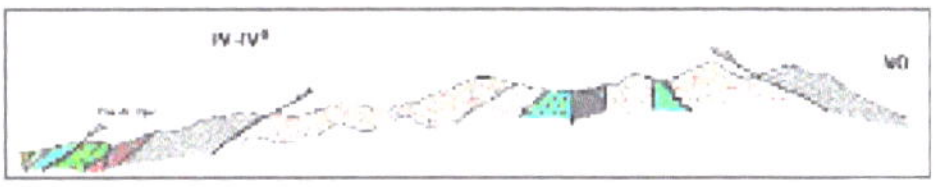

FIG. I.135. *Perfil geológico con la misma escala vertical que la escala horizontal.*

FIG. I.134. *Leyenda de los signos convencionales.*

CAPÍTULO II
FOTOINTERPRETACIÓN

OBJETIVOS

– Facilitar una herramienta que permita la selección de los elementos del espacio de la superficie terrestre necesarios para las Ciencias.
– Hacer objetiva la percepción individual parcial con una nueva perspectiva vertical y alejada del suelo.
– Conocer las bases teóricas físicas de las fotografías aéreas verticales para su interpretación.
– Manejar técnicas que convierten la visión plana bidimensional de las fotografías en una visión tridimensional.
– Dominar técnicas de análisis del espacio geográfico sobre fotografías aéreas.
– Realizar medidas sobre las fotografías aéreas.

INTRODUCCIÓN. LA FOTOGRAFÍA AÉREA Y SU USO

Desde el punto de vista etimológico, el término *fotografía* está constituido por la fusión de dos términos: *foto* y *grafía* del griego φοτόσ *photós* (luz) y γραφοσ *graphós* (escritura). Este término fue utilizado por vez primera en 1839 por Sir John F. W. Herschel. El Diccionario de la Lengua Española de la Real Academia Española en su última edición lo define en su primera acepción como «Arte de fijar y reproducir por medio de reacciones químicas, en superficies convenientemente preparadas, las imágenes recogidas en el fondo de una cámara oscura» y en su segunda acepción como «Estampa obtenida por medio de este arte». Si el punto de captación o la posición del aparato que capta la imagen

fotográfica está situado fuera y por encima de la superficie terrestre se denomina *fotografía aérea*. Supera la observación humana directa porque proporciona vistas de conjunto y perspectivas imposibles de obtener desde cualquier punto sobre la superficie terrestre y puede cubrir muy grandes extensiones, permitiendo la visión simultánea y la apreciación de las relaciones entre sus partes aunque se hallen muy distantes entre sí. Generalmente estas fotografías son captadas desde plataformas que se mantienen en el aire (globos, aviones y satélites). Por eso, algunos autores consideran que la fotografía aérea es una técnica más y la incluyen con las demás de la Teledetección (detección a distancia). Pero como fue la primera que desarrolló técnicas propias pioneras para la interpretación de imágenes del terreno y, sobre todo, como el intervalo de longitudes de onda en las que trabaja es más restringido que las registradas por otros medios de captación de imágenes; además de que los principios físicos y químicos (*químico-ópticos*) en los que se basan sus registros son distintos a los de los sensores *electro-ópticos* aerotransportados en aviones y satélites, suele reservarse el término de Fotografía Aérea para las imágenes registradas en *películas químicas* y captadas desde plataformas constituidas por *globos o aviones* y el resto se incluye bajo el término Teledetección. Es decir, que no todas las imágenes de las radiaciones captadas son fotografías aéreas, aunque sí ocurre lo contrario: todas las fotografías aéreas son imágenes de radiaciones captadas.

Es una técnica muy utilizada y difundida entre multitud de disciplinas científicas como, entre otras, Topografía, Geología, Edafología, Biología, Fitosociología, Ingeniería Forestal, Ingeniería Civil, Arqueología, Agronomía, Urbanismo y, por supuesto, Geografía y Ciencias Ambientales. Generalmente las fotografías aéreas se utilizan para la localización, clasificación e inventario de elementos físicos de la superficie terrestre, por dos motivos:

a) Por la perspectiva completa, simultánea y permanente que da del suelo.

b) Por basarse en la manera de ver del ojo humano.

No obstante, su uso nunca podrá sustituir al manejo del mapa. Entre ambas fuentes de información existen diferencias básicas:

– El mapa es insustituible por ser resultado de una proyección cartográfica de tipo más o menos ortogonal que contiene una información seleccionada de entre toda la existente en la realidad. Dicha información está jerarquizada y simplificada para su fácil lectura directa. Dependiendo de la escala del mapa, ésta no varía mucho en todo el espacio que cubre, en relación a lo que varía en cualquier fotografía aérea. Además de que las formas tienen una traducción directamente interpretable en la leyenda y en la rotulación.

– La fotografía aérea es resultado de una perspectiva acimutal cónica, en la que el único punto no deformado es el situado justo en el eje del objetivo. No selecciona los objetos sino que capta todo lo que aparece ante el objetivo de la cámara sin ningún tipo de manipulación, selección o simplificación. No aporta leyenda o rotulación que ayude a la identificación de los objetos o la interpretación de sus conjuntos. Es tal la cantidad de información que aporta que suele resultar en una gran parte no utilizable y dificultadora de la visión de la que sí interesa al analista según su disciplina.

– En suma, ambos se complementan. La fotografía aérea puede ser considerada como la gran auxiliar de la Cartografía.

	MAPA	FOTOGRAFÍA AÉREA
	Ortogonal	Acimutal Cónica
TIPO DE PROYECCIÓN	* La proyección de los objetos y accidentes geográficos respeta su posición relativa en el terreno.	* Desplazamiento radial de la proyección respecto a la vertical en el centro. Sentido del desplazamiento: - Hacia el PC para los objetos situados por debajo del nivel de referencia. - En sentido contrario para los situados por encima del mismo. Desplazamiento aumenta con: - Altura de vuelo de la plataforma. - Altura del objeto. - Distancia entre el objeto y el PC.
ESCALA	* Más constante para todos los puntos del mapa. No influye el grado de infractuosidad del terreno	* Casi Constante en terreno llano. * Variable en terreno accidentado. Variación: Mayor en las montañas Menor en los valles
DISTORSIONES	* Escasas	* Grandes en los bordes, dependiendo del tipo de lente usada, del tipo de terreno, etc. Sólo es utilizable un 80 % central de la foto.
CONTENIDO	* Selección de la información. Visible y no visible en el terreno	* Información bruta, no seleccionada. Aparece todo lo visible en el terreno.

TABLA II.1. *Comparación de las características básicas de la fotografía aérea respecto a las del mapa.*

La utilización de la fotografía aérea se agrupa en dos grandes apartados: la *fotointerpretación* propiamente dicha y la *fotogrametría*.

– Mediante la *fotointerpretación*, que se basa en la observación directa de las fotografías, se pretende conocer la evolución y las características de cualquier objeto o fenómeno, tanto natural como artificial, que haya sido registrado instantáneamente de la superficie de la Tierra por una máquina fotográfica en un momento dado. Constituyen ejemplos el reconocimiento de estructuras de relieve, de suelos, vegetación, parcelario agrícola, poblamientos, asentamientos, etc. Por eso, no hay una sola fotointerpretación sino tantas como disciplinas a las que se aplique: se puede hablar de fotointerpretación geológica, edafológica, geomorfológica, forestal, agrícola, arqueológica, urbana, etc. Para poder realizar cada una de las fotointerpretaciones es necesario conocer con detalle los fundamentos de cada disciplina que las estudian.

– La *fotogrametría* es una técnica que pretende la realización de medidas, restituciones desde el terreno y la construcción de mapas, mediante la corrección de las deformaciones y aberraciones que por su propia naturaleza óptica tienen todas las fotografías aéreas. Así se convierte en un auxiliar moderno y fundamental de la *topografía* y de la *cartografía* que, si bien no permite eliminar por completo los trabajos de campo, los reduce en gran medida. Por otra parte, por ejemplo para la Geomorfología, es básico conocer las dimensiones reales de los accidentes y formas de relieve. Estas técnicas fotogramétricas también sirven para la actualización de los mapas o la gestión del territorio y las ingenierías.

Para conseguir tanto unas medidas precisas de los objetos fotografiados como una interpretación correcta de sus funciones y relaciones espaciales es fundamental realizar previamente, en primer lugar (1) la *localización del espacio fotografiado* en el contexto regional con ayuda de los mapas. (2) Después hay que practicar la lectura o *fotoidentificación* de los objetos (2a), comenzando por los más familiares (casas, árboles, carreteras, etc.), y (2b) siguiendo por su estructuración en el espacio (olivar, pinares, pliegues, líneas de falla, redes, etc.); en esta fase se compara con el mapa correspondiente de la zona. (3) Por último, se entra en la etapa de la *fotointerpretación propiamente dicha* en la que se deducen los fenómenos y hechos de lo anterior, es decir, el tipo de propiedad de las parcelas, la estructura económica, o el número de habitantes, etc.[109]. Tal como ocurre con los mapas, en las fotografías aéreas «ve más quien más sabe» y por tanto es una fase en la que hay

que unir, por un lado, las *observaciones de las fotos,* para lo que se requiere práctica en la observación y experiencia (la única fórmula para adquirirla es visionar muchas fotografías aéreas) y, por otro lado, los *conocimientos* de los observadores de las mismas. Como es muy difícil que cada analista domine todas las disciplinas que tratan de lo que se registra en una sola foto, la labor de fotointerpretación general debe y suele ser una labor de equipo. Estas técnicas siempre son auxiliares y complementarias de los estudios de campo y de los mapas correspondientes.

BREVE HISTORIA DE LA FOTOGRAFÍA AÉREA Y DE SUS APLICACIONES

Se acepta que los antecedentes de la fotografía en general son, por una parte, la *cámara oscura*, descrita empíricamente por Leonardo da Vinci en 1519, a la que incorporó el objetivo óptico Daniel Barbaro en 1568; y, por otra parte, el invento del registro en placas de las imágenes por Nicéphore Niepce en 1827 y por Daguerre (inventor del daguerrotipo) en 1838, aunque éste tenía limitada su utilización casi exclusivamente para el retrato. A partir de entonces se producen una serie de inventos, como la placa de cristal en 1841, o el más importante de Maddox en 1871 de las emulsiones de gelatinobromuro de plata, conocidas como «placas secas», que permitían aplazar por un tiempo el revelado de la foto y evitaba el hacerlo inmediatamente junto a la máquina de fotografiar. Casi desde el principio se vio su potencial para tomar imágenes desde el aire.

El primer fotógrafo que tomó una imagen oblicua desde un globo a 300 m de altura sobre el suelo en el Bosque de Boulogne en 1855 fue Gaspard Félix de Tournachon (1820-1910), periodista que era conocido bajo el seudónimo de *Nadar*, y concibió que desde el aire se pudieran efectuar levantamientos topográficos, hidrográficos, catastrales y la planificación de operaciones militares. Recibió el encargo de Napoleón III de fotografiar las tropas austriacas acampadas en sus posiciones previas a la batalla de Solferino, pero al tratarse de globos no dirigibles y, por lo tanto, a merced del viento, se superó el tiempo requerido para el revelado

---

[109] Por ejemplo, contabilizando fuegos en las áreas selváticas se deduce el número de grupos tribales y, conocido éste, el número de habitantes.

y constituyó un fracaso. La primera imagen captada desde un globo con cierta calidad y que aún se conserva es la de un incendio de la ciudad de Boston en 1860. A partir de entonces, y sobre todo desde la utilización de la gelatina de bromuro como emulsión y de la constitución de las primeras aerostaciones militares (Francia 1877, Inglaterra 1879, Rusia, Alemania y España en 1884, Italia 1885, etc.), se dispone de un gran número de fotografías aéreas tomadas desde globos, desde cometas (la primera de A. Blaut en 1888), e incluso con cámaras sujetas a palomas mensajeras o a cohetes. Las primeras fotografías aéreas siempre tuvieron objetivos militares. Hasta que entre 1898 y 1908, mediante dos cámaras sujetas a los extremos de una cometa y un disparador que sólo se activaba cuando los ejes ópticos eran verticales, el ingeniero ruso Thiele las utilizó para la Cartografía Civil y realizó con ellas la topografía del Cáucaso, el río Dnieper y los pantanos de Pripet. Thiele también utilizó el «perspectómetro», aparato de su invención que dibujaba sobre las fotos oblicuas una red de cuadrados en perspectiva, cuya información pasaba luego a un cuadriculado plano, y constituyó el primer sistema de restitución de imágenes fotográficas que se conoce.

Pero las plataformas utilizadas impedían tomar fotos de un modo sistemático, organizado y planificado. Con el invento del globo dirigible, y sobre todo del avión en 1903, que permitían cierto control del vuelo, se fueron pudiendo sistematizar las tomas y utilizar cámaras más grandes y pesadas. Al principio se adosaron cámaras portátiles al fuselaje. Con carácter militar Francia lo utilizó pronto (1909) y España no se atrasó en su uso (1913 en la guerra de Marruecos), pero fue a partir del comienzo de la Primera Guerra Mundial cuando su evolución fue rápida, tanto en las técnicas propiamente fotográficas como en las de vuelo. En la batalla del Marne (1914) se fotografiaron las posiciones enemigas hasta 50 km detrás de su frente; los alemanes realizaron vuelos fotográficos previos a la batalla de Verdún en 1916; y a partir de entonces los vuelos fueron de altura controlada en torno a los 2.500 m de altitud para obtener imágenes verticales y continuas que permitían realizar mosaicos estereoscópicos a escala entre 1:5.000 y 1:2.000. Simultáneamente se utilizaban también en la Cartografía

Civil y Urbana, tal como se hizo para realizar el plano de Venecia en 1913, o el británico de Damasco en 1920.

Con el final de la Primera Gran Guerra hubo una eclosión de compañías de vuelos comerciales y, por otra parte, aunque se conocía la *película de rollo* (patentada por Eastman en 1879) no se generalizó su uso hasta los años 1925-30. En 1930 comienzan a utilizarse las películas de rollo con nuevas emulsiones pancromáticas capaces de registrar todos los colores visibles, aunque en *blanco* y *negro*, y a formarse los primeros equipos de fotointerpretación que generaban manuales y claves de uso civil utilizadas, por ejemplo, para el estudio de las forestas del SE asiático y reconocimientos mineros y geológicos de Siberia, Australia o Canadá, o el levantamiento catastral de las zonas destruidas en Francia realizado por el ingeniero francés Roussilhe. A este fin, las universidades francesas crearon laboratorios de Geografía que tenían este cometido fotointerpretativo. No obstante, la inmensa mayoría de las aplicaciones seguían siendo militares.

El empleo de la fotografía aérea se hizo masivo durante la *Segunda Guerra Mundial* con el propósito de descubrir las bases y demás objetivos militares. Se realizaban expediciones previas a cada bombardeo, durante el bombardeo y tras el mismo en un afán de controlar minuciosamente cada operación militar. Esta guerra supuso un avance considerable de la fotogrametría y de sus aplicaciones para el levantamiento cartográfico; de manera que los trabajos de campo empezaron a realizarse para confirmar los datos obtenidos en las fotos aéreas y no al revés como hasta entonces había ocurrido. En el campo fotointerpretativo se dieron los mayores avances de su aplicación por los gabinetes profesionales de fotointerpretadores en los estudios geológicos (fallas, anticlinales, sinclinales, litología, etc.); en las prospecciones mineras y petrolíferas; en los análisis de pastos y montes; en la localización de aguas potables; en los proyectos de obras públicas y en los descubrimientos arqueológicos. La tercera dimensión aparecía cada vez más nítidamente con la creciente precisión estereoscópica de las imágenes por su verticalidad. Las técnicas estereoscópicas ya eran conocidas en 1838 pero no se extendió su uso hasta estos años, gracias a la estabilidad creciente de los aviones en sus vuelos, ya que los aparatos se diseñaban «ad hoc» para montar las plataformas de las cámaras que cada vez eran de mayor tamaño y poseían objetivos de mayor apertura y perfección óptica. También se extendió su utilización gracias a la evolución de la sensibilidad fotoquímica de las películas.

Tras la Segunda Guerra Mundial, la posterior *Guerra Fría* entre el bloque geopolítico capitalista y el bloque geopolítico socialista, liderados respectivamente por los Estados Unidos de Norteamérica y por la Unión Soviética, promovió el progreso acelerado de las técnicas y sobre todo de las tecnologías aplicadas a este campo[110]. En 1955 se organizó la Conferencia de Ginebra para lograr acuerdos de inspección mutua que impidiesen la carrera armamentística. Pero los sucesivos intentos de acuerdo fracasaron tras el derribo de un avión espía norteamericano U2 en la URSS y la crisis de los misiles de Cuba que hicieron prevalecer sobre la fotografía aérea los proyectos de teledetección con sensores electro-ópticos desde satélites artificiales y aviones.

Junto a las técnicas aeronáuticas y fotográficas se perfeccionó el diseño de los aparatos restituidores en la búsqueda de un automatismo cada vez mayor. Tras el perspectómetro de Thiele y de los distintos aparatos pantógrafos artesanales se fueron creando los de tipo «múltiplex», formados por una serie de proyectores en cada uno de los cuales se colocaba una diapositiva de fotos consecutivas, lo que permitía observar el relieve por medio de *anaglifos*[111]. En los años 60 del siglo xx estos aparatos eran analógicos y permitían dibujar sobre los mapas directamente. En los setenta aparecen restituidores analógicos que producen las ortofotografías.

Desde 1985 se generaliza el uso de los restituidores analíticos que ya emplean el ordenador, que permite cálculos más largos y precisos, y una confección automática de los mapas.

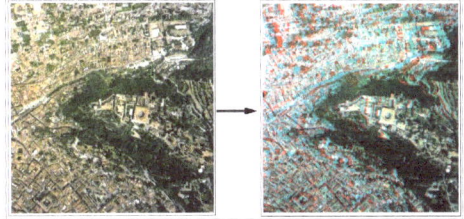

Fig. II.1. *Anaglifo de la Alambra de Granada y de su entorno.*

FONDOS FOTOGRÁFICOS EN ESPAÑA

En España, un Real Decreto de diciembre de 1884 ponía en marcha la Aerostación Militar que comenzó a funcionar en Guadalajara en 1896. Un protocolo de vuelos en globo de 1902 ordenaba que, entre el material obligatorio que debía ir en la barquilla, se debía incluir una cámara de fotos y sus placas. En 1909 se envió una unidad aerostática a Marruecos con el fotógrafo Ortiz Echagüe, que así se convierte en el primero en realizar fotografías aéreas verticales en España. En 1913 se creó el Servicio de Aeronáutica Militar que englobaba globos y aviones con objeto de cubrir la Guerra de África. En 1915 se obtuvieron fotografías aéreas de la ciudad de Toledo, y el 6 de noviembre de 1928 se constituyó el Servicio de Fotogrametría dependiente de la Sección Geográfica del Depósito de la Guerra. Estos servicios prestaron apoyo tanto en la Revolución de Asturias de 1934 como en la Guerra Civil en 1936. Es decir, desde los comienzos de la puesta en práctica de las técnicas de la fotografía aérea vertical, España se incorporó a su utilización, pero no se poseía tecnología propia y se trabajaba con aparatos y encargos a foráneos. Así el primer vuelo general con cobertura nacional procedió de un acuerdo con los Estados Unidos que realizó el que se conoce como serie A entre 1945 y 1946, y el segundo (serie B), mediante el mismo procedimiento, durante 1956-57. Desde los años sesenta del pasado siglo el ejército español dispuso de medios propios.

---

[110] Por ejemplo, el avión RB-47 con 7 cámaras automáticas y una altitud de vuelo de 12.000 metros permitía cubrir 2.500.000 de km² en tres horas.

[111] Un anaglifo (término que designa a un jarrón decorado con bajorrelieves abultados) es una superposición mental de la visión de dos imágenes o fotografías de un mismo lugar: una de paleta color rojo y otra de color azul o verde que, al ser observadas con unas gafas especiales que tienen cada cristal coloreado de estos colores, producen la sensación de visión tridimensional. A diferencia del par estereoscópico, muchas personas con dichas gafas pueden visualizarlas simultáneamente.

No solo la aplicación militar fue la que se desarrolló en España. El uso civil se produjo pronto. En 1923 (Dictadura de Primo de Rivera) hubo un acuerdo entre el Ministerio de Hacienda y el Instituto Geográfico y Catastral; además se fotografiaron algunas Cuencas Hidrográficas como las del Ebro, el Segura y el Duero. También se produjeron encargos aislados como los de la Diputación de Navarra y los Ayuntamientos de Madrid o Málaga. Durante los años treinta se produjo el acuerdo entre la empresa CETFA (Compañía Española de Trabajos Fotogramétricos Aéreos) y el Instituto Geográfico y Catastral para la toma y realización de foto-planos y mosaicos[112]. En 1934 comienza a utilizarse la fotografía aérea para la confección del MTN50 (mapa topográfico nacional a escala 1:50.000) en el área de Buitrago en Madrid. Durante los años cuarenta el Instituto Geográfico Nacional posee dos brigadas que completan 19 hojas y en 1960 la superficie cartografiada es de 50.000.000 ha, la mitad de ellas con apoyo en F.A. (fotografía aérea). A partir de 1965 se utilizan con gran profusión y nivel para realizar restituciones fotogramétricas en los grandes proyectos del Ministerio de Agricultura para la concentración parcelaria, la colonización agraria y el diseño de riegos; así como para las Obras Públicas y el Planeamiento Urbano.

Los grandes fondos de F.A. en España se agrupan por su cobertura en:

– Los vuelos de *carácter general y nacional*. Existen 4 vuelos generales. Dos de ellos realizados por las fuerzas armadas de Estados Unidos: la Serie **A** (1945-46) a una escala media de 1:38.000-1:44.000 y la Serie B (1956-57) a escala 1:33.000. Y otros dos españoles del IGN (Instituto Geográfico Nacional): la Serie C (1967-68) y la Serie D (1981-84), este último a escala menor (1/30.000). Recientemente se acaba de completar un quinto vuelo general.
– Los vuelos *oficiales de carácter parcial*. Los de la Fototeca del Centro Nacional de Información Geográfica del IGN, como, por ejemplo, los de 1981-83 a 1:30.000; de 1984 a 1:70.000; 1985 a 1:18.000 (llamado interministerial y que recoge las principales

ciudades y costas); de 1986 a 1:22.000; de 1988 a 1:70.000; y de 1991 a 1:40.000, 1:70.000 y el de 1:18.000 en color. Los de algunos Ayuntamientos a escala 1:8.000, 1:3.000 y 1:1.000. El vuelo nacional de la franja costera de 200 m (1:2.000). Y los Ortofotomapas del IGN (1:25.000), de Sevilla y Granada a 1:10.000, o de Murcia a 1:5.000.

– Los de la *Compañía Española de Trabajos Fotogramétricos Aéreos* (CETFA). Comenzaron en 1923. Tras la disolución de la empresa sus fondos pasaron a distintos centros y organismos, por ejemplo, los de Asturias al Departamento de Geografía de la Universidad de Oviedo, y a las respectivas Autonomías los de sus respectivos ámbitos geográficos.
– Los de *otras empresas*. Como los de *Trabajos Aéreos Fotográficos* (TAF), *Paisajes Españoles*, *Trabajos Fotogramétricos Aéreos S.A.*, *Estereotopo*, *Compañía Española de Aviación*, *Trabajos Aéreos S. A.* (TASA), *GeoCart*, *Azimut*, *INCAR*, etc., cuyos fondos se localizan en cada una de ellas.
– Los principales organismos que las comercializan en España son el Centro Nacional de Información Geográfica (CNIG) del IGN (web: // www.cnig.ign.es) y el Centro Cartográfico y Fotográfico del Ejército del Aire (CECAF).
– Algunas páginas webs de otros países son:
  www.usgs.gov (USA)
  www.ign.fr (Francia)
  www.cnig.pt (Portugal)
  www.tdn.nl (Holanda)
  www.lm.se (Suecia)
  www.irlgov.ie (Irlanda)
  etc.

II.1. LAS IMÁGENES AÉREAS: Aspectos técnicos, cámaras y aviones. Los espectros electromagnético, visible y fotográfico. Películas y filtros

II.1.1. LA CÁMARA FOTOGRÁFICA

En el *plano focal* de la cámara se forma una imagen nítida e invertida a causa de una perspectiva cónica que se produce desde los objetos

---

[112] CETFA fue la primera empresa privada de fotografía aérea creada en España.

situados delante del objetivo. El centro del objetivo es el vértice de proyección o punto de vista. Las imperfecciones materiales y ópticas del vidrio en la construcción del objetivo producen *aberraciones ópticas* (deformaciones en la imagen) que se resuelven mediante la combinación superpuesta de distintas lentes en lo que se denomina *objetivo compuesto*; de este modo, las aberraciones producidas por unas lentes son compensadas por las otras.

Cuando el plano en el que se sitúan los objetos reales está bastante alejado del objetivo, el plano donde se forma la imagen invertida o *plano focal* se encuentra a una determinada distancia del objetivo. Esta distancia desde el centro del conjunto de lentes del objetivo o centro óptico y el punto perpendicular del lugar plano donde se forma la imagen se denomina «distancia focal» y depende de las características materiales, y sobre todo ópticas, del objetivo. Se mide cuando la cámara está enfocada al infinito.

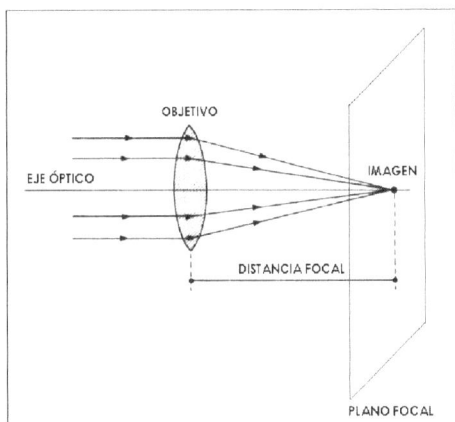

FIG. II.2. *Elementos básicos de la proyección fotográfica.*

Al ser la distancia focal una propiedad de cada objetivo, se denominan:
1. *Objetivos normales.* Los que tienen una *distancia focal* aproximadamente igual a la *diagonal* del *plano focal, película* o *cliché* en el que se impresiona la imagen.
2. Los de distancia focal muy corta se denominan *objetivos granangulares*.

3. Los de distancia focal muy largas, *teleobjetivos*

En relación a los objetivos de la cámara fotográfica es necesario conocer una serie de conceptos, tales como:
– *Abertura relativa* (f). Que es la relación entre el diámetro del objetivo y su distancia focal[113]. Suele representarse con la letra «f» y el denominador de la relación (f = 2,5). También se llama «luminosidad» porque la cantidad de luz que penetra en la cámara aumenta con el mayor diámetro del objetivo y disminuye con la menor distancia focal.
– *Ángulo de campo.* Como estamos ante una perspectiva *cónica* cuyo vértice de proyección es el centro del objetivo, el *ángulo* que forma la sección de dicho cono es el ángulo de visión de la cámara y se denomina «ángulo de campo». Este ángulo depende del número «f» y de la distancia focal. En los objetivos normales está comprendido entre 40° y 60°; en los teleobjetivos entre 5 y 35°; en los gran-angulares entre 60 y 100°; y en los superangulares, 128°.
– *Obturador.* Dispositivo que mantiene cerrado el objetivo para que solo entre luz en la cámara en el momento apropiado. El obturador está abierto solo un tiempo apropiado y muy breve (por ejemplo, 1/200 segundos). Los *obturadores centrales* están situados en el interior del objetivo, entre el conjunto de lentes; en los denominados *obturadores plano-focales* se sitúan cerca de la película.
– *Diafragma.* (Complemento del anterior) Dispositivo que permite reducir la abertura del objetivo de un modo gradual. Suele estar constituido por varios orificios de distinto diámetro que guardan entre sí una relación ordenada. Generalmente cada uno es de diámetro doble que el anterior, o con una razón $\sqrt{2}$: 1,4; 2; 2,8; 4; 5,6; etc. Se llama *iris* a un conjunto de laminillas que se abren y cierran con el giro de un anillo exterior a ellas en las que van engarzadas.

[113] Por ejemplo, un objetivo de 20 mm de diámetro y 50 mm de distancia focal tendrá una abertura relativa de 20/50 = 1/2,5 . f = 2,5.

– *Profundidad* de *foco* o de *campo*. Como no solo aparecen nítidas las imágenes situadas a la distancia focal sino también las que lo están un poco por delante y un poco por detrás de dicha distancia focal, se denomina *profundidad de campo* a la tolerancia o distancia para colocar la película entre dos planos sin que la imagen resulte borrosa. Esta tolerancia varía de un modo inverso a la distancia focal. Es mínima en los teleobjetivos y aumenta al ir cerrando el diafragma.

– *Visor*. Permite encuadrar la zona que se desea fotografiar. Los mejores son los denominados visores *reflex*, porque permiten ver a través del propio objetivo de la cámara.

– *Enfoque*. Es el regulador de la distancia focal que permite ajustarla en función de la distancia a la que se encuentre el objeto de la cámara. A partir de veinte metros no suele variar el enfoque, considerándose cualquier distancia superior una distancia infinita. Por esto, las cámaras para fotografía aérea no necesitan ni disponen de este dispositivo.

– *Telémetro*. Es un dispositivo que permite realizar el enfoque con una mayor precisión. A través del visor se ve una imagen del objeto y a través de un prisma se observa otra imagen del mismo objeto. Se mueve el prisma hasta hacer coincidir ambas imágenes y así el enfoque estará conseguido de un modo más preciso.

II.1.2. Cámaras para fotografía aérea

Aunque, como veremos, para la fotografía aérea también se utilizan cámaras con el eje óptico horizontal y oblicuo, en la mayoría de los casos son de eje vertical o, lo que es lo mismo, con el objetivo y el plano focal paralelo al terreno para la obtención de F.A. verticales. En estos casos, se procura que el ángulo que forme el eje focal con la vertical sobre el terreno no supere 1°; admitiéndose hasta 3°, pero con la necesidad posterior de realizar correcciones sobre el cliché, mediante un «transformador» o «enderezador» (no hay que confundirlos

con un «restituidor» que convierte la perspectiva cónica en ortogonal).

Las antiguas cámaras para F.A. no estaban dotadas de diafragma, pero actualmente los incorporan todas, aunque siguen sin poseer sistema de enfoque. Mediante el cambio de objetivos se pueden variar las distancias focales para tomar fotografías desde distintas alturas sobre el terreno, y así evitar, a baja altura, condiciones adversas como nubosidad o, a elevada altura, disparos antiaéreos en la aplicación militar. Las distintas alturas de vuelo permiten obtener imágenes con distintas escalas espaciales.

Los tiempos de exposición o abertura suelen oscilar entre 1/200 y 1/500 segundos.

La planitud y estiramiento de la película se suele realizar por vacío. Y generalmente se incorpora un sincronizador de la velocidad de paso de la película con la velocidad de vuelo del avión, ajustado según que se desee que el recubrimiento del terreno se haga sin solapamiento o con él y en qué medida.

Fig. II.3. *Película para F.A. vertical.*

Son cámaras de gran tamaño (aproximadamente 70 cm) y suelen superar los 70 kg de peso o los 110 kg si son de placas, por eso van colocadas sobre un sistema de suspensión.

Son de disparo automático regulado por el sincronizador y, por tanto, permiten ir instaladas en aviones monoplazas.

Las distancias focales más habituales son de 152 mm y 210 mm, que dan imágenes positivadas cuadradas de 18 x 18 cm y, sobre todo, de

23 x 23 cm. Estas últimas tienen ángulos de campo de entre 60º y 90º. También existen las de distancia focal de 85 mm (granangulares con ángulo de campo de 120º) y las de 610 mm (para teleobjetivos con ángulo de campo de 30º).

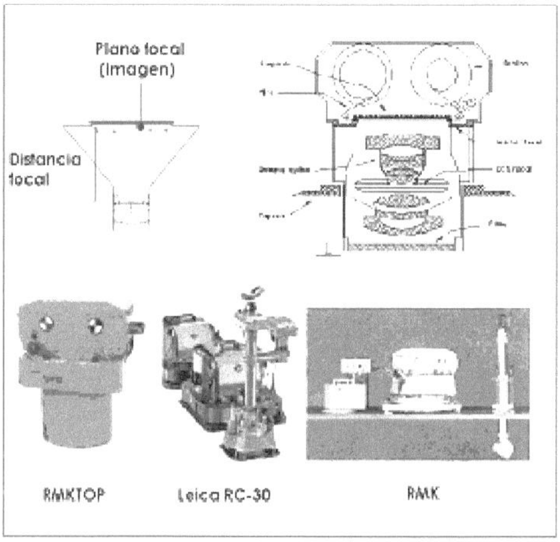

Fig. II.4. *Esquema de cámara fotográfica aérea vertical y algunas de las más habituales.*

En la base de sujeción de la cámara y delante del objetivo va colocado un marco sobre un armazón que contiene muchos elementos de información auxiliar del momento de la toma que son recogidos por la fotografía a la vez que la imagen del terreno.

Fig. II.5. *Marco de apoyo de la cámara con las marcas fiduciarias.*

La información recogida en el marco de apoyo de la cámara es muy variada en función de la época, el organismo que planificó el vuelo, la empresa, etc. Los elementos informativos principales y más habituales son las *marcas fiduciarias*; un *nivel* para deducir la verticalidad del eje óptico; *altímetro*; *reloj*; *distancia focal* (generalmente expresada en centésimas de milímetros); *número de orden* del fotograma dentro del carrete, etc. Otros datos se incorporan a la película después, en el momento del revelado, tales como *fecha*; nombre de la *zona*; piloto; *tipo de película*, etc.

II.1.3. Plataformas para cámaras de fotografía aérea

En el origen, tal como se vio, eran globos, cometas y cohetes, pero desde la primera década del siglo xx las plataformas fundamentales para las cámaras de F.A. son los aviones. En un principio se trataba de aviones normales que incorporaban una cámara portátil adosada al fuselaje; en la actualidad se diseñan aviones exclusivamente dedicados a este fin que incorporan internamente las cámaras y están dotados de piloto automático para mantener los rumbos; estroboscopio para mantener la altura; y giroscopio para la estabilidad del eje de vuelo del avión. Los mejores suelen estar manejados por una tripulación compuesta de un piloto, un navegante y un fotógrafo.

Los aviones más utilizados por empresas privadas en España son el Auster D, el Cessna 180 y el Piper Tripacer.

Fig. II.6. *Algunos tipos de aviones comerciales para F.A. vertical.*

Los aviones militares dedicados a la F.A. tienen mayores prestaciones y autonomías, como por ejemplo el He-111 que alcanza 300-350 km/h y altitudes de 7.000 metros, o el Aviocar (385 km/h y 8.500 m).

FIG. II.7. *Algunos tipos de aviones militares para F.A. vertical.*

Como es lógico, cuanto más alto es el vuelo más afectan a las imágenes las pequeñas desviaciones del eje óptico. Existen muchos otros tipos de aviones, como el reactor *Lear Jet modelo 25*, que alcanza 800 km/h y una altitud de 13.700 m, lo que le permite captar imágenes a una escala entre 1/60.000 y 1/90.000 y cubrir espacios de 260 km² cada minuto; o el norteamericano *SR-71 Blackbird* que alcanza velocidades supersónicas de hasta 4 veces la del sonido y altitudes de 30.000 metros y no es detectable por los radares; o el famoso espía, también norteamericano, *U-2*, que con cámaras de 914,4 mm de distancia focal capta imágenes a 20.000 metros de altura con una resolución de medio metro.

FIG. II.8. *Algunos de los más avanzados aviones militares para F.A. vertical.*

En la actualidad se utiliza el sistema GPS (Global Position System) para conocer la situación del avión sobre la superficie terrestre en el momento preciso de cada toma fotográfica y asegurar así que se ajusta al plan de vuelo.

II.1.4. EL ESPECTRO VISIBLE Y EL FOTOGRÁFICO

Según la teoría física corpuscular y ondulatoria la luz es una forma dinámica de energía, producida por la oscilación de una carga eléctrica atómica (el fotón) que se manifiesta solamente cuando en su movimiento interactúa con la materia. Por esto, la luz forma parte del grupo de ondas que emiten los cuerpos, de acuerdo a su naturaleza y composición atómica, y constituyen en su conjunto el campo completo de las radiaciones electromagnéticas: lo que se conoce como *espectro electromagnético*. Dentro de él se encuentran radiaciones visibles por el ojo humano y otras que no lo son; de ahí que convenga diferenciar el segmento comprendido entre las longitudes de ondas de entre 0,4 y 0,7 micrómetros, que se conoce como *espectro visible*, de otros segmentos, que trataremos con más detalle cuando veamos la parte dedicada a la teledetección, tales como el espectro de los rayos infrarrojos y el de las microondas. Para la fotointerpretación nos interesa conocer el segmento del espectro electromagnético que hace reaccionar químicamente al conjunto de emulsiones que forman las películas fotográficas, que son las que registran las diferentes intensidades y longitudes de onda de la luz, y que se conoce como *espectro fotográfico*. Éste comprende desde los *0,3 a los 3 micrómetros* de longitud de onda; es decir, que cubre mucho más que el segmento que es capaz de detectar el ojo humano e incluye, además, una parte pequeña del *espectro ultravioleta* (el que se conoce como ultravioleta próximo o ultravioleta que deja pasar la atmósfera, con longitudes de onda por debajo del color violeta visible); todo el *espectro visible*; y una pequeña parte del infrarrojo: el conocido como *infrarrojo reflejado, cercano o próximo*[114]. En 1873 Vogel creó una emulsión sensible a estos segmentos del espectro, aunque no fue utilizada hasta 1925 de un modo industrial. Realmente la mayor parte de las radiaciones que comprende el *espectro fotográfico* se corresponde con las ondas procedentes del Sol que reflejan los cuerpos, en una medida que está en función de su composición molecular y atómica. Una parte de la radiación la reflejan, otra parte la transmiten y otra la reemiten transformada. La fotointerpretación solo trabaja con las que son reflejadas por cada objeto terrestre dentro del *espectro fotográfico*, formando su *curva de reflectancia* (en teledetección también se utiliza la emitancia).

[114] El segmento del espectro infrarrojo fue descubierto en 1800 por William Herschel, investigador que también descubrió el planeta Urano y además asoció las distintas longitudes de radiación a los distintos colores.

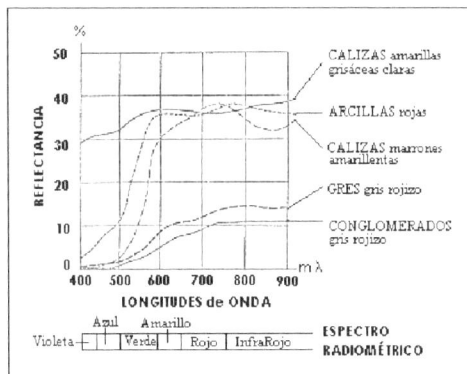

FIG. II.9. *Respuestas espectrales (reflectancia) en algunos tipos de roca.*

II.1.5. MATERIALES SENSIBLES A LA LUZ: PELÍCULAS Y FILTROS

La luz hace reaccionar químicamente a ciertas sustancias. En esto se basa el uso de un soporte semirrígido o *película de celuloide impregnada de una capa de gelatina* con *cristales microscópicos incrustados de bromuro de plata* u otro material fotosensible por una cara, y por la otra cubierta de una materia opaca (el *antihalo* que impide la aparición de reflejos de luz internos de la cámara). Según la distinta intensidad de la luz que recibe se ennegrecen proporcionalmente los pequeños cristales de bromuro, resultando zonas de intensidad variable entre el blanco total y el negro total. Las diferencias internas forman la imagen negativa o *negativo*[115].

Así pues se producen dos fases: por una parte, aquella en la que la imagen aparece con tonos no coincidentes con la experiencia visual (imagen negativa) y, por otra, en la que se invierten los tonos a aquellos coincidentes con la experiencia visual del ojo humano (imagen positiva).

En relación al material fotosensible conviene diferenciar algunos conceptos y características:

[115] Lo más luminoso y brillante del objeto fotografiado aparece más negro en la película y las partes más oscuras del objeto aparecen más claras y blancas en la película.

– *Sensibilidad*. Depende de la *velocidad de impresión de la película*. Tal velocidad está en relación con el tamaño de los microcristales: las lentas son de cristales muy pequeños o *grano fino* y permiten grandes ampliaciones, pero necesitan mucho tiempo de exposición. La sensibilidad se indica mediante un número que está en relación directa a la velocidad de exposición o sensibilidad (cuanto mayor es dicho número indica que la película es más rápida o sensible). Existen distintas escalas de medida de la sensibilidad según distintos sistemas sensitométricos:

• El sistema ASA (American Standard Association de USA) es una escala *aritmética* de sensibilidad (lentas: 10-20 ASA; medias: 25-160 ASA; rápidas: 200-400 ASA; y ultrarrápidas de grano muy grueso: 500-2.000 ASA).

• El sistema DIN (Deutsche Industrie Norme de Alemania) es una escala *logarítmica*.

• El sistema BSI (British Standard Institute de Gran Bretaña).

• El sistema ruso GOST.

• Etc.

Se denominan películas *duras* aquellas que son *lentas* y producen mucho contraste entre los blancos y los negros; *suaves* aquellas rápidas que producen pocos contrastes; y *normales* las de velocidad y contraste medios. Las más utilizadas en F.A. son las comprendidas entre 17-27 DIN.

– *Escala cromática*. Es la relación entre los colores, sus longitudes de onda y la distinta sensibilidad del ojo humano a cada uno de ellos.

La gran diferenciación en cuanto a las películas es que se agrupan en dos grandes tipos: (1) blanco y negro; y (2) color.

(1). Las de *blanco y negro* con una sola capa sensible.

Se diferencian:

1a. Las *ortocromáticas*, que cuando se inventaron en 1930 eran sólo sensibles a la parte más alta del espectro visible, es decir, al violeta y al azul (el verde, rojo, amarillo y naranja aparecían negros en el positivo) y a las que posteriormente se agregaban colorantes.

1b. Las *pancromáticas*, que recogen todo
el espectro visible y son sensibles a
los 3 colores básicos (azul, verde y
rojo), convertidos en distintos niveles
de gris, aunque el verde y el rojo se
confunden en el nivel de gris y el tono
blanco no es puro. Para evitar estos
inconvenientes se utilizan los filtros de
colores.

1c. Las de *infrarrojo próximo*, muy utilizadas para detectar la vegetación, porque ésta refleja mucha radiación en el
IR cercano o reflejado.

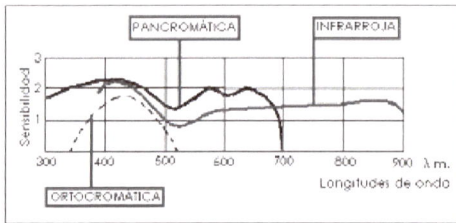

Fig. II.10. *Curvas de sensibilidad de los tres tipos fundamentales de película fotográfica en
blanco y negro.*

(2). Las de *color* con 3 capas de emulsiones
separadas que son sensibles al verde, al rojo y al
IR próximo las películas infrarrojas; y al azul, al
verde y al rojo las normales. En este grupo de
películas se diferencian:

2a. Las de *color natural* o normal.

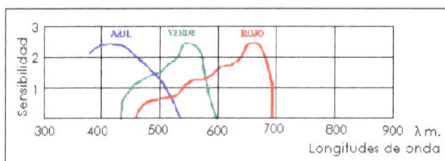

Fig. II.11. *Curvas de sensibilidad de película fotográfica de color natural.*

2b. Las de *falso color* o *infrarrojas*, también muy utilizadas para estudios de
vegetación. En estas últimas los colores verdes de la naturaleza se convierten en azules, y aparece en color rojo
el infrarrojo y, por tanto, la vegetación.

Se utiliza mucho para captar los camuflajes militares.

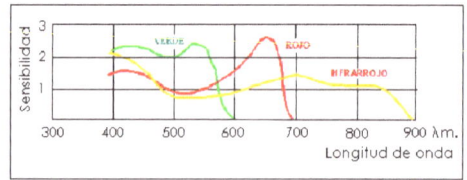

Fig. II.12. *Curvas de sensibilidad de película fotográfica de falso color o infrarroja.*

– Los *filtros* cumplen la función de resaltar
unas longitudes de onda y atenuar o eliminar otras. Son vidrios planos que están
coloreados de un modo homogéneo; de
modo que dejan pasar los rayos de su propio color y absorben los complementarios,
eliminando algunos componentes de la luz
blanca. Entre los más utilizados está el
amarillo que elimina la dispersión azul o
bruma que produce el vapor de agua
atmosférico (se llaman fotografías «panmenos azul»). Los de ultravioletas no dejan
pasar estas radiaciones y pueden utilizarse
para las películas en color. Los de infrarrojos sólo dejan pasar estas radiaciones por
debajo del rojo. Y los polarizantes no
dejan pasar los reflejos. Los filtros verdes
acentúan la gama de grises de la vegetación. Los rojos se utilizan para F.A. tomadas a gran altura porque absorben el ultravioleta, el azul y casi todo el verde. Los
ultravioletas reflejados se utilizan para
detectar manchas de petróleo en el mar.

Los filtros de infrarrojo son de dos tipos:
a) Si absorben todo el espectro menos el
infrarrojo cercano o reflejado dan las que
se denominan «fotografías infrarrojas verdaderas».
b) Si solo filtran el rojo se conocen como
«fotografías infrarrojas modificadas».

Las películas más utilizadas son las de rollo
de 24 cm de ancho y entre 120-200 metros de
largo que permiten obtener del orden de 500 a
900 fotografías consecutivas.

Fig. II.13. *Filtros para cámaras de F.A. vertical.*

II.2. LAS FOTOGRAFÍAS AÉREAS. Aspectos geométricos, ópticos e informativos

II.2.1. Tipos de fotografías aéreas en función de la situación del eje óptico de la cámara

En función de la posición de la cámara respecto a la superficie terrestre, es decir, del ángulo de toma del objetivo, se distinguen las fotografías entre:

– *Verticales.* Cuando el eje óptico de la cámara coincide con la vertical del lugar fotografiado. Si su coincidencia es absoluta (0º de inclinación del eje respecto a la vertical del terreno en el punto central de la zona captada) suelen denominarse *fotografías nadirales.* Si esta coincidencia no es absoluta puede deberse a los movimientos del avión (cabeceo, alabeo e inclinación) en los momentos de cada toma. Suelen realizarse barridos por bandas con rumbo N-S o, sobre todo, E-W.

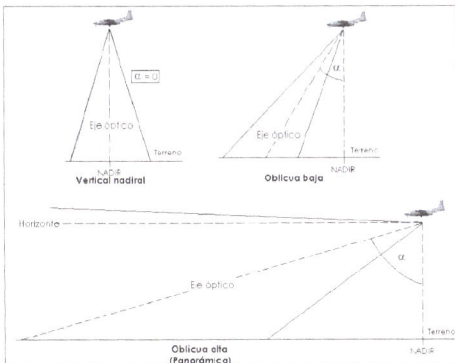

Fig. II.14. *Tipos de fotografías según la situación del eje óptico: verticales nadirales, oblicuas bajas y panorámicas.*

– *Oblicuas.* Son las realizadas con un cierto ángulo respecto a la vertical (normalmente comprendido entre 10º y 30º). Si el ángulo supera los 10º, pero no llega a permitir captar el horizonte, se denominan *fotografías oblicuas bajas.* Cuando superan los 45º, y aparece la *línea del horizonte* en la imagen, se denominan *fotografías oblicuas altas* o *panorámicas.* Las desventajas de las oblicuas respecto a las verticales es que son de peor calidad y la escala decrece rápidamente hacia los bordes, lo que produce mayores errores de proyección.

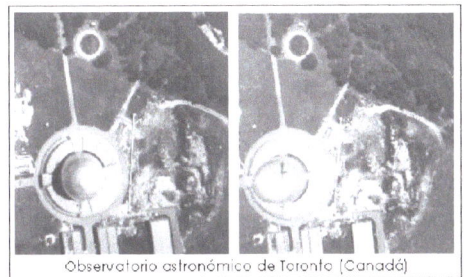

Fig. II.15. *A la izquierda toma vertical nadiral. A la derecha, toma oblicua baja.*

– *Trimetrogon.* Se trata de una fotografía especial compuesta de una *vertical central* y *dos oblicuas altas laterales,* captadas simultáneamente con una cámara triple. Esta fotografía aérea suele tener una escala de 1:40.000 y el tamaño de la foto resultante suele ser estándar (23 x 23 cm). Sus ventajas residen en el menor coste del vuelo al cubrir mayor espacio con un número menor de pasadas; también son menos exigentes en las condiciones de la navegación del vuelo y por tanto más baratas de adquirir. Pero tienen como grandes inconvenientes el que su calidad es muy inferior a las de tipo vertical y que la variación de escala es tan grande que las hace inservibles para trabajos fotogramétricos de precisión. Suelen utilizarse para los trabajos previos de inspección de grandes áreas con el fin de elegir zonas concretas para reconocimientos posteriores más detallados con fotografías verticales.

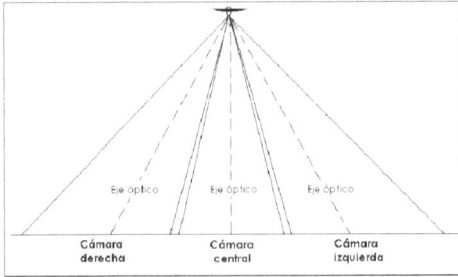

FIG. II.16. *Trimetrogon.*

II.2.2. TIPOS DE FOTOGRAFÍAS AÉREAS EN FUNCIÓN DE SU ESCALA MEDIA

Las fotografías aéreas se realizan a distintas escalas, generalmente menores de 1:10.000, aunque a veces de un modo excepcional se obtienen a mayores. La escala media de la fotografía está en función de la altura del vuelo a la que ha sido tomada y de la configuración del terreno, en cuanto a su mayor o menor anfractuosidad.

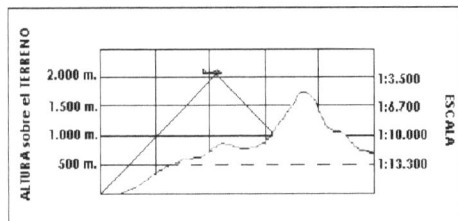

FIG. II.17. *Variación general de la escala según la altitud del terreno.*

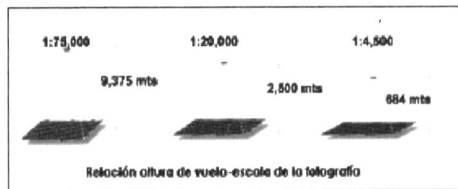

FIG. II.18. *Variación de la escala según distintas alturas de vuelo.*

Su variedad es grande según el tipo de estudio al que van a ser dedicadas:

– Para *reconocimiento general* suele estar entre 1:50.000 y 1:80.000.
– Para estudios de *semidetalle*, 1:40.000 a 1:30.000.
– Para estudios de *detalle*, 1:20.000 a 1:10.000.
– Para estudios de *gran detalle*, >1:10.000.

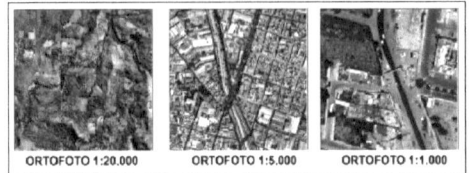

FIG. II.19. *Resolución visual a distintas escalas.*

Cuando la fotografía aporta su escala como una información auxiliar más, se trata siempre de una escala media de la fotografía entre la del punto más elevado y la del menos elevado que han sido captados. Se calcula poniendo en relación la altura de vuelo sobre cada uno de dichos dos puntos y la distancia focal de la cámara:

$$E = \frac{H - h \text{ (mm.)}}{f \text{ (mm.)}}$$

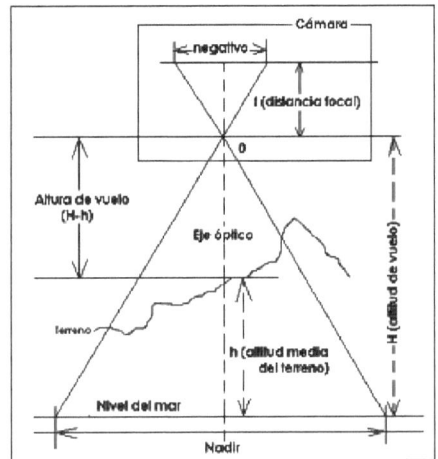

FIG. II.20. *Parámetros para el cálculo de la escala media de la fotografía aérea vertical.*

Por ejemplo, si disponemos de una zona foto-grafiada de un terreno, cuya cota máxima es 1.200 m y la cota mínima es de 400 m, desde una altitud de vuelo de 5.000 metros con una cámara con distancia focal f = 135 mm; se puede calcular la escala máxima, la mínima y la media en la fotografía, respecto a dicha alti-tud de vuelo que será la misma en toda la foto-grafía (no confundir con altura de vuelo que estará en función de las altitudes del terreno):

– *Escala máxima:*

$$= \frac{5.10^6\, mm - 1,2.10^6\, mm}{135mm} = 1:28.148$$

– *Escala mínima:*

$$= \frac{5.10^6\, mm - 0,4.10^6\, mm}{135mm} = 1:34.074$$

– *Escala media:*

$$= \frac{5.10^6\, mm - 0,8.10^6\, mm\, (media = \frac{1.200 + 400}{2})}{135mm} = 1:31.111$$

II.2.3. Tipos de fotografías aéreas verticales en función de su formato, tamaño y vuelo

La gran mayoría de las F.A. verticales son de formato cuadrado, variando su tamaño en fun-ción de la distancia focal de la cámara. Como ya se dijo, el más habitual es el formato 23 x 23 cm para distancias focales en torno a los 152 mm, pero también es normal encontrar las de 18 x 18 cm para distancias focales entre 100-114,5 mm. Existen también las de películas multibanda con formato variable.

Por el recubrimiento del terreno que recogen pueden ser *simples* o *aisladas*, y en *series* mediante *bandas* o *fajas* con las que se pueden montar *mosaicos fotográficos*.

En España están clasificadas por series de *vuelos*:

Vuelos de la Primera serie:
– *Vuelo A.* (americano). De una escala apro-ximada de 1:44.000. Fotogramas de 23 x 23 cm. Cada hoja del MTN50 se cubre con unas 20 ó 30 fotografías de este vuelo que cubre toda la Península y Baleares. Su inconveniente es que hay bastantes zonas de la Península cubiertas por nubosidad.
– *Vuelo B.* (americano). De una escala apro-ximada de 1:30.000; también en fotos de 23 x 23 cm. Cada hoja del MTN50 se cubre con unas 40 ó 50 fotografías de este vuelo que también cubre toda la Península y Baleares.
– *Vuelo C.* (americano). De una escala apro-ximada de 1:44.000; asimismo en fotos de 23 x 23 cm, como las del primer vuelo, pero con menos zonas cubiertas de nubes.

Vuelos de la Segunda y Tercera serie: (español). A una escala variable entre 1:10.000 y 1:30.000, en fotos de 18 x 18 cm. (Algunos autores también denominan a los vuelos españoles vuelos C y D porque no consi-deran el primer vuelo americano, debido a la baja calidad general de éste)

Vuelos de la Cuarta serie: (español). También de escala variable en fotografías de 23 x 23 cm.

II.2.4. La información auxiliar incluida en los márgenes de la F.A.V. (Fotografía Aérea Vertical)

Sirve para tener una referencia exacta de las condiciones y los medios de obtención de las fo-tografías aéreas. Varía de unos organismos a otros y de unas empresas de fotografía aérea a otras, pero fundamentalmente comprenden:
– Las *marcas fiduciarias* o *muescas de con-trol* que suelen tener forma de puntas de flecha, cuadrados o solapas pequeñas con cruces, triángulos, etc. En unos casos mar-can el punto medio de cada lado del marco de la fotografía, en otros los vértices del marco y en otros ambos. Sirven para localizar exactamente el centro geométrico o punto central de la imagen; lo que resul-ta muy importante porque coincide con el nadir perpendicular desde el terreno al plano focal.
– El *número* de la fotografía dentro del plan general de vuelo.

– El *rollo* de película al que pertenece.
– La *fecha* de la toma.
– La *hora exacta*, generalmente la local del lugar fotografiado e indicada mediante un reloj.
– La *distancia focal* calibrada de la cámara en milímetros o pulgadas.
– Un *nivel* indicador del grado de *verticalidad* de la imagen.
– Un *altímetro* que indica la altitud del avión (en pies –feets– o metros) en el momento de la exposición fotográfica.
– *Tipo de lente* del objetivo.
– El *equipo de personas* que realizaron el vuelo (capitán, navegante, fotógrafo, etc.).
– Etc.

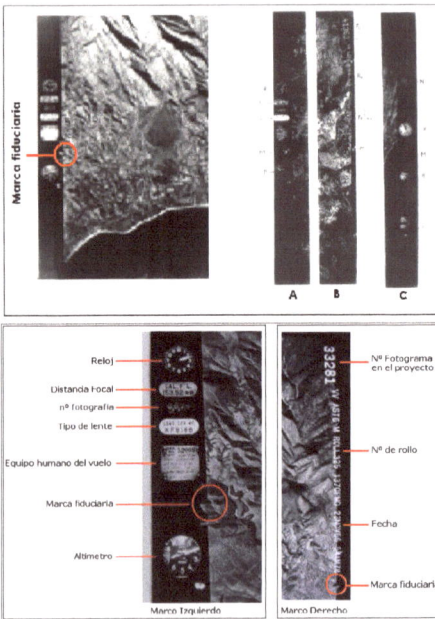

FIG. II.21. *Variedad de informaciones auxiliares de los marcos, según el vuelo. Detalle de los marcos laterales del vuelo americano 1956-57.*

la fecha; la escala media aproximada; la hoja del MTN a la que pertenece la imagen; la pasada dentro del vuelo; o el nombre del piloto y la empresa u organismo que las ha realizado o encargado; etc.

FIG. II.22. *Claves de la información auxiliar de los dos vuelos americanos (A y B) –izquierda– y del interministerial español (vuelo C) –derecha–.*

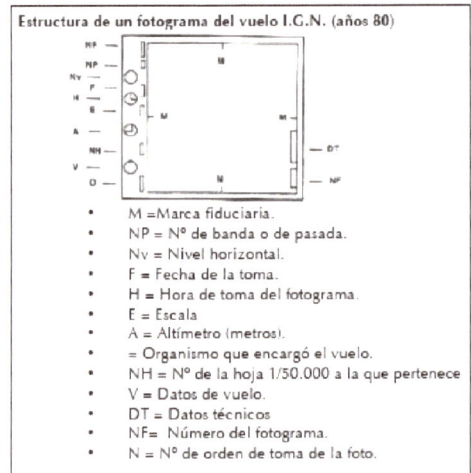

FIG. II.23. *Claves de la información auxiliar del vuelo español D realizado por el Instituto Geográfico Nacional en los años 80.*

Estas informaciones suelen recogerse simultáneamente al momento de captura de la imagen, pero algunas se incorporan en el momento del revelado del rollo en el laboratorio, como

II.2.5. LA ORIENTACIÓN DE LAS FOTOGRAFÍAS AÉREAS VERTICALES (F.A.V.)

La mayoría de los vuelos generales se han realizado en España en bandas con orientación Este-Oeste y viceversa; por lo que el Norte geográfico suele estar situado, bien en el marco superior de cada fotografía o en el inferior, dependiendo del sentido del vuelo de cada pasada (E-W u W-E). Con carácter general, una vez conocida la fecha, la hora y la zona geográfica que cubran las imágenes, se debe orientar el Norte según la dirección hacia la que se proyectan las sombras: en España las sombras a mediodía se orientan hacia el Norte, más o menos largas según se trate de una fecha de invierno o de verano. Como se puede apreciar en la práctica, si se colocan las fotos verticales con las sombras hacia el lado contrario del que se sitúa el analista para mirarlas con el estereoscopio se produce un curioso efecto visual, conocido como *pseudoscopía* o de *relieve inverso*, por el que las áreas más elevadas se observan más deprimidas y, por el contrario, las más bajas aparecen visualmente como las más altas. De manera que conviene, desde luego según la zona que cubra la fotografía (hemisferio Norte o Sur) pero en nuestras latitudes sobre todo, que el observador se sitúe del lado del marco Sur de la fotografía; y en el caso de fotografías estereoscópicas de España que las sombras no estén situadas entre los objetos que las producen y el observador.

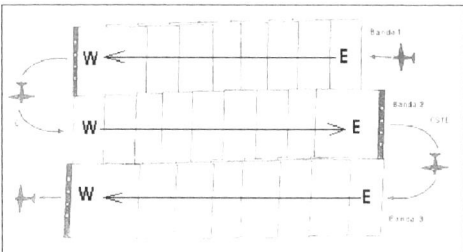

FIG. II.24. *Los sentidos de las pasadas de vuelo hacen que en unas fotografías el Norte esté situado en el lado superior del marco y en otras en el inferior.*

En un resumen de lo tratado hasta aquí, pueden agruparse los *tipos de fotografías aéreas*, dependiendo del criterio clasificatorio empleado:

1. Geométrico
   – Verticales.
   – Oblicuas: bajas y panorámicas.
   – Trimetrogonométricas.

2. Proyección o perspectiva
   – Normal o cónica: tal como es captada por la cámara, con deformaciones radiales desde el centro de la imagen de un modo progresivo hacia la periferia de la misma.
   – Ortofotografía u ortofotoplano: una vez corregida la normal o cónica a una proyección perpendicular u ortográfica.

3. Cámara
   – Cartográficas o métricas, enfocadas permanentemente al infinito (las de mayor tamaño). Empleadas sobre todo para cartogrametría.
   – De reconocimiento (más pequeñas). Utilizadas sólo para fotointerpretación.
   – De exposición continua, sincronizadas o de disparo seleccionado.

4. Escala
   – De reconocimiento (escalas aproximadas 1:80.000 – 1:50.000).
   – Semidetalle (escalas aproximadas 1:40.000- 1:30.000).
   – Detalle (escalas aproximadas 1:20.000 – 1:10.000).
   – Gran detalle (escala >1:10.000).

5. Película
   a) Por el *segmento del espectro electromagnético* al que es sensible:
      – Ortocromática: sensibles a la parte alta del espectro visible (azul).
      – Pancromática y pan-menos-azul: sensibles a todo el espectro visible.
      – Infrarrojos: sensibles al infrarrojo cercano y un poco del medio.
   b) Por el *tono* al que es sensible:
      – Color.
      – Falso color.
      – Blanco y negro.

6. Por el formato y el vuelo general en España:
   – Vuelos americanos (1.ª Serie): (A y B).
   – Vuelos españoles (2.ª-4.ª Serie): (C y D), interministerial.

II.2.6. Las fotografías aéreas verticales: características básicas de los vuelos

Como se dijo, las fotografías aéreas verticales deben tener una desviación máxima del eje óptico respecto a la vertical del centro de la zona fotografiada menor de 3º. Por debajo de 2º el error que se produce puede ser considerado despreciable respecto a los propios errores geométricos, a los de revelado y a los de la película.

La toma de fotografías de un área geográfica se realiza de un modo sistemático, barriéndola por completo. Este barrido se hace por bandas. Las líneas centrales de vuelo de cada banda deben ser lo más paralelas posible entre sí. Al final de cada banda se invierte el sentido del vuelo. Por esto los márgenes de las fotografías están invertidos en dos bandas consecutivas. Generalmente la dirección de los vuelo es de E-W y viceversa, aunque a veces se realizan N-S y viceversa. El número de bandas necesarias depende de la escala de la fotografía que se desee y ésta depende, como se vio, de la altura de vuelo del avión y de la distancia focal de su cámara[116]. Como es lógico, se debe intentar que el rumbo y la altitud de vuelo que lleve el avión sean lo más constantes que sea posible para mantener la escala uniforme de los distintos fotogramas y para que no quede ningún sector sin fotografiar.

II.2.6.1. *El recubrimiento de las áreas fotografiadas*

Para evitar que por movimientos laterales del avión se puedan perder áreas que no aparezcan en ninguna fotografía se diseñan o planifican las líneas de vuelo rectilíneas, de modo que se solapen las bandas de un modo lateral. Este cabalgamiento lateral de las bandas adyacentes o *solapamiento transversal* suele ser de un 25% del total de cobertura de cada imagen. Por otra parte, y como más adelante se verá con más detalle, para conseguir el efecto de visión tridimensional o estereoscopía se cabalgan las imágenes consecutivas en un 60% de su cobertura, para que con todas las de una banda se puedan montar pares o tríadas estereoscópicas o asociaciones de dos en dos o tres en tres imágenes. Este *solapamiento longitudinal* debe ser como mínimo de la mitad de cada imagen (50%), pero lo más habitual es que sea del 60% ya mencionado. Si sólo se pretende realizar un mosaico fotográfico sin estereoscopía, bastará con un solapamiento longitudinal del 25% para cubrir con seguridad todo el territorio de la banda.

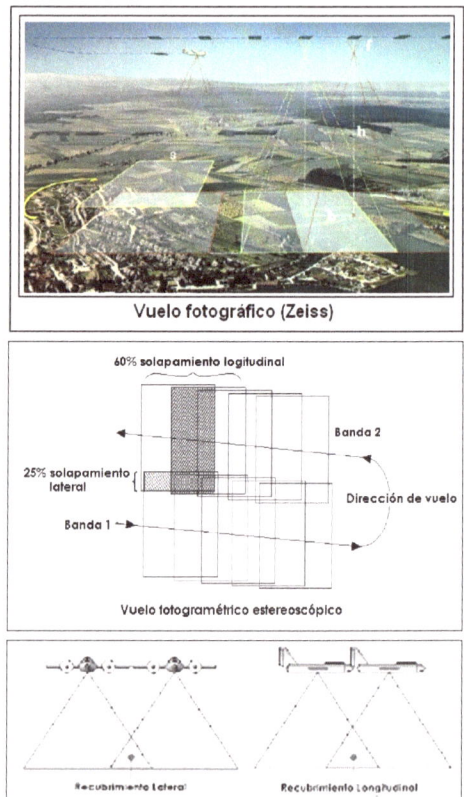

FIG. II.25. *Recubrimientos longitudinales y laterales en las tomas fotográficas de un vuelo.*

[116] Por ejemplo, si las fotos son de una escala aproximada 1:30.000 el número de bandas o pasadas para cubrir una hoja del MTN50 con 10 fotogramas por banda oscila entre 3 y 4; tantas como para conseguir el solapamiento necesario para la visión estereoscópica.

Con estos condicionantes de cubrimiento puede determinarse el número de fotografías necesarias, el intervalo entre ellas, el de bandas, etc. y planificarse perfectamente los vuelos.

* Cálculo del número total de fotos necesario:
$N = n \cdot k$;
Siendo **n** el *número de fotos de cada línea* o banda y **k** *el número de líneas o bandas* de cada vuelo.

* Cálculo del número de fotos por banda:
$n =$

$$n = \frac{X}{B_x} + 2$$

Siendo
– **X**: *Longitud del proyecto en kilómetros.*
– **B$_x$**: *Distancia entre cada dos puntos sobre los que se realizan dos fotografías consecutivas (F_1 y F_2) y se conoce como base aérea.*

Pero, además interesa que la escala sea lo más invariable posible, por lo que es necesario planificar también el resto de los parámetros de vuelo, como la *altura de vuelo* lo más constante posible (**H**) y la *velocidad de vuelo* para que los intervalos de tiempo entre disparos fotográficos también sean constantes y para que queden solapadas las fotografías longitudinalmente en un porcentaje de espacio determinado. Así:

$$B_x = 1\frac{(100 - S_x[\%]) \cdot H}{f_k} = 1\frac{\left(100 - \frac{S_x}{100}\right) \cdot H}{f_k};$$

$$y \quad S_x (\%) = \frac{r}{l} \cdot 100 \;;$$

Siendo – **l**: Longitud lateral de la fotografía aérea en mm.
– **S$_x$**: Solapamiento longitudinal entre dos fotografías consecutivas.
– **r**: Recubrimiento lineal o solapamiento longitudinal en las fotografías.
– **H**: Altura de vuelo en metros.
– **f$_k$**: Distancia focal en mm.

– **2**: Número de fotografías que se deben añadir a la zona de interés general: una a cada lado, para asegurar la visión estereoscópica también en ambos extremos de cada banda.

* Planificación y cálculo del número de pasadas necesarias:

$$K = \frac{Y}{B_y} + 2 \;;$$

$$B_y = 1\frac{(100 - S_y[\%]) \cdot H}{f_k} = 1\frac{\left(100 - \frac{S_y}{100}\right) \cdot H}{f_k};$$

$$S_y (\%) = \frac{r'}{l} \cdot 100$$

Siendo – **Y**: Ancho del proyecto en kilómetros.
– **B$_y$**: Base aérea transversal o distancia entre dos líneas de vuelo en metros.
– **l**: Longitud lateral de la fotografía aérea en mm.
– **S$_y$**: Solapamiento transversal entre dos fotografías adyacentes de distinta banda.
– **r'**: Recubrimiento lineal o solapamiento longitudinal en las fotografías.
– **H**: Altura de vuelo en metros.
– **f$_k$**: Distancia focal en mm.
– **2**: Pasadas o bandas de más que se deben añadir a la zona de interés general, una a cada lado, para asegurar el cubrimiento total y la ausencia de claros en los extremos superior e inferior de la zona.

Para asegurar el solapamiento longitudinal hay que tener en cuenta el intervalo de tiempo que debe transcurrir ente dos fotografías consecutivas que estará en función de la altura de vuelo (**H**), de la distancia focal (**f**), de la velocidad del vuelo (**v**) y del solapamiento longitudinal (**S$_x$**)

T (tiempo) = –función de– **f** (H, f, v, S$_x$) y se calcula:

$$t = \frac{B_x}{v}$$

II.2.6.2. *La base aérea y la base fotográfica o fotobase*

La *base aérea* es la distancia que recorre el avión entre cada dos puntos consecutivos del terreno sobre los que realiza respectivamente una fotografía. Esta distancia, como es lógico, es igual a la distancia lineal real existente entre dichos dos puntos. En función de la altura de vuelo y de la distancia focal de la cámara esta distancia es proporcional a la *base fotográfica* o *fotobase* que es la distancia entre el punto central del negativo de una fotografía y el punto que se corresponde en dicha fotografía con el *punto central* de la fotografía adyacente en el sentido longitudinal, que se conoce como *punto transferido*. Ambas bases son homólogas entre sí y se corresponden según la escala. Mediante la alineación de las fotobases de varias fotos

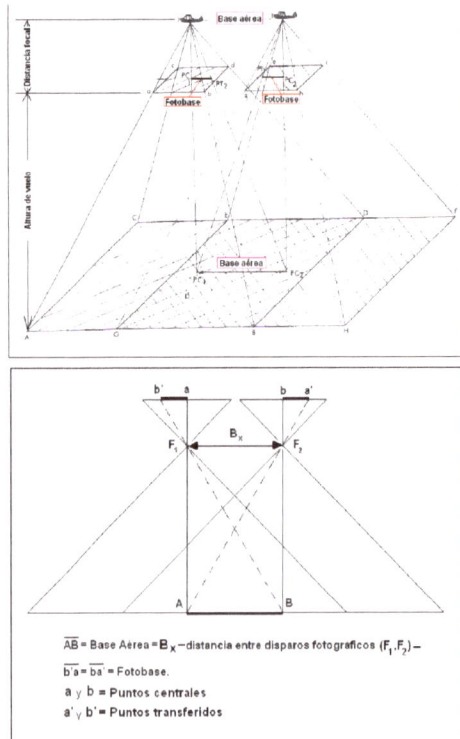

FIG. II.26. *Correspondencias entre fotobase y base aérea; y entre puntos centrales y puntos transferidos.*

aéreas se puede reconstruir la línea de vuelo en cada banda y pasar dicha línea de vuelo a un mapa de control.

– Propiedades de las fotografías aéreas verticales a tener en cuenta en la elección de los momentos de su captura:

Es evidente que por la perspectiva cónica se produce una desvirtuación o deformación radial creciente desde el centro hacia los bordes en cada foto. Por eso, en un sentido preciso y fotogramétrico, solo es útil la parte central de cada imagen (aproximadamente un 80% de toda la superficie de la fotografía).

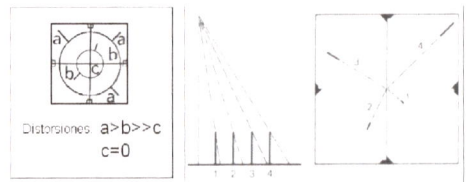

FIG. II.27. *Distorsiones radiales progresivamente crecientes desde el punto central de una fotografía aérea vertical.*

Por otra parte, para que la calidad sea buena, además de las condiciones de estabilidad del vuelo, que dependerán del estado dinámico de la atmósfera, es necesario considerar las condiciones de visibilidad, que también dependerán del estado higrométrico o contenido de humedad de la atmósfera; por eso, conviene elegir días de máxima transparencia y luminosidad para los vuelos, siendo la primavera y el comienzo del verano los momentos o épocas propicios y generalmente más idóneos. Además, si la cobertera vegetal es muy abundante conviene elegir el principio de la primavera o el final del verano para evitar la mayor intensidad y extensión del follaje que tape el suelo. Para los estudios hidrográficos suelen seleccionarse días de invierno sin nieve para evitar la existencia de follaje en los bosques de ribera, y la primavera para el estudio de manantiales, fuentes y acuíferos superficiales. También debe tenerse en cuenta el mejor momento del día: en la mayoría de los casos deberá evitarse la existencia excesiva de sombras que dificulten la visión. Entre las 10:00 y las 12:00 horas locales suelen ser las mejores, aunque a veces conviene realizar las fotografías en horas de sol caído, en momentos cercanos al amanecer o al atardecer, para acentuar las sombras y poder apreciar mejor los objetos de baja altura, como, por ejemplo, el monte bajo, los surcos de los campos de cereales, etc.

II.3. CONCEPTOS GEOMÉTRICOS BÁSICOS DE LAS F.A.V.

Mediante una terminología específica, los elementos geométricos utilizados en fotointerpretación se refieren a aspectos básicos de la fotografía aérea vertical; tal como aparecen en la figura II-20:

- *Altitud de vuelo* (H). Es la distancia vertical entre el avión y un nivel de referencia general cartográfico o datum vertical (el nivel del mar). Suele expresarse en pies o en metros y se obtiene con los *altímetros* mediante diferencias de presión atmosférica, o con sistemas de radar o de láser.

- *Altitud media del terreno captado* (h). Es la media de las altitudes de todos los puntos del terreno captados en cada exposición fotográfica. Solo se pueden obtener de fuentes ajenas a las propias imágenes fotográficas como, por ejemplo, los mapas topográficos.

- *Altura de vuelo* (H-h). Es la distancia vertical entre el objetivo o lente de la cámara fotográfica y el terreno en el momento de la exposición. Suele expresarse en metros y es una medida aproximada, porque resulta de la diferencia de la altitud de vuelo y de la altitud *media* del terreno.

- *Distancia focal* (f). Es la distancia de la línea perpendicular que une el centro del foco de la lente y el punto central del negativo de la película (plano focal). Suele expresarse en milímetros.

- *Eje óptico*. Es la línea ideal que, pasando por el centro del objetivo de la cámara y es perpendicular al plano de la película, se prolonga hasta el terreno. En las fotografías verticales nadirales corta al terreno en el nadir.

- *Punto central* (PC). Es el punto de intersección del eje óptico con la película o cliché. Una vez positivado el cliché, se corresponde con el punto central de la imagen.

- *Nadir* (N). Perpendicular al terreno. Es el punto en el que corta el eje óptico al terreno en el momento de la exposición cuando es totalmente vertical. Es el punto homologo en el terreno al punto central. Se consideran coincidentes cuando están desviados menos de 2º entre sí.

- *Resolución espacial*. Se expresa en líneas por milímetro. Es la capacidad de la imagen para poder diferenciar entre sí los objetos captados o las partes y detalles de las que consta cada uno. La resolución espacial se debe a la combinación de las características del tipo de lente del objetivo, del filtro utilizado y de la sensibilidad de la película y su grano.

- *Escala de la fotografía aérea vertical* (E). Es la relación existente entre los tamaños de los objetos y de las distancias entre ellos en el terreno, y las distancias y tamaños que tienen en la imagen fotográfica vertical. Depende de la distancia focal de la cámara y de la distancia desde la que fueron tomadas las imágenes. Como es una simple relación o proporción entre tamaños, para hallar la escala media de una fotografía basta dividir la distancia focal entre la altura de vuelo:

$$\frac{1}{E} = \frac{d}{D} = \frac{f}{H-h}$$

Siendo:

- $\frac{1}{E}$: Escala de la fotografía.

- **d**: Tamaño en la imagen o distancia medida sobre la fotografía.

- **D**: Tamaños reales de los objetos o distancias reales medidas sobre el terreno.

- **f**: Distancia focal de la cámara.

- **H**: Altitud de vuelo.

- **h**: Altitud del terreno. (H-h: Altura de vuelo).

Por lo tanto, cuando la altura de vuelo aumenta, la escala disminuye; y, por el contrario, cuando la distancia focal aumenta, la escala de la fotografía aumenta. Como las unidades de medida de la altitud de vuelo (por ejemplo, pies), de la altitud del terreno (por ejemplo, metros) y de la distancia focal (por ejemplo, milímetros) suelen ser distintas, hay que unificarlas para calcular la escala.

Los cálculos de la escala son válidos de un modo general para los terrenos llanos, pero si se tratan de terrenos accidentados la escala va variando de un punto a otro de la fotografía, porque va variando la altura de vuelo sobre cada uno de ellos. Por ejemplo, una culminación montañosa tendrá siempre una escala superior que una llanura situada a menor altitud o un valle próximo. Esta gran variación superficial de la escala es una de las mayores diferencias entre las fotografías aéreas y los mapas.

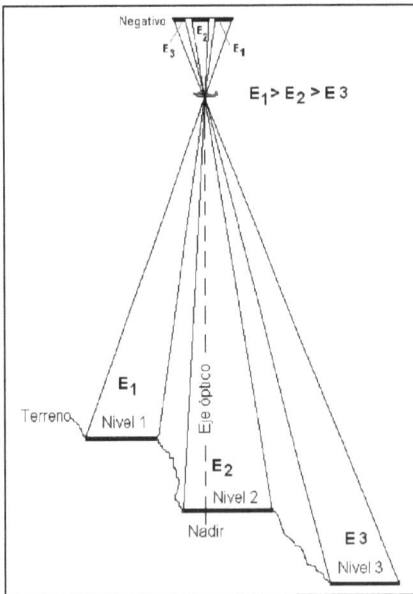

FIG. II.28. *Orden de variación de la escala en una misma fotografía aérea en función de la variación altitudinal del terreno.*

Con ayuda del mapa topográfico de la zona fotografiada es fácil calcular la escala en una zona concreta de la fotografía aérea:

$$\frac{1}{E}(\text{foto}) = \frac{b}{a} \bullet \frac{1}{E(\text{mapa})}$$

Siendo

– $\frac{1}{E}(\text{foto})$: Escala de la zona de interés en la fotografía.
– **b**: Distancia medida entre dos puntos en el mapa en dicha zona de interés.
– **a**: Distancia medida entre dichos dos puntos en la foto.
– $\frac{1}{E(\text{mapa})}$: Escala del mapa.

II.3.1. PERSPECTIVA CÓNICA CENITAL DE LA FOTOGRAFÍA AÉREA

El centro o punto de vista de la perspectiva es el centro óptico del objetivo de la cámara. Por eso, la proyección de los objetos y puntos que estén situados por encima o por debajo del plano medio de proyección estarán desplazados respecto al que tendrían en un sistema de proyección ortogonal, en el que todos sus puntos serían como el nadir de la proyección cónica de la fotografía aérea. Puede ser considerada la fotografía aérea un caso especial de proyección cónica en el que el plano de proyección no se interpone entre el vértice o punto de vista de la proyección y la superficie real a proyectar ni tampoco ésta se sitúa entre ambos, sino que es el punto de vista el situado entre el plano de proyección y el objeto a proyectar.

II.3.2. CARACTERÍSTICAS DE LOS DESPLAZAMIENTOS RADIALES EN LAS FOTOGRAFÍAS AÉREAS

Solo el nadir no sufre ningún desplazamiento radial porque tiene la misma proyección en un sistema cónico que en uno ortogonal. Estos desplazamientos serán mayores cuanto más alejados estén los puntos considerados del centro de la fotografía.

A mayor altura de vuelo, menor será el desplazamiento que sufre un objeto sobre la fotografía respecto a su situación en una proyección ortogonal.

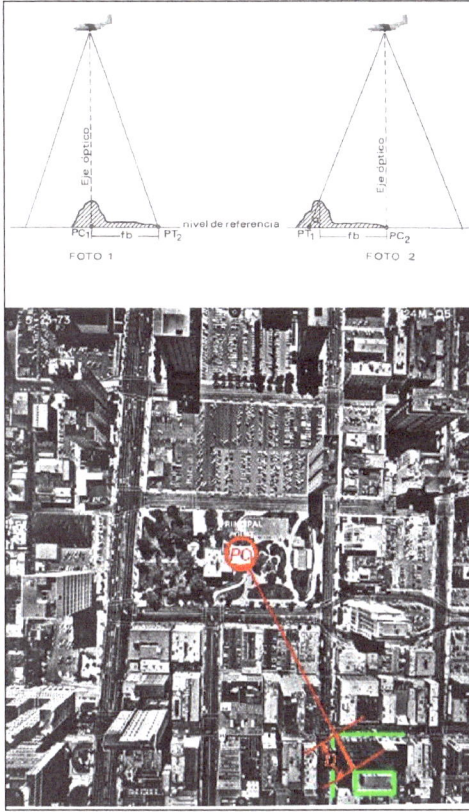

FIG. II.29. *Desplazamiento radial de un objeto en función de la distancia de la imagen del mismo al punto central de cada fotografía aérea vertical.*

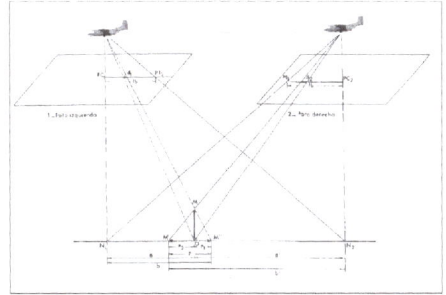

FIG. II.30. *Desplazamiento de las partes de los objetos en relación proporcional a su altura y su distancia al punto central de cada fotografía.*

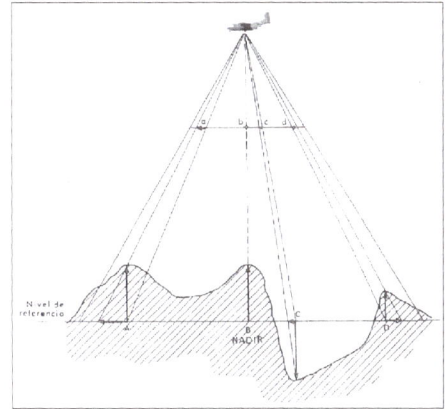

FIG. II.31. *Desplazamiento radial inverso de los relieves positivos y de los negativos.*

El desplazamiento radial de un objeto será proporcional también a su altura o dimensión vertical del mismo.

Respecto al nivel de referencia del terreno, los relieves positivos sufren un desplazamiento radial hacia el exterior desde el punto central de cada fotografía aérea; mientras que los relieves negativos sufren dicho desplazamiento radial hacia el centro de la misma.

Además de variar el sentido del desplazamiento, son mayores en el caso de los relieves positivos que en de los negativos, aunque tengan igual magnitud (altura o profundidad) y estén a la misma distancia rectilínea del nadir.

Todas estas características hay que tenerlas muy en cuenta cuando se trabaja sobre fotografías aéreas verticales.

II.3.3. CÁLCULO DEL DESPLAZAMIENTO RADIAL DESDE EL NADIR DEBIDO AL RELIEVE

Sea un objeto de una altura h (**AB**) situado en el terreno a una distancia d del nadir N (punto central), cuya proyección estará representada por **A'B**, siendo **D** el desplazamiento sufrido en la proyección de la parte alta del objeto **A**, con respecto a la posición que tendría si la proyección fuese ortogonal, y H_0 la altura de vuelo sobre el terreno:

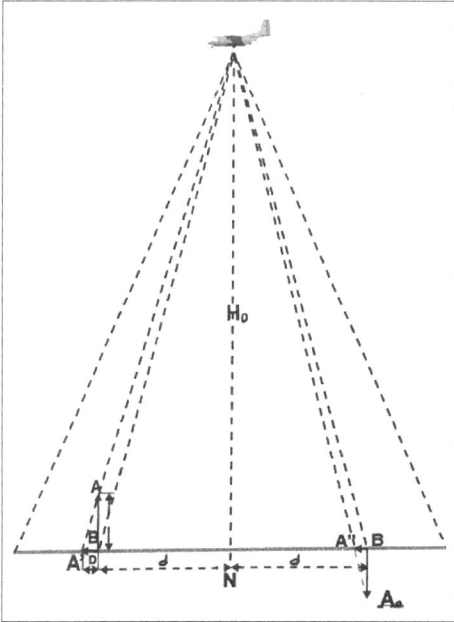

Fig. II.32. *Parámetros para el cálculo del desplazamiento radial.*

a) En el caso de que el objeto esté situado por encima del plano medio horizontal del terreno:

$$D = \frac{h.d}{H_0 - h}$$

b) En el caso de que el objeto esté situado por debajo del plano medio horizontal del terreno:

$$D = \frac{h.d}{H_0 + h}$$

c) En el caso de que la altura del objeto sea despreciable en comparación con la altura de vuelo:

$$D = \frac{h.d}{H_0}$$

– Despejando de lo anterior se procede al cálculo de la *altura de un objeto*:
  • Si el desplazamiento es hacia el exterior de la fotografía

$$h = \frac{D.H_0}{d + D}$$

  • Si el desplazamiento es hacia el interior de la fotografía

$$h = \frac{D.H_0}{d - D}$$

El exagerado desplazamiento radial de los objetos aislados como edificios, torres, árboles de los que sea visible su pie, etc., permite medidas bastante precisas de su altura, si se cumplen las siguientes condiciones:
  • Que el punto central pueda ser aceptado como nadir (inclinación del eje óptico menor de 2 grados).
  • Que la altura de vuelo sobre la base del objeto pueda ser determinada.
  • Que la base y el punto más elevado del objeto sean visibles.
  • Que el tamaño del desplazamiento radial sea tal que pueda ser medido con suficiente precisión.

Cumplidas esas condiciones, la altura del objeto puede ser determinada mediante la siguiente relación:

$$dh = \frac{dr \cdot Hr}{Dr}$$

Siendo:
  • **dr** = Longitud de la imagen desplazada (pie-punto más elevado del objeto).
  • **Hr** = Altura relativa de vuelo sobre el pie.
  • **Dr** = Distancia radial desde el punto central a la proyección del punto más alto del objeto.

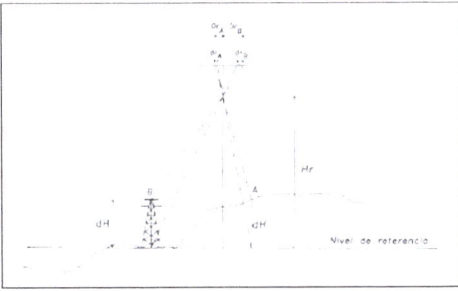

Fig. II.33. *Cálculo de la altura de los objetos en la F.A.*

II.4. La restitución de las fotografías aéreas

La restitución es la última fase de los trabajos de fotogrametría. Consiste en el conjunto de operaciones de transformación que se realizan sobre fotografías aéreas verticales con objeto de conseguir *ortofotos*. Es decir, fotografías en las que todos sus puntos tengan una *proyección ortogonal* y puedan ser superpuestas a mapas o permitan realizar medidas de un modo más preciso y directo. Con dichas operaciones sobre las fotografías aéreas verticales se pretende realizar correcciones de:

– Las distorsiones debidas a los desniveles del terreno.
– Las distorsiones debidas a las inclinaciones del eje óptico de la cámara por los movimientos de alabeo y cabeceo del avión que provocan el desplazamiento del punto central respecto del nadir de la fotografía.
– Los *desplazamientos radiales* de la imagen debido a su proyección de perspectiva cónica.

Las restituciones se realizan con aparatos y programas de ordenador diseñados para ello que se denominan *restituidores* o *estéreo-restituidores* que pasan desde una proyección cónica a una ortogonal a todos los puntos de las F.A.

Evolución de las tecnologías de la restitución:

1.º restituidores analógicos.

2.º restituidores analíticos.

Se basaban en los negativos y positivos de las fotos para realizar el proceso de restitución.

3.º restituidores digitales.

Los digitales realizan una copia digital de las fotos (escaneado) que divide en millones de puntos (píxeles) la foto.

En la tecnología fotogramétrica digital la extracción de la topografía y la formación de modelos digitales del terreno resulta muy automatizada y rápida.

Los digitales obtienen la geometría de la restitución directamente en formato digital, con lo cual la incorporación a los Sistemas de Información Geográfica no precisa de ningún paso de digitalización adicional. Pero es una metodología sujeta a ciertas restricciones de precisión: así, para levantamientos muy precisos (normalmente en el ámbito de la ingeniería civil) la resolución que la fotogrametría proporciona (sobre todo en el eje Z) no es suficiente, debiendo en esos casos recurrir a otros métodos más precisos como la topografía clásica.

Existen modelos automáticos y semiautomáticos, múltiplex, analógicos, analíticos, digitales, etc. De manera que en un proceso para el que hace años se requería mucha habilidad del técnico y mucho tiempo empleado, en la actualidad es rápido y fácil gracias a la utilización de los escáneres y los Sistemas de Información Geográfica. Con estos medios actuales se consiguen de un modo bastante directo modelos digitales de elevaciones y otros productos ortogonales.

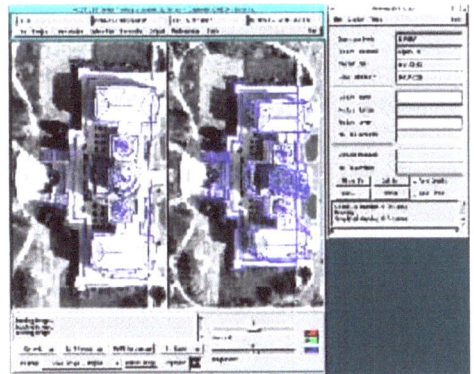

Fig. II.34. *Programa de ordenador para restituir fotografías aéreas a ortofotos.*

La restitución se basa en el recurso a una serie de puntos de control, fáciles de localizar por el analista en las fotografías aéreas, de los que se conoce su localización y situación (coordenadas *x*, *y*, *z*). A partir de estos puntos de control y mediante un sistema de funciones y ecuaciones matemáticas se restituye o recoloca el resto de los puntos de la fotografía de acuerdo a la nueva proyección.

II.5. LA VISIÓN ESTEREOSCÓPICA

II.5.1. FUNDAMENTOS DE LA VISIÓN ESTEREOSCÓPICA

La observación humana tridimensional o *estereopsis* (percepción de los volúmenes, distancias y profundidades de las cosas) se produce por la visión simultánea *(plopía)* de los objetos desde dos ángulos distintos, correspondientes a cada uno de los dos ojos, a causa de la separación existente entre sus pupilas (*distancia interpupilar* que ronda los 63 mm) y la coordinación mental de ambas visiones. Estos dos puntos de observación sobre un mismo objeto se fusionan en el cerebro y dan la sensación tridimensional que permite calcular mentalmente la distancia que nos separa de cada objeto, o realizar operaciones que si no resultarían imposibles con un solo ojo (enhebrar agujas, tocar la esquina de una mesa con la punta de un lápiz, etc.).

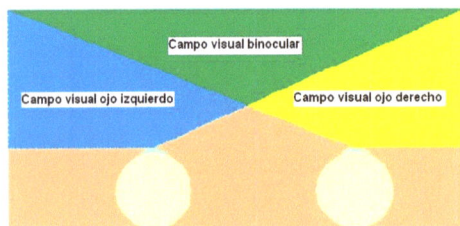

FIG. II.35. *Visión estereoscópica natural humana.*

La mayor perfección en el cálculo de distancias basado en la *estereopsis* se da en los objetos situados a una distancia de nuestros ojos similar a la longitud de nuestros brazos y manos. Esta propiedad de la visión humana, de la que no se conocen aún muy bien sus causas fisiológicas (área fusional de Panum en cada retina), es la que se aprovecha en fotointerpretación, mediante el simple artificio de realizar

fotografías de un mismo espacio desde posiciones distintas según el avance de un vuelo de avión, y de la utilización de los estereoscopios para su visualización.

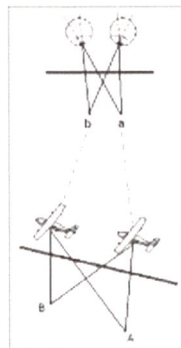

FIG. II.36. *Artificio para la visión estereoscópica de las fotografías aéreas verticales.*

Por lo tanto es necesario un número mínimo de dos fotografías consecutivas, que es lo que se conoce como *par estereoscópico*, en una misma línea de vuelo que cumplan las siguientes condiciones ya expuestas:

– Que las fotografías del par sean de igual escala o muy aproximada entre sí.
– Que el solapamiento longitudinal entre ellas cubra un 60% del terreno para que se acerque en las fotografías a la distancia interpupilar media de 63 mm.
– Que el rumbo del avión haya sido lo más constante posible para que una foto no quede excesivamente girada respecto a la otra.
– Que la verticalidad del eje óptico de la cámara en el momento de la exposición de cada una no supere un ángulo mayor de 2°.

Para poder ver una fotografía completa de un modo tridimensional hay que disponer de la foto anterior y la posterior de la serie, es decir, contar con lo que se denomina una *tripleta estereoscópica*.

El desplazamiento del avión hace que cada imagen contenga *un punto central y dos transferidos* que se corresponden con los puntos centrales de la foto anterior y de la posterior. La distancia entre cada punto central y los dos transferidos es la *fotobase*. Si el punto central y el transferido no tienen la misma cota, la fotobase será distinta en las dos fotografías debido al desplazamiento radial del relieve, siendo mayor en la foto en la que el punto transferido tenga mayor cota.

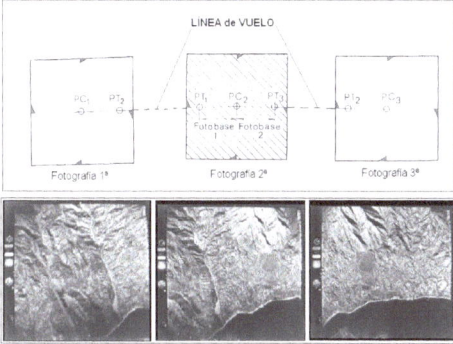

Fig. II.37. *Tripleta estereoscópica.*

La línea que une el punto central y los dos puntos transferidos es la *línea de vuelo*; si ésta aparece quebrada significa que el avión no llevó un rumbo constante durante la toma de la tripleta.

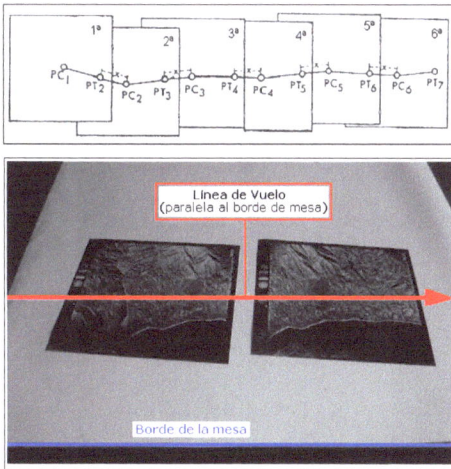

Fig. II.38. *Línea de vuelo no rectilínea en un montaje de seis fotografías consecutivas. Línea de vuelo en un par estereoscópico.*

Recapitulando, las condiciones mínimas que debe cumplir la tripleta estereoscópica son:

a) *Respecto a la captura de las imágenes.* El rumbo del avión debe ser constante y la altura de vuelo uniforme. La verticalidad de la cámara durante el momento de la exposición debe ser máxima (no superior a 2°). El solapamiento debe cubrir un 60% del terreno fotografiado.

b) *Respecto a las propias fotografías.* El par estereoscópico debe ser de la misma escala o muy parecida. Las distorsiones debidas al relieve deben ser pequeñas.

c) *Respecto al observador o analista.* Las fotos deben estar bien colocadas. Con la distancia adecuada entre ellas y la línea de vuelo siempre paralela al eje del estereoscopio.

II.5.2. La visión estereoscópica sin aparatos

La *plopía* o visión simple de un objeto con los dos ojos puede permitir, mediante práctica visual, llegar a la visión tridimensional de un par de fotografías sin el recurso a un estereoscopio. Esto se llega a conseguir acostumbrando a la vista a variar el plano de enfoque.

Por ejemplo, si colocamos verticalmente un lapicero a unos 20 cm de distancia de los ojos, y se enfoca la vista al horizonte por detrás del mismo, la imagen se desdobla en dos, una correspondiente a cada ojo; es decir, tendremos una visión doble del lápiz. Si en lugar de uno colocamos dos lápices, separados entre sí unos 10 cm, y repetimos el ejercicio visual obtendremos una visión de cuatro imágenes (dos por cada lápiz). Acercando lentamente uno al otro entre sí los dos lápices a la vez, las dos imágenes centrales (de las cuatro) se funden en una sola que ya aparece tridimensional: a la vista aparecen tres lápices y el central en relieve.

El mismo ejercicio puede realizarse alineando dos fotos de un par estereoscópico, de manera que quede reproducida la línea de vuelo, situándolas a 20 cm del observador y enfocando la vista a un objeto imaginario por detrás del conjunto: cada foto se desdoblará en dos. Variando la distancia a la que está el punto imaginario posterior; es decir, variando el plano de enfoque, acercándonos y alejándonos de las fotos, se logrará que se fundan en una sola imagen con sensación de relieve. Este ejercicio produce un gran cansancio visual.

II.5.3. EL ESTEREOSCOPIO Y SUS TIPOS

Lo que realmente interesa es que los rayos ópticos, según los cuales se perciben los distintos puntos de la foto, formen desde el ojo el mismo ángulo que formaron antes con el foco de la cámara. Como la distancia focal suele estar en torno a 15 cm (153 mm) suele coincidir con la distancia de enfoque normal de los ojos con lentes de doble aumento. Esto será lo que se busque con el estereoscopio.

El aparato que facilita la colocación de los ojos paralelamente al plano de la mesa, separa la visión de cada uno sobre cada una de las fotografías de un modo independiente e incluso amplifica o acerca las fotos es el *estereoscopio*, inventado por Wheatstone en 1838[117]. Este artificio facilita mucho la operación de coordinar mentalmente la visión simultánea de dos fotografías de un mismo objeto tomadas desde ángulos distintos y permite aguantar durante más tiempo la visión tridimensional porque cumplen 3 funciones:

a) Limitar el campo visual de cada ojo a una única foto del par.

b) Ver las fotos a una distancia similar a la distancia focal.

c) Aumentar el tamaño de los objetos de la imagen.

Según las circunstancias del observador se requieren un tipo u otro de estereoscopio de los varios existentes:

1. Los de *lentes* o de *campo*.
2. Los de *espejos y prismas*.
3. Los de *cuádruple visor* (por ejemplo, el Wild-TSP1 o el Geoscope).
4. Los *PC-estereoscopios* (por ejemplo, el PC-scope).
5. Los *estéreo-restituidores* (por ejemplo, el Wild-ST4).

[117] En 1849 David Brewster construyó la primera cámara con dos objetivos separados entre sí para obtener fotos estereoscópicas.

– *Los estereoscopios de campo*

Es el tipo de óptica más simple, más barato, de pequeño tamaño y fácil transporte por lo que suele utilizarse en los trabajos de campo. Sus inconvenientes son que fuerzan a adoptar posturas del cuerpo incómodas porque sólo levantan 10 cm desde la mesa; el campo visual es pequeño, lo que obliga muchas veces a montar unas fotos sobre otras y dificultan las anotaciones sobre el papel transparente de acetato (no cabe un lápiz o un rotulador debajo del estereoscopio). Están dotados de dos lentes de 1,5 a 2 aumentos con una separación entre ellas en el mismo plano, que en unos casos es fija (aproximadamente 63 mm) y en otros ajustable a la distancia interpupilar del observador.

FIG. II.39. *Estereoscopio de campo*.

– *Los estereoscopios de espejos, de lentes de aumento y de prismas*

Tienen más aumentos que los anteriores y a veces son ajustables. Permiten la buena visión de fotografías obtenidas con cámaras de mayores distancias focales porque facilitan una mayor separación de las lentes de la mesa, gracias al sistema de prismas y espejos, y permiten, por lo tanto, separar más las fotografías de los visores. A veces tienen una distancia interpupilar ajustable.

En función de su calidad pueden servir para realizar restituciones, o trabajar sobre las pantallas de un monitor de ordenador. Los más sencillos, además de las lentes de aumento, tienen unos prismas de reflexión constituidos por espejos que, al permitir aumentar la separación de las fotos entre sí encima de la mesa y con ello el campo visual, facilitan la visión estereoscópica simultánea de toda la zona de solapamiento. Los rayos ópticos son paralelos, prolongados en su trayectoria, lo cual aminora el cansancio visual. Estos tipos de estereoscopios dejan espacio suficiente entre las fotos y los visores para introducir lápices y rotuladores, y así realizar anotaciones y señalar límites sobre el papel de acetato transparente que se coloca sobre las fotografías.

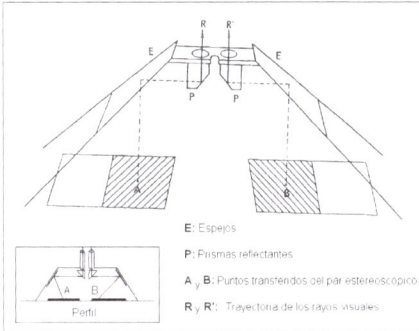

FIG. II.40. *Esquema de estereoscopio de espejos y prismas.*

FIG. II.41. *Estereoscopio de trípode.*

FIG. II.42. *Estereoscopio de espejos y aumento fijo.*

FIG. II.43. *Estereoscopio de espejos y aumentos variables.*

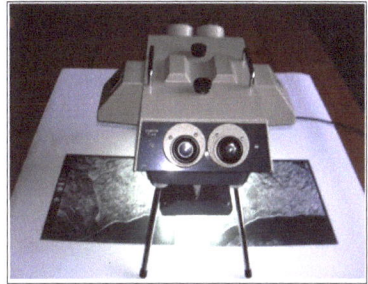

FIG. II.44. *Estereoscopio biplaza eléctrico de espejos y aumentos variables.*

II.5.4. LA VISIÓN VERTICAL EXAGERADA DEL RELIEVE O HIPERESTEREOSCOPÍA Y LA PSEUDOSCOPÍA O VISIÓN INVERSA DEL RELIEVE

La sensación que produce la visión del relieve a través del estereoscopio no se ajusta a la visión directa que obtendríamos en la realidad desde el avión que ha captado las imágenes, sino que siempre resulta, más o menos, bastante exagerada. La visión correcta del relieve se denomina visión *ortoscópica* y la exagerada, la que se ve por el estereoscopio, *hiperestereoscópica*. Esto se debe a la distancia existente sobre el terreno en kilómetros entre las tomas de las fotografías, muy distinta a la interpupilar humana que se mantiene constante. La exageración no es constante y depende de factores de la toma y de factores del observador. Los primeros (factores de la toma) son:

– La distancia que existe en el terreno entre las tomas de las fotografías.
– La distancia focal de la lente de la cámara.

– La altura de vuelo a la que esté situada la cámara.
– El porcentaje de solapamiento de las fotos.

Mientras que los segundos (factores del observador) son:
– La distancia entre el observador y las fotografías.
– La distancia entre las fotografías.
– La distancia interpupilar de cada persona (cuanto más separados tenga los ojos, la sensación de exageración disminuye).

Por otro lado, si se invierte la posición de ambas fotografías de un par estereoscópico respecto al sentido del vuelo, es decir, la de la izquierda se coloca a la derecha y viceversa, se tiene una visión como «desde dentro de la tierra» que se denomina **pseudoestereoscopía**. Con esta visión las zonas elevadas se aprecian más deprimidas y las más elevadas en la realidad se observan como las de menor altitud[118]. Esto ocurre porque los rayos visuales se cortan en puntos situados entre las fotografías y el observador y no más abajo de las fotografías. También puede ocurrir si se invierten las sombras respecto al observador.

II.6. LA PARALAJE[119]

Palabra procedente del griego παραλλαξιϕ (parallasis) que significa *cambio, diferencia* y procede de la Astronomía para referirse a la diferencia entre las posiciones aparentes que en la bóveda celeste tiene un astro, según el punto desde donde es observado, o también a la diferencia de los ángulos que forman con la vertical las líneas dirigidas a un astro desde el punto de observación y desde el centro de la Tierra.

[118] Por ejemplo, se observa como los ríos no discurren por el fondo de los valles sino por las cuerdas de las montañas.
[119] Siendo un término femenino, en demasiados textos sobre fotointerpretación aparece como término masculino («el paralaje»). En otros muchos aparece, mal expresado, como «paralelaje» por la utilización de medidas paralelas sobre las fotografías para su determinación.

En general es el desplazamiento *aparente* de la posición de un objeto, observado desde distintos puntos de vista u observación. Como, por ejemplo, ocurre al observar un lápiz colocado a la altura del pecho, si cerramos alternativamente el ojo derecho y el izquierdo parecerá que la punta del lápiz se desplaza hacia el ojo que tengamos cerrado.

En fotointerpretación la paralaje es un concepto básico y es el *desplazamiento aparente con el que aparece la posición de un objeto en varias fotografías aéreas, debido a la diferente posición que tenía el avión en los momentos de captarlo sucesivamente.*

Un mismo objeto fotografiado en distintos momentos puede parecer distinto y en distinta posición, debido a las variaciones de la perspectiva cónica con la que es captado desde las distintas posiciones de su rumbo de vuelo.

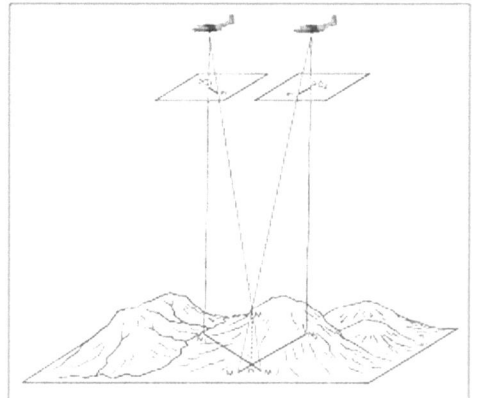

FIG. II.45. *Variación aparente de la posición de un punto del terreno captado desde dos posiciones distintas.*

Se llama *paralaje absoluta* de un punto en un par estereoscópico a la suma algebraica de la distancia, medida *paralelamente* a la línea de vuelo, que exista entre la imagen de dicho punto en cada fotografía y los puntos centrales de cada una. La paralaje absoluta es mayor cuanta más altura tenga el objeto fotografiado (monte, edificio, árbol, etc.) y más alejado esté del punto central de cada fotografía.

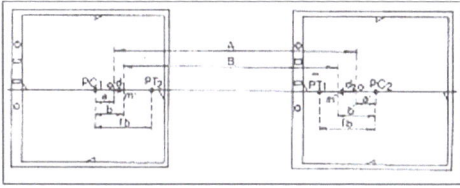

Fig. II.46. *Paralajes absolutas de dos puntos.*

La *diferencia de paralaje* entre dos puntos es la diferencia algebraica que exista entre sus paralajes absolutas. Calcular la diferencia de paralaje entre los dos fotogramas sirve para conocer la diferencia de cotas entre dos puntos, la altura del objeto o cualquier otra medida de elevación que se pretenda hallar desde las fotografías aéreas.

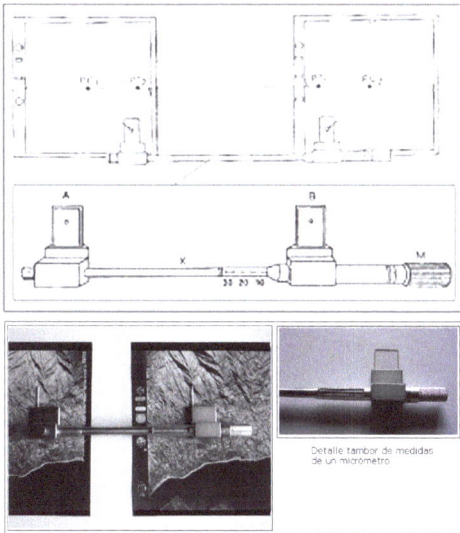

Fig. II.47-1. *Estereomicrómetro.*

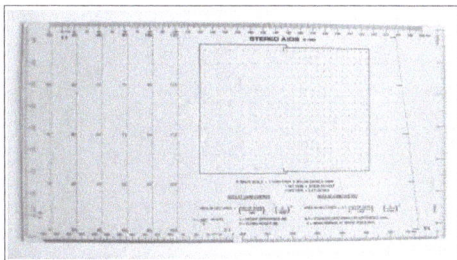

Fig. II.47-2. *Plantilla con cuña de paralaje.*

Para realizar estas medidas, que han de ser lo más exactas que sea posible, se utilizan el *esteromicrómetro* o *regla de paralaje*, la *cuña de paralaje* o cualquier instrumento de medida lineal reglado de buena precisión.

II.7. MATERIALES Y TÉCNICAS DE TRABAJO PARA LA FOTOINTERPRETACIÓN

II.7.1. Fases en el proceso de fotointerpretación

1.ª *Elección del estereoscopio adecuado*

Se aconseja que sea de lentes si se trata de trabajar en el campo para realizar observaciones rápidas, como, por ejemplo, localizar discontinuidades litológicas, por su ligereza y fácil transporte. El estereoscopio de espejos o el de pantalla de ordenador se reservarán para trabajos detallados y lentos en gabinete o laboratorio. Existen muchas marcas y modelos que varían en los aumentos de sus lentes, en el número de lentes (algunos pueden ser utilizados por más de una persona simultáneamente) y en que lleven incorporada luz eléctrica o no.

2.ª *Iluminación adecuada*

Este aspecto es muy importante para aminorar la fatiga visual que de por sí conllevan los análisis visuales de detalle realizados en un tiempo prolongado. Conviene cuidar que el estereoscopio no proyecte sombras sobre las fotografías, por lo que a veces será necesario que existan varios focos de luz y que la iluminación sobre la fotografía sea con luz fría y constante. La luz solar puede ser la mejor, pero si el análisis es prolongado en el tiempo variará en intensidad, lo que no es recomendable. Las lámparas corrientes emiten mucho calor y pueden deformar las fotografías, así es que la luz fría es lo más recomendable o, en su defecto, no acercar mucho las lámparas a las fotografías. En todos los casos con la colocación correcta de focos de iluminación y de las fotografías además de evitar las sombras hay que evitar los reflejos en las superficies.

3.ª *Elección de las fotografías*

Hay una serie de factores que conviene tener en cuenta para elegir las fotografías aéreas más idóneas:
- El número de fotografías debe cubrir por exceso la zona de estudio.
- La escala de las fotografías debe ser tanto mayor cuanta más precisión se pretenda en el análisis. Las más utilizadas suelen estar entre 1:20.000 y 1:40.000.
- El papel soporte de la fotografía deberá ser resistente (por ejemplo, de cartulina) para trabajos de campo y menos (por ejemplo, papel fotográfico) si se van a utilizar en laboratorio o gabinete.
- Las fotografías pueden ser mate, semimate y de brillo. Cada una de ellas debe utilizarse en función de la oscuridad de la zona bajo análisis.

4.ª *Preparación de las fotografías*

Conviene anotar en el dorso de cada fotografía una serie de datos identificadores de la misma como, por ejemplo, el número de la Hoja del Mapa Topográfico a la que pertenece la zona fotografiada; la escala media una vez calculada; la banda si se conoce, etc. Con estos datos y el número de fotograma será más fácil su ordenación y archivado.

A continuación se realizarán las siguientes operaciones:

1.º Se colocará un *papel de acetato transparente* especial para dibujo sobre fotografía aérea (tipo «papertrace», «Kodactrace», «fototrace» o similar), cuya transparencia permita la visión clara de todos los detalles de la imagen. Deberá estar fijado firmemente mediante imanes sobre chapón o rollo de papel «fixo» (tipo «Cello» o similar). No conviene pegarlo en las esquinas de la fotografía porque al retirarlo se dañan y, por eso, es mejor fijarlo en las partes centrales de los cuatro lados por la cara posterior de cada fotografía. Esto permitirá realizar dibujos sobre el papel transparente sin manchar la fotografía aérea y permitir así usos futuros.

2.º Con ayuda de las marcas fiduciarias, se marcará con dos pequeñas circunferencias claramente visibles sobre el papel especial transparente el punto central de cada fotografía aérea y los dos puntos transferidos homólogos de los centrales de las dos fotografías adyacentes (anterior y posterior en el sentido del vuelo). Con estos puntos se reproducirá la línea de vuelo cada vez que se vaya a realizar el montaje del par o de la tripleta estereoscópica correspondiente.

5.ª *Selección del material de dibujo*

Pueden aplicarse pinturas de cera directamente sobre las fotografías (generalmente sobre las de brillo), pues sus trazos se borran de un modo fácil mediante paño o algodón; aunque su excesivo uso acaba dañando la superficie de las imágenes y dejan surcos sobre la superficie de la fotografía. Mejor es utilizar rotuladores de sección de punta fina sobre el papel transparente superpuesto, para seguir bien el perfilado de los objetos y los límites de contacto entre coberteras superficiales. Si se quieren realizar dibujos y trazos no definitivos o se pretende reutilizar el papel transparente, se pueden utilizar lápices de colores de punta blanda que permiten el borrado.

6.ª *Análisis del área de estudio*

En esta fase hay que prestar especial atención a los elementos configuradores de la organización del terreno, desde el punto de vista de la disciplina desde la que se realice el análisis. Por ejemplo, en los análisis geológicos de las fallas, las fracturas, los desgarres, los afloramientos, los contactos, etc.; o en los biogeográficos, las formaciones vegetales, los tipos de suelo, etc. Y así con todos los demás, como estudios urbanísticos, hidrológicos, paisajísticos, agrarios, etc.

7.ª *Confección de un mapa*

Finalmente, es necesario realizar un mapa que resuma las ideas, contactos, perímetros etc., señalados sobre las fotografías. Se puede basar en un mapa topográfico de la zona sobre el que se añadan las aportaciones obtenidas de las fotografías aéreas o realizarlo directamente desde éstas.

Para pasar la información a un mapa topográfico se puede emplear un método de restitución que utiliza un aparato especial denominado «cámara clara»; o un método más artesanal de plantillas perforadas y que se basa en hallar en las fotografías la posición planimétrica de una serie de puntos de control sobre los que se monta un sistema de triangulación similar a los de las triangulaciones topográficas[120].

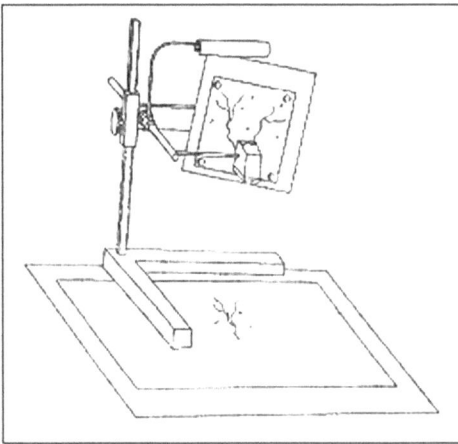

Fig. II.48. *Cámara clara.*

II.8. VENTAJAS E INCONVENIENTES DE LA FOTOINTERPRETACIÓN

Generalmente la fotointerpretación se potencia cuando los análisis del terreno no requieran escalas de trabajo demasiado detalladas. Entonces permiten apreciar extensiones, contactos, morfoestructuras, formas de relieve o redes hidrográficas que en los estudios de campo son más difíciles de detectar, tanto en los estudios geológicos o botánicos como en los de ingeniería civil o de cualquier otro tipo que requiera aplicaciones espaciales geográficas (trazados de carreteras, canales, embalses, prospecciones mineralógicas, etc.).

El analista se basa en una serie de observaciones e indicios (cambios de tonalidad en los niveles de gris, vegetación, sombras, drenajes, etc.), a partir de los cuales realiza las deducciones interpretativas; por lo que éstas dependerán mucho de su pericia y conocimientos personales. Aunque existen ciertos criterios y pautas generales de interpretación, los resultados dependerán siempre del grado de formación y experiencia de quien realice el examen[121].

Los mapas geológicos levantados desde fotografías aéreas son más precisos en la delineación de los contactos y afloramientos que los realizados mediante trabajos de campo, pero sólo cuando se trata de identificar materiales simples y homogéneos, como granitos, gneises, pizarras, cuarcitas, etc. y no para determinar otros o variedades dentro de éstos. Aunque a veces se puede afinar más con la observación aérea, como en el caso de las pizarras, que suelen aparecer bastante homogéneas en el terreno y más matizadas en fotografía por la distinta respuesta erosiva entre sus diferentes tipos; o con los batolitos, domos, «tors», etc. que suelen localizarse bajo mantos de alteritas u otros recubrimientos y que se detectan desde el aire por sus formas de drenaje, bastante imperceptibles en el terreno. Los yacimientos de uranio, por ejemplo, también son más fáciles de detectar desde alturas considerables por la dirección característica de las líneas de fractura del terreno. Desde luego un ejemplo claro de la ventaja de la fotografía aérea sobre los trabajos de campo para la primera localización de objetos lo proporciona la Arqueología, algunos de cuyos hallazgos fueron hechos por personas bastante alejadas de esta disciplina, merced a la fotointerpretación.

La carencia más importante que se encuentra en la fotointerpretación es para el estudio de zonas muy cubiertas por vegetación, salvo que se trate de estudiar ésta.

---

[120] Hoy, con los Sistemas de Información Geográfica, no son necesarias estas técnicas antiguas; pero conviene conocerlas bien para poder tener el control de los resultados que se obtienen con los módulos de programación informática para el ordenador, sabiendo qué hacen y cómo lo hacen.

[121] En fotointerpretación «ve más quien más sabe» de la disciplina científica del fotointérprete.

Resumiendo, las ventajas de la fotografía aérea sobre los trabajos de campo aparecen cuando la escala de estudio es media-baja y se invierten cuando la escala es media-alta. En todo caso, cuando ambos análisis (de campo y fotointerpretativos) se complementan, los resultados se potencian de un modo muy notable.

II.9. PAUTAS EN EL TRABAJO FOTOINTERPRETATIVO

La fotointerpretación suele finalizar en la elaboración de un mapa o una carta temática de tipo cualitativo. Para ello:

– No se debe anotar toda la información que contiene la fotografía, sino sólo la que interesa: por una parte, la referencial y por otra, la concreta de nuestro estudio; porque cuanta más información contenga el mapa final, más confuso resultará.
– La cantidad de *información disponible* depende de la escala de la fotografía. La *información seleccionada* dependerá de la escala del mapa final que realice el analista o de la información que le interese, que generalmente será menor.
– La toponimia será solamente la imprescindible.
– Los colores y/o tramas a emplear no deben ocultar las bases o líneas de referencia.
– En caso necesario, se realizará la restitución o conversión ortográfica de algunos puntos de control de la fotografía aérea para que el mapa final tenga una proyección ortogonal[122].
– En los casos de interpretaciones conflictivas o más difíciles se recurrirá al apoyo de cartografía y, sobre todo, de los trabajos de campo. Por ejemplo, esto suele ser muy necesario en la identificación de especies arbóreas.
– Conviene anotar cuidadosamente todos los datos necesarios para su posterior interpretación geográfica. Es decir, las referencias de base para la elaboración del mapa.
– Se centrará la observación de un modo ordenado en los cambios de tonalidad de

las distintas zonas, en sus formas, en las sombras que arrojan los distintos objetos y elementos, con el fin de individualizarlos y conseguir una división en distintos polígonos. Esta observación y anotación se realizará sobre todo de:

1. Las *obras humanas de infraestructuras*
Se anotarán, por ejemplo con lápiz o rotulador rojo y de un modo definitivo, carreteras, ferrocarriles, líneas de transporte de energía, minas, pueblos, etc. Estas anotaciones conviene realizarlas con ayuda del mapa topográfico de la zona para su localización y rotulación toponímica. Para diferenciarlas entre sí, se tendrán en cuenta indicios lógicos, como, por ejemplo, el diferente radio de las curvas entre una carretera y una línea ferroviaria, así como sus diferentes grados de pendiente. La simbología empleada puede ser ideada por el analista, pero es conveniente que se ajuste a las del mapa topográfico para mayor facilidad de la lectura posterior.

2. Las *redes hidrográficas*
También resultará un trabajo referencial y definitivo en el que se puede utilizar el color azul, distinguiendo la ordenación jerárquica, así como su carácter permanente o esporádico. Esto facilitará un posterior análisis de las formas de drenaje.

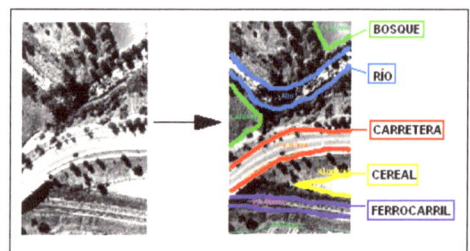

Fig. II.49. *Anotaciones sobre el papel transparente.*

3. El *estudio geológico*
Éste se realizará mediante distintas y sucesivas repeticiones en el análisis. La primera vez se buscará una visión de conjunto,

---

[122] Esto será imprescindible si se trabaja con fotografías digitales o digitalizadas, para poder tratarlas como «capas» de distintos archivos digitales en un SIG.

anotando los rasgos más claros y seguros para el analista:

- Anotación exhaustiva de tipos de capas o estratos, afloramientos, fallas y desgarres, fracturas y demás elementos significativos de la estructura del relieve.
- Sólo se anotará lo que nos resulte absolutamente seguro en su identificación. El resto de los elementos importantes pero de dudosa identificación se anotará con otros trazos u otros símbolos. Así se evitarán excesivas rectificaciones.
- A cada formación litológica se le asignará una trama o un color distintivo en los trazos delimitantes, pero no se cubrirá su superficie hasta el final de la confección del mapa para evitar también rectificaciones excesivas. Las fallas, fracturas, ejes de pliegues y demás rasgos estructurales se pueden dibujar en negro.
- Terminado el primer conjunto o pasada de anotaciones, se realizarán una o dos más en las que se rectificarán, añadirán o afinarán las anteriores anotaciones y trazados hasta hacerlos definitivos. Si no aparecen claros los límites entre formaciones se anotan o rotulan como *contactos no localizados* o *no claros*. Las leyendas no tienen por qué coincidir con las del mapa topográfico, porque pueden resultar de mayor interés otras que definan mejor los elementos que interesen a nuestro mapa.
- A veces los resultados finales realizados por el analista principiante en muchos aspectos no coinciden con lo consultado en otras fuentes bibliográficas y mapas más generales, pero esto no siempre tiene que obedecer a que sean erróneos los análisis. No hay por qué desecharlos. Puede que si algo ha llamado la atención sea porque realmente «algo exista» y requiera comprobaciones de campo posteriores.

II.10. CLAVES INTERPRETATIVAS EN FOTOINTERPRETACIÓN

II.10.1. La importancia del tono en las fotografías aéreas

La base fundamental en la fotointerpretación es la observación de la intensidad en los tonos grises, que variará en función de una serie de factores muy dispares entre sí y variables de una fotografía a otra. Por esto, resulta imposible establecer una escala fija de intensidades de gris asociada a cada tipo de roca, de formación vegetal o cualquier otro elemento del terreno. Entre los factores influyentes destacan:

1. Los de carácter *técnico* que dependen de la toma de la fotografía y del tipo de material utilizado (película, tiempo de exposición, revelado, tipo de papel, etc.). La mayoría de las fotografías aéreas utilizaron para su impresión películas pancromáticas en blanco y negro de alta sensibilidad (rápidas) que ofrecen una gama de grises no muy extensa y ausencia del color blanco y el negro puros, pero con ellas se aprecian muchos detalles que a simple vista pasarían inadvertidos. También se utilizan películas ortocromáticas (sensibles a las radiaciones entre el violeta y el amarillo), películas «universales» que dan gama de grises distintas a las pancromáticas, etc. Asímismo conviene tener en cuenta el posible uso de filtros en la captación de las imágenes y que variará su gama de grises, como, por ejemplo, los filtros azules para las películas pancromáticas y los amarillos para las pan-menos-azul.

Muchas veces conviene realizar el análisis sobre imágenes de la misma zona adquiridas simultáneamente con distintas películas; como, por ejemplo, se recomienda realizar para los análisis de contaminación de aguas y, sobre todo, de la vegetación, en los que se utilizan pancromáticas e infrarrojas de un modo complementario, por la diferencial y característica respuesta de la clorofila en ambos tipos de películas. Se utilizan estas comparaciones no solo para detectar la vegetación en general sino su estado fenológico y epidemiológico[123].

2. Los factores *propios de los objetos y coberteras* fotografiados, como sus colores y texturas. En función de que los colores sean oscuros o claros, los tonos de gris serán más o menos intensos. Por ejemplo, las arenas, yesos, margas, etc. dan grises claros en las fotografías, mientras que rocas de colores abigarrados y cálidos dan grises oscuros.

La textura del terreno, formada por los distintos constituyentes que le dan su apariencia general y que depende de su origen, porosidad, compacidad, dureza, grado de erosión, etc. da tonos de gris y apariencias muy distintas en la fotografía aérea. Así, las texturas moteadas pueden deberse a cambios en la porosidad, filtraciones de agua o fenómenos de disolución[124].

3. Los factores de tipo *meteorológico y bioclimático* son muy diversos pero pueden destacarse algunos:

   – La *vegetación* aparece formando un conjunto único junto al suelo sobre el que se sitúa. Su presencia siempre oscurece los grises propios de los suelos y si es muy densa los tapa por completo. Su estado fenológico y epidemiológico también influye mucho sobre los niveles del gris con los que aparecen en las imágenes. Así, varía mucho la misma superficie fotografiada en verano o en invierno; influyendo mucho más el estado fenológico de la vegetación que la propia cantidad de luz que diferencia ambas estaciones.

   – La *humedad del terreno* es otro factor muy influyente en la intensificación de los tonos grises y en sus valores. Las zonas húmedas aparecen siempre con tonos más oscuros que las secas, y será tanto más oscuro cuanta más humedad contenga el suelo; por eso lo que resulta más fácil de localizar son las fracturas y fallas del terreno, porque suelen suponer líneas de concentración y penetración del agua en el suelo que las hace más húmedas que su entorno y, como consecuencia, de mayor cantidad de vegetación.

   – El *agua y la nieve* aparecen muy claramente. Los cursos y almacenamientos de agua aparecen oscuros en relación a los lugares por los que transcurren o donde se localizan. Cuando la profundidad del agua supera los 10 metros suele aparecer completamente oscura, salvo en los lugares donde se producen reflejos del sol en la línea de la cámara fotográfica que aparecen completamente claros; pero en la siguiente fotografía volverán a ser completamente oscuros porque habrán variado las perspectivas de los reflejos.

FIG. II.50. *Reflexión especular del agua.*

[123] Por ejemplo, comenzaron a utilizarse en California durante los años sesenta del siglo pasado para controlar plagas en las plantaciones agrícolas de frutales.

[124] Por ejemplo, las superficies graníticas con las típicas formas redondeadas de los berrocales dan en las imágenes texturas rugosas, mientras que las rocas metamórficas esquistosas aparecen con texturas bandeadas.

En las zonas costeras los oleajes aparecen con tonos más claros. Por su parte, la nieve aparece muy clara y es fácil de identificar cuando cubre grandes extensiones, pero esto no es lo habitual porque, salvo para su estudio específico y en las zonas polares, la mayoría de las fotografías se hacen en unas fechas del año en las que solo suele aparecer como pequeñas manchas en la alta montaña (neveros y ventisqueros orientados hacia el Norte y el Noreste de nuestras latitudes).

– Las *nubes*, que son muy fáciles de confundir con las pequeñas manchas de nieve, se distinguen bien de éstas por las sombras que proyectan en su entorno que oscurecen mucho parte de sus bordes.

– Otros elementos naturales que dan distintos tonos de gris dependen de la época del año a la que pertenezcan las imágenes, es decir, a la altura del sol sobre el horizonte del lugar y su acimut, así como de la cantidad de las sombras, que siempre aparecerán oscuras. También de la hora del día en que fueron tomadas las fotografías que influirá en la luminosidad de la imagen y en la longitud de las sombras.

4. Los factores de tipo *humano* también introducen contrastes en los niveles de gris de las imágenes. Así, las obras públicas y civiles, tales como carreteras y líneas de ferrocarril, con sus movimientos de tierras, desmontes y rellenos, y también las explotaciones mineras a cielo abierto y canteras, al poner al descubierto materiales menos meteorizados y sin vegetación, presentan tonos mucho más claros que los no alterados.

Los cultivos agrícolas dan también muchos contrastes con los terrenos incultivados y entre sí, en función de los tipos de cultivo o de la situación del Sol respecto a los surcos. Así, los cereales en primavera dan tonos oscuros y en verano los dan muy claros; y los surcos, antes de la siembra, si están transversales a los rayos solares, con la suma de sus pequeñas sombras producen tonos oscuros, mientras que si no lo están aparecen claros por la ausencia de las sombras lineales. Los riegos siempre aparecen más oscuros que las tierras de secano, o también las parcelas en barbecho respecto a las cultivadas. Por tanto, conviene tener en cuenta las técnicas agrícolas existentes en la zona en los años en los que se captaron las imágenes.

II.10.2. Definición de las características básicas en las claves interpretativas de las fotografías aéreas

Las claves interpretativas son (1) el tono, (2) el patrón, (3) el manchado o moteado, (4) la textura, (5) el aspecto o forma, (6) el tamaño, (7) las sombras, (8) el emplazamiento topográfico y (9) la situación geográfica.

1. *Tono*

Es la *variación en los niveles de gris (del blanco al negro)* en una foto pancromática en blanco y negro:

– A causa de las diferencias en el proceso de revelado las diferentes copias de un mismo negativo de fotograma no suelen tener la misma apariencia general de grises. Tampoco la suele tener la misma zona solapada de dos fotografías adyacentes a causa de la diferente posición relativa del Sol en cada una de ellas[125]. Pero *dentro de un mismo fotograma* las diferencias de tono indican diferentes coberteras y objetos.

– Algunos fenómenos repiten su tono relativo. Por ejemplo, los pinares suelen aparecer más oscuros, las praderas dan grises intermedios y las zonas sin vegetación, secas y arenosas se ven claras y blanquecinas.

2. *Patrón*

Es la *ordenación espacial característica de varios objetos o coberteras que se repiten secuencialmente en el espacio.*

– Los árboles en parcelas cultivadas suelen dar patrones de ordenación en marco real o tresbolillo (por ejemplo, olivares, frutales, etc.).

[125] En una el agua puede producir reflejos y aparecer muy blanca, y en la siguiente no producirlos y dar un tono completamente negro.

– Los patrones repetidos en vegetación suelen indicar características geomorfológicas repetidas.
– Hay formas puramente geomorfológicas que suelen dar patrones, como los «drumlin» o los «ergs» de dunas.
– Los drenajes y redes hidrográficas suelen clasificarse según sus patrones (dendrítico, paralelo, etc.).
– Las obras humanas también se pueden identificar por sus patrones de repetición de tonos grises (canales, muros en «bocage», etc.).

3. Manchado o moteado

Son las *manchas de tamaño y forma irregulares que siguiendo un patrón aclaran u oscurecen parte de la superficie de la imagen.*
– Son características de los depósitos de arenas eólicas y los de solifluxión.
– Otras veces se forman por las diferentes características de los suelos, su diferente contenido de humedad o diferencias en la reflexión solar por la irregularidad de las superficies.

4. Textura

Son los *agregados o conjuntos de objetos o coberteras con características uniformes que, siendo demasiado pequeños para ser captados individualmente, aparecen como una repetición de cambios tonales.*
– Son característicos los distintos tipos de bosque.
– Diferentes texturas se suelen asociar a distintos tipos de vegetación y de suelos que sirven de clave para identificar distintas superficies geomorfológicas, como karst, etc.

5. Aspecto, apariencia o forma

Es la *configuración de los límites de los objetos y coberteras tal y como son captados bidimensionalmente desde las perspectivas cónicas de la fotografía aérea.*

– Ésta es una de las características más utilizadas porque suelen parecerse los objetos en sus imágenes fotográficas a los que conoce el analista en la realidad.
– Los diferentes tipos de carreteras o líneas de ferrocarril pueden identificarse por sus formas.
– El riesgo que se corre es que solo por la forma pueden confundirse objetos entre sí, como puede ocurrir, por ejemplo, con los cordones de arena y las dunas transversales. Por eso no conviene utilizar una sola clave para identificar objetos o coberteras.

6. Tamaño

Es la *dimensión tridimensional de los objetos y coberteras en las imágenes estereoscópicas.*
– Por el tamaño de un objeto es bastante difícil deducir de qué se trata y conviene comparar los tamaños de los distintos objetos entre sí para, contextualizándolos, identificarlos correctamente.
– El conocimiento de la escala de la fotografía es fundamental para deducir el tamaño de los objetos. Las escalas grandes permiten visualizar mejor los detalles y tamaños, pero las escalas pequeñas permiten hacer la identificación mejor por el entorno de los objetos.

7. Sombras

Son las *áreas oscurecidas que aparecen dentro o a continuación de las zonas claras y directamente iluminadas por el Sol. Se producen por la interposición de objetos o de las formas de relieve a sus rayos.*
– A veces son tan intensas que se hace imposible la identificación de detalles u objetos que se encuentran en sombra.
– Las mejores visiones estereoscópicas se realizan cuando las sombras se sitúan entre los objetos que las proyectan hacia el lado contrario al observador. De otra forma se produce la visión inversa del relieve.
– Las sombras permiten deducir las *alturas de los objetos*, teniendo en cuenta la altura de los rayos solares proyectados sobre el terreno,

los cuales dependen de la hora, fecha y la latitud de la zona. Si la altura de un objeto es conocida se puede deducir las de los otros de su entorno.

Cálculo de la altura de un objeto por su sombra:

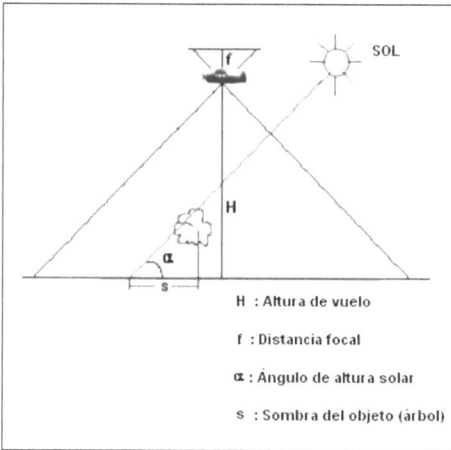

FIG. II.51. *Cálculo de la altura de un árbol en una fotografía aérea por la sombra que produce.*

$$h = \frac{(H.s.tg\alpha)}{f}$$

Siendo:
b: altura del objeto a calcular.
H: altura de vuelo.
s: longitud de la sombra desde el pie del objeto que la produce.
α: ángulo de altura solar que depende de la fecha, la hora y la latitud del lugar.
f: distancia focal.

8. *Emplazamiento topográfico*

Posición de los objetos o formas de relieve, respecto a sus entornos próximos.
– *Diferencias de altitud.* Provocan diferencias en la recepción de precipitaciones y en las temperaturas que influyen sobre la vegetación existente, la meteorización de las rocas y las formas de relieve.

– *Diferencias en la inclinación de las pendientes.* Influyen en los procesos físicos de gravedad y en los distintos usos de suelo.
– *Diferencias en la exposición solar* (solanas y umbrías). También provocan diferencias de meteorización, humedad y vegetación.
– *Exposición o refugio a los vientos dominantes.* Configuran también diferentes formas de relieve y de vegetación.
– *Presencia o ausencia de agua en los suelos.* Configuran diferencias muy importantes entre los espacios fotografiados.

9. *Situación geográfica*

Lugar o localización respecto al conjunto de toda la zona fotografiada o respecto a un área geográfica que la supere y contenga.
– *Zonales o regionales.* Diferencias basadas principalmente en el clima y en las grandes estructuras geológicas, en los diferentes procesos naturales y en la distinta velocidad de los mismos.
– *Azonales o locales.* Que influyen en el remodelado o en las formas concretas dentro de una misma zona climática o geológica. Ejemplos pueden ser la presencia de un volcán, de un domo, de una playa o un río.

II.11. EJEMPLOS FOTOGRÁFICOS

FIG. II.52. *Imagen en la que predominan la forma, el contexto y el patrón.*

FIG. II.53. *Imagen en la que predominan la sombra y el tono y el patrón.*

FIG. II.56. *Imagen en la que predominan la sombra y el contexto.*

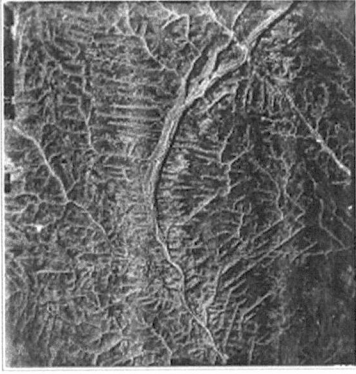

FIG. II.54. *Imagen en la que predominan el patrón y la sombra.*

FIG. II.57. *Imagen en la que predominan la textura y el patrón.*

FIG. II.55. *Imagen en la que predominan el manchado, el patrón y el contexto.*

FIG. II.58. *Imagen en la que predominan la forma y el patrón.*

II.12. FOTOGRAMETRÍA

Las medidas que se realizan sobre las fotografías aéreas sirven para calcular distancias, cotas, pendientes y buzamientos de estratos lo más aproximados que sea posible a los existentes en el terreno real fotografiado.

Para realizar las medidas de paralaje sobre fotografía aérea con alta precisión se utiliza el *estereomicrómetro* (figura II.47) que es una barra metálica sobre la que van montadas dos plaquitas transparentes, generalmente de vidrio, cada una de ellas con unas marcas de medición (puntos, cruces, etc.). La plaquita de la izquierda (**A**) está fija y la de la derecha (**B**) es móvil. La distancia entre las placas se varía por el movimiento longitudinal de un vástago en el que hay una regla milimetrada, con el cero a la derecha, que avanza y retrocede dentro de la barra fija, mediante el giro de un tornillo micrométrico que hay a la derecha. El propio tornillo contiene una escala de décimas y centésimas de milímetro. Con ambas escalas se realiza la lectura directa de la separación entre las marcas de medición de las plaquitas.

Reproducida la línea de vuelo en un par estereoscópico y separadas las fotografías convenientemente según el tipo de estereoscopio que se use hasta conseguir la visión estereoscópica de la zona común, se mide la distancia o paralaje entre dos puntos homólogos entre sí de cada imagen. Como las medidas hay que realizarlas bajo el estereoscopio se girará el tornillo del micrómetro hasta que las marcas de las placas se conjuguen en la visión estereoscópica en una única marca flotante sobre un único objeto de las dos imágenes.

Para realizar medidas de *diferencias de paralaje* entre varios puntos también puede utilizarse la denominada *cuña de paralaje*. Ésta consiste en varias líneas de puntos verticales situadas sobre la fotografía de la izquierda y una línea inclinada de puntos, que están al mismo nivel que los verticales, situada sobre la fotografía de la derecha. La cuña de paralaje suele venir incorporada en una plantilla transparente de medidas que acompaña a algunos estereoscopios. Hay que colocar los bordes inferior y superior de la plantilla paralelos a la línea de vuelo del par estereoscópico. En función de la separación existente bajo el estereoscopio

de las dos fotografías del par se elige una de las líneas verticales de puntos situadas a la izquierda de la plantilla y se la superpone al punto –en la fotografía de la izquierda– del que se quiere medir la paralaje. Moviendo la plantilla verticalmente, sin perder el paralelismo de sus bordes con la línea de vuelo y bajo visión estereoscópica del objeto a medir, se buscará que la línea inclinada de puntos que existe a la derecha de la plantilla se cruce sobre el mismo objeto con la línea vertical de la izquierda en dos puntos (uno de la línea vertical y otro de la inclinada) que estén situados al mismo nivel, y que se superpondrán entre sí. Resultará así un único punto «flotante» y destacado, porque será el único de las dos líneas que se verá bajo la visión estereoscópica. La medida que corresponda a la línea vertical que está reglada numéricamente será la de la paralaje de dicho objeto. Del mismo modo se procederá con todos los puntos de los que se quiera medir su paralaje o desplazamiento radial aparente por el cambio de perspectiva entre dos puntos distintos de observación en dos fotografías para, hallando sus diferencias, calcular sus cotas, pendientes, etc.

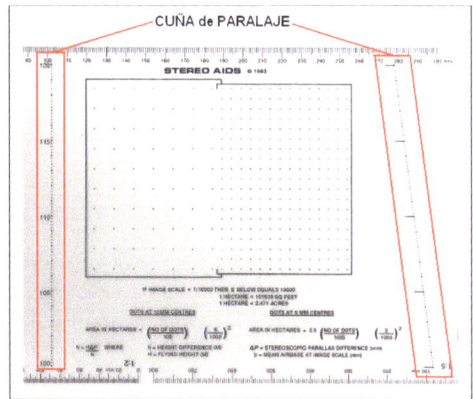

Fig. II.59. *En rojo: cuña de paralaje.*

II.12.1. Cálculo de la diferencia de paralaje entre dos puntos

Por ejemplo, entre la base **O** y la punta de flecha **M** de la figura II-58 que no está en la línea de vuelo.

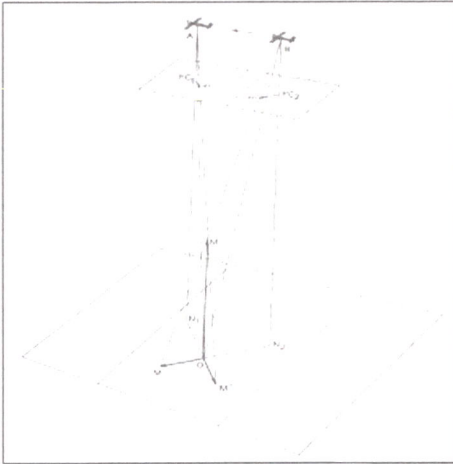

Fig. II.60. *Variación aparente de la posición de un punto del terreno o de un objeto en dos fotogramas consecutivos.*

Pauta:

1. Colocar las fotografías bajo el estereoscopio de espejos de acuerdo a su línea de vuelo y conseguir la visión estereoscópica del modo más perfecto posible[126].

2. Colocar sobre las fotografías el estereomicrómetro con la barra paralela a la línea de vuelo. La marca de medición de la plaquita de vidrio izquierda debe situarse en la foto de la izquierda sobre el punto *M*. Mirando por el estereoscopio se gira el tornillo hasta que la marca de la plaquita de vidrio de la derecha quede sobre el mismo punto *M'* de la fotografía de la derecha. Las dos marcas se fundirán en una sola en el cerebro y se verá cómo flota sobre el punto *M-M'* en su visión estereoscópica. Se toma la lectura de la barra y del tornillo del estereomicrómetro, por ejemplo, 12,36 mm.

[126] Si se trata de un estereoscopio de prismas y espejos, conviene hacer coincidir la línea vertical en cada punto transferido de cada fotografía debajo del centro aproximado de cada espejo, para que la visión estereoscópica sea correcta en cada medida.

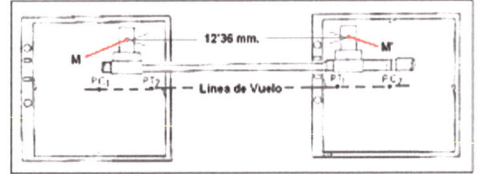

Fig. II.61. *Medida con estereomicrómetro de la paralaje de un mismo punto (M-M') entre dos fotografías aéreas consecutivas.*

3. Se repite la operación sobre el punto *O*, por ejemplo, 11,24 mm.

4. Se obtiene la diferencia entre ambos puntos *M* y *O*: 12,36 – 11,24 = 1,12 mm (diferencia de paralaje).

II.12.2. Cálculo de la diferencia de cotas o elevaciones

Mediante la diferencia de paralaje en los pares estereoscópicos puede calcularse la diferencia de cotas entre varios puntos del terreno. Se pueden utilizar varios métodos:

1. *Calcular la altitud de varios puntos (A, B y C) conociendo las cotas de otros dos referenciales (M y N).*
Se deben elegir los dos puntos de referencia de modo que estén situados por encima y por debajo de los puntos problema. Por ejemplo, dos vértices geodésicos cuyas cotas se puedan obtener de algún mapa topográfico de la zona o de sus curvas de nivel. Se trata de obtener la cota de 3 puntos situados entre ellos dos.

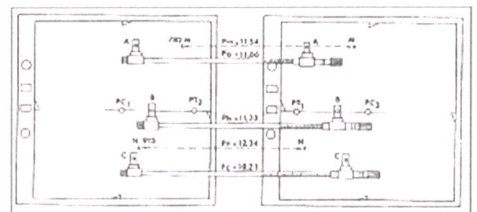

Fig. II.62. *Medidas de paralaje del ejemplo II.12.2.*

– Se buscan en las fotografías los dos vértices geodésicos, por ejemplo, *M* (782 m) y *N* (915 m).

– Con el estereomicrómetro se mide la diferencia de paralaje entre ambos:

Paralajes

P_M = 11,54 mm

P_N = 12,34 mm

Diferencia de paralaje P_N – P_M: 12,34 – 11,54 = 0,8 mm

– Se calcula la *correspondencia* (**K**) entre la *unidad de paralaje* y la *unidad de altitud* en el espacio de estudio:

La diferencia de altitud entre las dos cotas:

915-782 m = 133 m

Si a una diferencia de altitudes de 133 m corresponde una diferencia de paralaje de 0,8 mm > a una diferencia de paralaje de 1 mm corresponderá una diferencia de altitudes de:

$$\frac{133\,m}{0,8\,mm} = 166,2\,\text{m}; \ \textbf{K = 166,2 m}$$

– A continuación se miden las paralajes de los puntos *A*, *B* y *C*:

(A) P_A = 11,6 mm

(B) P_B = 11,23 mm

(C) P_C = 10,21 mm

y se hallan las diferencias de paralaje respecto a, por ejemplo, el punto de referencia *N*:

P_N – P_A: 12,34 – 11,66 = 0,68 mm

P_N – P_B: 12,34 – 11,23 = 1,11 mm

P_N – P_C: 12,34 – 10,21 = 2,13 mm

Multiplicados por K se obtienen las diferencias de altitud respecto a *N*:

0,68 x 166,2 = 113 m

1,11 x 166,2 = 184 m

2,13 x 166,2 = 354 m

– Al ser la paralaje de N mayor que las de A, B y C habrá que restar de la cota de N las diferencias de altitud de los tres puntos para obtener sus respectivas cotas:

915 - 113 = *810 m (A)*

915 - 184 = *731 m (B)*

915 - 354 = *561 m (C)*

2. *Método simplificado para calcular la altitud de muchos puntos conociendo las cotas de dos de ellos.*

El método se basa en la confección de una gráfica con las altitudes conocidas de los dos puntos de referencia:

– Sobre un papel milimetrado se traza un sistema de coordenadas. El eje de ordenadas (*Y*) estará graduado en metros de *altitud* y el de abcisas (*X*) en unidades de *paralaje*. Se marcan las cotas de los dos puntos de referencia (*M* y *N*) en el eje de ordenadas y sus paralajes (*P_M* y *P_N*) en el de abcisas. Obtenidos estos dos puntos de la gráfica se traza una línea recta que pase por ellos.

– Sobre el eje de abcisas se marcan las paralajes de los puntos problema (*P_A*, *P_B* y *P_C*) y desde ellos se trazan líneas verticales. Los puntos en los que corten la gráfica nos permitirán leer sus cotas en el eje de ordenadas.

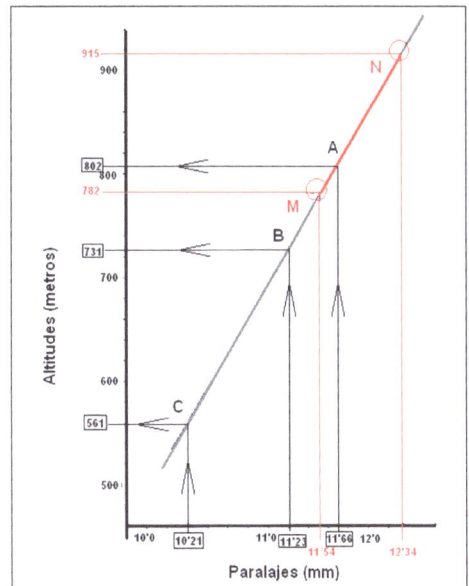

Fig. II.63. *Método gráfico del cálculo de cotas con las medidas de paralaje.*

Este método se puede utilizar como comprobación del método anterior.

3. *Cálculo de la altura de un objeto o de un desnivel topográfico, conociendo la altura de vuelo a la que se obtuvieron las fotografías de un par estereoscópico.*

Se utilizará la conocida fórmula:

$$D_p = \frac{h \cdot f_b}{H_o}$$

En la que **Dp** es la diferencia de paralaje entre la cima y la base del objeto o entre la máxima y mínima cota; **h** es la altura del objeto o diferencia de cotas; f_b es la medida de la fotobase; y H_0 es la altura de vuelo sobre el terreno.

Despejando de esta fórmula **h**:

$$h = \frac{H_0 \cdot D_p}{f_b} \quad (1)$$

– Primero hay que calcular la altura de vuelo H_0. Para eso hay que restar la altitud media del terreno fotografiado, obtenida de un mapa topográfico de la zona, de la altitud de vuelo que marca el altímetro del avión. Si la zona es muy accidentada conviene tomar la altitud media en el mapa del área donde se encuentre el objeto del que queremos calcular su altura o los dos puntos de los que queremos calcular su desnivel:

$H_0 = H - H_m$
(H = altímetro; H_m = altitud media del terreno)

– Después calcular la diferencia de paralaje entre los dos puntos con el estereomicrómetro o la cuña de paralaje como en II.12.1.

– Luego, medir la *fotobase* (f_b) de las fotografías del par estereoscópico: hay que medir con una regla milimetrada la distancia entre el punto central (P_C) y el punto transferido (P_T) de la fotografía de la izquierda; e igualmente con los de la fotografía de la derecha. Si P_C y P_T no tienen la misma cota, esta medida no coincidirá en

ambas fotografías; en cuyo caso, hay que medir la fotobase sobre el nivel de referencia: se elegirá como nivel de referencia la cota del punto que esté a menor altitud, al que podemos designar como punto N (la cota del punto P_C no tiene importancia porque no sufre desplazamiento radial al estar situado sobre el nadir). De un modo práctico:

- Medir la distancia P_C-P_T (fotobase f_b) en una fotografía con regla milimetrada.
- Bajo visión estereoscópica, medir la paralaje del punto P_T con el estereomicrómetro o la cuña de paralaje.
- Calcular la diferencia de paralaje (Dp) entre P_T y el punto N.

– Si paralaje de P_T > paralaje de N;
$$f_b' = f_b - Dp$$

– Si paralaje de P_T < paralaje de N;
$$f_b' = f_b + Dp$$

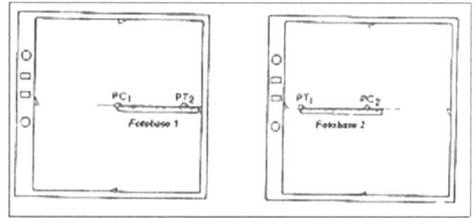

Fig. II.64. *Medida de las fotobases.*

Cuando se quiera medir varias altitudes hay que ajustar la fotobase para la altura media del terreno, y si existiesen muchos contrastes de relieve hay que corregir una fotobase para los relieves inferiores y otra fotobase para los superiores, y hacer lo propio con la altura de vuelo.

Ejemplo práctico 1.- *Siguiendo la figura* II.45 *medir la altura de una montaña con dos puntos (M: cima y N: base). Pasos metodológicos:*

1.º Cálculo de Dp (diferencia de paralaje)
Con visión tridimensional del relieve se miden las paralajes de M y N:
(M) P_M = 12,25 mm
(N) P_N = 11,22 mm
$P_M - P_N$ = **Dp** = 1,03 mm

2.º Cálculo de la altura de vuelo

Altímetro del avión: 7.000 m; altitud media del terreno: 650 m.

H_0 = 7.000 – 650 = 6.350 m

3.º Medida de la fotobase, paralajes y diferencias de paralajes, por ejemplo, sobre la fotografía de la izquierda

Fotobase f_b = 102 mm

Paralaje de P_{T2} = 12,31 mm

Paralaje de N (P_N) = 11,22 mm

Dp entre P_{T2} y P_N:

Como paralaje de N (P_N) < paralaje de P_T (P_{T2}), hay que restar la diferencia Dp $(P_N–P_{T2})$ a la fotografía primitiva: llamando f_b' a la fotobase corregida:

f_b' = f_b – Dp = 102 – 1,09 = 100,91 mm

Aplicando la formula (1) corregida:

$$h = \frac{H_0.D_p}{f_b'+D_p}$$

$$h = \frac{6.350.10^3 x1,03}{100,91+1,03} = 64.160 \ mm =$$

64,16 m de diferencia entre las cotas de M y N o altura de la montaña.

Si se sabe que, por ejemplo, N tiene 523 m de altitud, la cota de M será:

M = 523 + 64,16 = 587,16 m

Ejemplo práctico 2.- *Medir la altura de un objeto o de un desnivel entre 2 puntos conociendo la distancia focal de la lente y la escala de la fotografía (en vez de la altura de vuelo).*

$$\frac{1}{E} = \frac{f(dfocal)}{H_0(alturavuelo)}$$

Sustituyendo en (1) corregida:

$$h = \frac{f.E.D_p}{f_b'+D_p}$$

En la que f es la distancia focal.

E es la escala de la fotografía.

Dp es la diferencia de paralaje entre el punto más elevado y el más bajo.

f_b' es la fotobase corregida respecto al punto más bajo.

Si se corrigiese f_b' respecto al punto más alto:

$$h = \frac{f.E.D_p}{f_b'-D_p}$$

Ejemplo práctico:

f = 152 mm

E = 1/31.200

Dp = 1,21 mm

f_b'= 102 mm

$$h = \frac{152x31.220x1,21}{102+1,21} = 54,68 \ m$$

de diferencia de altura.

4. *Modo de hallar la proyección ortogonal de un punto en las fotografías (fuera de la línea de vuelo).*

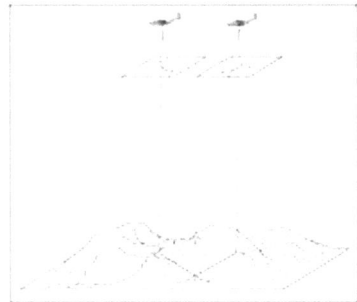

FIG. II.65. *Variación aparente de la posición de un punto del terreno captado desde dos posiciones distintas.*

En la montaña de la figura II-65 consideremos el punto M. Desde el punto de vista de la perspectiva B del vuelo (toma de la derecha) quedará proyectado en el punto M'' y desde el A (toma de la izquierda) en M'.

Uniendo los dos puntos nadires (N_1 y N_2) de ambas fotografías con las respectivas proyecciones del punto M (N_1M' y N_2M'') se aprecia que en la intersección de ambos segmentos se encuentra la proyección ortogonal del punto M (**m**). Así es que para hallar la proyección ortogonal o planimétrica de un punto cualquiera se procederá del siguiente modo, de acuerdo a la figura II-66:

1.º Sobre un papel transparente (H) se traza un segmento de recta cuya longitud coincida con la medida de la fotobase corregida al nivel del punto M (**f_b'**).

2.º Se hace coincidir este segmento con la línea de vuelo de la fotografía de la izquierda (la que une PC_1 y PT_2), colocando el punto **a** de la fotobase sobre el PC_1. Luego, se traza una línea recta entre PC_1 y m' (M).

3.º Se levanta el papel transparente y se lleva sobre la fotografía de la derecha, ajustando **f_b'** a su línea de vuelo (la que une PC_2 y PT_1), haciendo coincidir el punto **b** de la fotobase sobre el PC_2. A continuación se traza la línea recta que une PC_2 y m'' (M). En la intersección de ambas rectas (PC_1- m' y PC_2- m'') estará situado el punto **m** que es la proyección ortogonal de M en ambas fotografías.

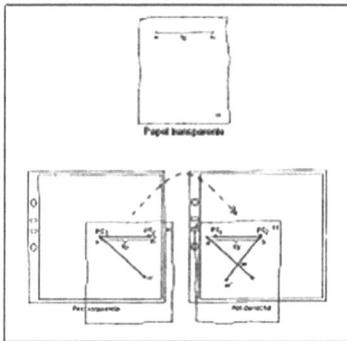

FIG. II.66. *Restitución manual de un punto a su posición ortogonal en un par estereoscópico.*

Esta técnica es muy útil para situar punto a punto de cada fotografía en un plano ortogonal y poder levantar el plano para medir en él

distancias, ángulos, pendientes, espesores de estratos, etc.[127]

II.12.3. MEDIDAS DE BUZAMIENTOS, DECLIVES Y ESPESORES DE CAPAS

Tal como se expresa en la figura II-67, para realizar medidas de tipo geológico hay que tomar dos puntos A y B en la dirección del buzamiento.

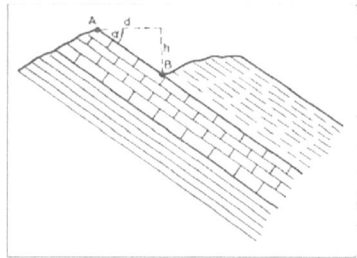

FIG. II.67. *Medidas del buzamiento de estratos geológicos sobre par estereoscópico.*

Mediante cálculo trigonométrico se obtiene el ángulo **α** de buzamiento:

$$\operatorname{tg} \alpha = \frac{h}{d}$$; para calcular h:

$$h = \frac{H_0 \cdot Dp}{f_b'}$$; sustituyendo:

$$\operatorname{tg} \alpha = \frac{H_0 \cdot Dp}{f_b' \cdot d}$$

Siendo:

α: ángulo de buzamiento.
h: distancia vertical entre A y B.
Dp: diferencia de paralaje entre A y B.
d: distancia horizontal entre A y B.

---

[127] Realizar la restitución ortogonal manualmente supone emplear mucho tiempo. Hoy se realiza con los restituidores digitales informáticos.

Si el terreno es accidentado se deberá calcular la distancia **d** como anteriormente y así conseguir las situaciones exactas de A y B y la distancia rectificada o restituida entre ellos.

Las medidas de buzamiento de estratos y capas suelen realizarse mejor sobre fotografías aéreas que en el campo, porque se miden las inclinaciones generales sin considerar las pequeñas variaciones locales de ángulo.

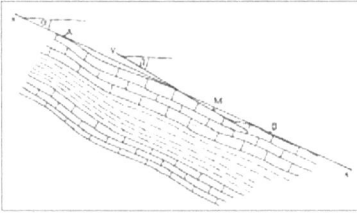

FIG. II.68. *Absorción de las pequeñas variaciones del buzamiento de los estratos al medirse desde pares estereoscópicos.*

La dirección de los estratos se halla fácilmente, trazando la perpendicular a la dirección de buzamiento y midiendo el ángulo que forma con el Norte de la fotografía[128]. Para que los errores no sean excesivos y queden absorbidos por el grano de la propia fotografía las escalas de éstas deben ser inferiores a 1:10.000.

– *Ejemplo de cálculo de dirección y buzamiento de un estrato*

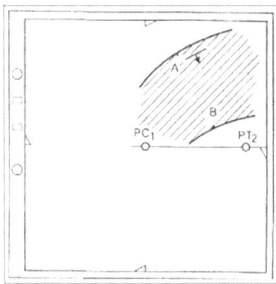

FIG. II.69. *Dirección del buzamiento de un estrato en una F.A.V.*

[128] El Norte de la fotografía se puede deducir muy bien mediante las sombras, y la fecha y la hora de la toma o comparándolas con el mapa topográfico de la zona.

Pauta:

1.º Se eligen dos puntos en la dirección de buzamiento (A y B), A en la parte alta del estrato y B en la baja.
2.º Con la altitud de vuelo (altímetro) se calcula la altura de vuelo (**H_0**) sobre el terreno.
3.º Se mide la diferencia de paralajes (**P_A** - **P_B**).
4.º Se realiza el cálculo de la fotobase corregida (**f_b'**).
5.º Se calcula la distancia horizontal (**d**) entre A y B. Para ello se hallan las posiciones verdaderas u ortográficas de A y B. Donde las líneas **x** e **y** corten a **x'** e **y'** estarán los puntos A y B. La distancia entre ellos será **d**.

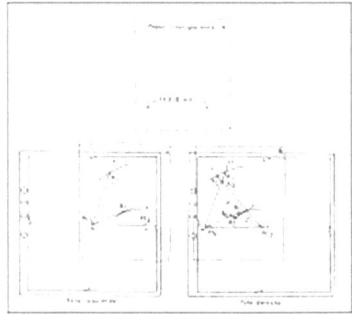

FIG. II.70. *Reposicionamiento de los puntos A y B.*

6.º Con todos los datos se hallan la dirección y el ángulo de buzamiento.

$$tg\ \alpha = \frac{h}{d} = \frac{H_0 . Dp}{d . (f_b' + Dp)}$$

– *Espesores de las columnas estratigráficas*

Generalmente para determinar los espesores son necesarias fotografías de gran escala (1:1.000 a 1:2.000). Es mucho más simple y fácil el cálculo de los espesores en las series de estratos horizontales que en las inclinadas:

a) *Series horizontales*: Tras determinar las líneas de vuelo, sobre papel transparente se trazan las correspondientes líneas y se obtendrán los puntos a, b, c, y d. Se miden sus paralajes con un estereomicrómetro o una cuña de paralaje. Se calculan las diferencias de paralaje (b-a, c-b, d-c) y, como se vio anteriormente, se convierten estas diferencias en alturas.

$$G = E.d.\text{sen}\,\alpha + \frac{H_0.Dp}{f_b{}'+Dp}.\cos\alpha$$

Siendo
G: espesor real.
E: escala de la fotografía.

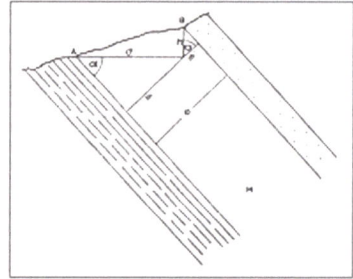

Fig. II.72. *Estratos inclinados en F.A.V.*

b_1.- *Series poco inclinadas (aproximadamente <15°)*.- Tras buscar dos puntos, uno en el techo del estrato (A) y otro en el muro del estrato (B), se puede calcular directamente con los datos anteriores:

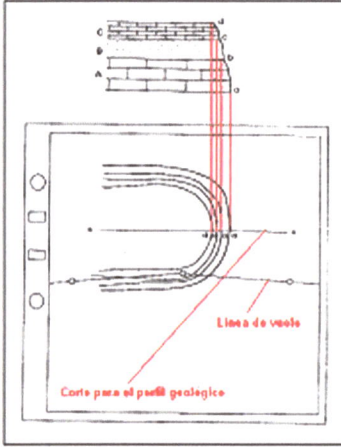

Fig. II.71. *Estratos horizontales en F.A.V.*

b) *Series inclinadas*: Se determina el ángulo de buzamiento y el espesor **e (M)**.
  1.º En las fotografías se elige un punto en cada cara del estrato: **A** (cara inferior) y **B** (cara superior). El espesor **e (M)** se calcula:

$$e\,(M) = d.\text{sen}\,\alpha + h.\cos\alpha$$

  2.º Cálculo de **α**, tal como se realizó en casos anteriores.
  3.º Situando previamente las posiciones ortográficas de **A** y **B**, se calcula **d**, como en casos anteriores.
  4.º Se calcula la diferencia de paralaje entre **A** y **B** y se transforma en diferencias de altitudes **h**.
  5.º Cálculo del espesor real **G**, aplicando la fórmula:

$$e\,(M) = d.\text{sen}\,\alpha + h.\cos\alpha$$

Pero teniendo en cuenta la escala de la fotografía:

$$\cos\alpha = \frac{e}{h}\quad ; \qquad e = h.\cos\alpha\quad ;$$

$$G = e = \frac{H_0.Dp}{f_b{}'+Dp}.\cos\alpha$$

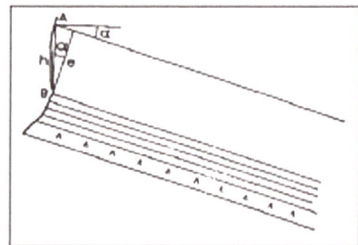

Fig. II.73. *Estratos poco inclinados en F.A.V.*

b_2.- *Series muy inclinadas (aproximadamente >15°)*.- Hay que elegir dos puntos (A y B) situados en cada extremo del estrato, de modo que tengan la misma cota o, lo que es lo mismo, sus paralajes sean prácticamente iguales.

Calcular la distancia horizontal entre esos dos puntos (d_1):

$$e = d_1 \cdot \operatorname{sen} \alpha$$

Como la altura de vuelo (H_0) y la cota (h) son comunes para A y B, el desplazamiento será:

$$D = \frac{h \cdot d}{H_0}$$

Si d_1 es pequeña, bastará medir la distancia entre A y B en la fotografía sin necesidad de corrección. Pero si la separación entre A y B es grande habrá que restituir, es decir hallar las posiciones reales u ortográficas de A y B.

Por último, se calcula el espesor real:

$$G = E \cdot d_1 \cdot \operatorname{sen} \alpha$$

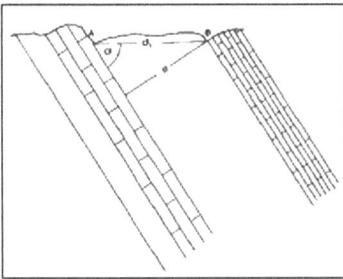

Fig. II.74. *Estratos poco inclinados en F.A.V.*

II.12.4. Los errores en las medidas de paralaje

Se deben a tres tipos de factores o razones:
A) *Errores naturales en las fotografías.-* Unos son propios de los fotogramas por la propia naturaleza del tipo de proyección cónica vertical y no pueden ser subsanados. Las distorsiones mayores se producen en sus bordes.

Como se ha visto, cuanto más alejada esté la zona de estudio del centro de la fotografía se producirán mayores errores en las medidas de paralaje.

Cuanto más separados entre sí se encuentren dos puntos en la fotografía, también se producirán mayores errores en las medidas de paralaje. Por el contrario, cuanto más juntos estén entre sí, y por tanto más equidistantes del punto central de la imagen, más similares serán las distorsiones que les afecten.

Si se ha producido una falta de perpendicularidad del eje óptico en el momento de la exposición por cabeceo, alabeo o rotación del avión, la deformación estereoscópica no será subsanable y si es excesiva (>3°) es mejor desechar la fotografía para usos fotogramétricos.

Cuanto mayor sea la escala de la fotografía mayores serán los errores.

B) *Errores por la mala colocación de las fotografías.-* Los más habituales son:
   B1. *Separación incorrecta de las fotografías.-* Según el tipo de estereoscopio que se esté utilizando.
   B2. *Línea de vuelo no paralela al eje horizontal del estereoscopio.-* En vez de tener un enfoque relajado al infinito, que es el recomendable, la mala disposición del estereoscopio, respecto a la línea de vuelo, obliga al enfoque continuo de la vista. Esto provocará un falseamiento en la visión tridimensional del relieve y, por lo tanto, en la toma de las medidas.

C) *Errores del analista fotointérprete.-* Son los propios que comete el fotointérprete u observador. Los grandes defectos en la visión y, sobre todo, los que suponen altas descompensaciones entre ambos ojos (ojo vago, etc.) hacen difícil la visión estereoscópica pero se superan mediante la práctica. Un operador acostumbrado al uso del estereoscopio puede cometer errores en las medidas de ± 0,3 mm por los desajustes de la vista que hacen que, por ejemplo, suban o bajen las marcas del estereomicrómetro o el punto flotante en la cuña de paralaje. Por eso, conviene repetir varias veces cada medida. Cuanto mayor y más correcto sea el uso del estereoscopio menores errores se producirán. Por último, otro factor de error que produce el analista suele ser la elección inadecuada de los puntos que se miden, por ejemplo, los puntos en la cima y sobre todo en la base para medir una altura.

CAPÍTULO III
TELEDETECCIÓN

OBJETIVOS

- Facilitar una herramienta avanzada que permita la selección y extracción de información de los elementos del espacio de la superficie terrestre necesaria para las Ciencias.
- Hacer objetiva la percepción individual parcial con unas nuevas perspectivas generales muy alejadas de la superficie terrestre.
- Conocer las bases físicas teóricas de la teledetección para su interpretación.
- Manejar métodos de análisis espacial que complementen los visuales con técnicas avanzadas de cálculo estadístico basadas en la información que suministran los sensores aerotransportados.
- Dominar técnicas de manejo de fuentes radiométricas para realizar modelizaciones y simulaciones del espacio.

INTRODUCCIÓN. DEFINICIÓN

Al contrario de lo que hemos visto que ocurría con los términos «cartografía» y «fotografía», para el término *teledetección* no existe aún una definición fijada por el Diccionario de la Real Academia de la Lengua Española[129]. Esto nos da una idea de lo relativamente reciente en el tiempo que es esta herramienta de captación, registro de información y análisis espacial de la superficie terrestre.

El término *teledetección* está constituido por la combinación del prefijo de raíz griega τηλε («tele»: «a distancia») y el castellano «detección» de raíz inglesa («to detect» que, a su vez, procede del latín «detectio-onis» y significa «poner de

manifiesto, por métodos físicos o químicos, lo que no puede ser observado directamente»). Así pues, puede ser definida la *teledetección* como el *conjunto de procesos que permiten obtener información de las imágenes de la superficie terrestre que son captadas a distancia desde el espacio aéreo o exterior en formato digital y son procesadas posteriormente con programas y aplicaciones informáticos.*

El término teledetección es una traducción al castellano de la expresión inglesa «Remote Sensing» que hasta los años sesenta del siglo pasado se refería a las *fotografías aéreas* captadas con métodos *óptico-químicos* desde cámaras, lentes y películas fotográficas transportadas en globos y aviones. Desde entonces se circunscribe y ha reservado este término a las técnicas de captación de imágenes con métodos *óptico-*

[129] Edición 22.

electrónicos desde sensores transportados en plataformas, constituidas por aviones dentro de la atmósfera terrestre y, sobre todo, por *satélites artificiales*, situados en órbitas localizadas fuera de la atmósfera terrestre.

ELEMENTOS Y COMPONENTES DE UN SISTEMA DE TELEDETECCIÓN

Fundamentalmente son (1) las *fuentes* de energía; (2) los *objetos* y *cubiertas* terrestres; (3) el sistema sensible o *sensor*; (4) el sistema *receptor* terrestre; (5) el sistema *procesador* de la información; (6) el analista informático o *intérprete*; y (7) el *usuario* final.

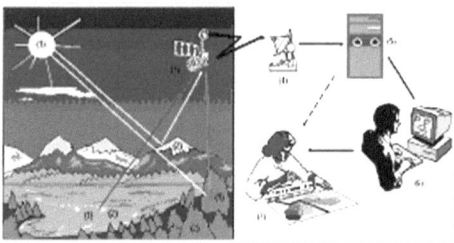

FIG. III.1. *Componentes de un sistema de teledetección.*

1. *Fuente de energía*: Según el origen de la radiación electromagnética detectada por el sensor la teledetección puede ser:
   1.1. *Activa.-* Si el origen de la radiación es el propio sensor.
   1.2. *Pasiva.-* Si el origen no es el sensor. La fuente de radiaciones de la superficie terrestre más importante es el Sol.
   Elementos de captación:
2. *Los objetos captados de la cubierta terrestre*: Suelo, vegetación, cursos y masas de agua, construcciones humanas, etc.; es decir, todo lo que existe en la superficie terrestre.
3. *Sistema sensor*. Comprende el *sensor* de radiaciones propiamente dicho más la *plataforma* que lo sostiene y desplaza.
   Elementos de explotación:
4. *Sistema de recepción* de los datos brutos.

5. *Procesador* para el tratamiento y formateo apropiado de los archivos. Comercialización y *distribución*.
6. *Intérprete*: Conversor de los datos en información temática, tanto *gráfica* y *visual* como *digital*.
7. *Usuario final*: Analista del documento ya interpretado.

Cada vez con mayor frecuencia, los dos últimos componentes (6 y 7) son la misma persona o el mismo grupo de personas.

FIG. III.2. *Medios físicos de un sistema de teledetección y análisis.*

EVOLUCIÓN HISTÓRICA DE LOS SISTEMAS DE TELEDETECCIÓN

La teledetección está constituida por un *conjunto de técnicas aplicadas* y por eso *depende* totalmente del estado de evolución y de la fase de *desarrollo tecnológico* en el que se encuentre el momento o fecha de la toma de información desde la superficie terrestre por este medio. Este estado tecnológico ha ido variando mucho en los últimos años.

Antecedentes. Hitos históricos

– 1859. Gaspar Félix de Tournachon: primera fotografía aérea desde un globo cautivo.
– 1860. James Wallace: foto más antigua que se conserva (Incendio en Boston desde un globo).
– 1904. Fourcade: primer mapa topográfico realizado a partir de fotografías aéreas desde globo.
– 1909. Wilbur Wrigth: primera fotografía desde una avioneta.

– I Guerra Mundial (1914-1917). J. T. C. Moore-Brabaza: primera plataforma sustentadora de una cámara en un avión. Gran desarrollo de la aeronáutica.
– II Guerra Mundial (1939-1945). Invento de la fotografía en color y de la de infrarrojo cercano en blanco y negro. Invento del Radar.
– Posguerra (años 50): invento del radar lateral aerotransportado (SLAR) y de los sensores térmicos de barrido.
– 1955: desarrollo de las ortofotos y ortomapas.

Teledetección en sentido estricto.- Hitos históricos:

– 1957. Primer lanzamiento al espacio exterior de un satélite artificial: *Sputnik* soviético.
– 1959. Invención en la Universidad de Michigan (USA) de los primeros exploradores multiespectrales.
– 1960. Programa Meteorológico *Tiros*: primer proyecto de la NASA (USA) de satélite con órbita cerrada.
– 1961. Primeras fotos desde el espacio exterior. Misión *Mercury*. Alan B. Shepard (primer astronauta estadounidense) llevó una cámara fotográfica convencional en el primer lanzamiento.
– 1965. Primera misión de fotografía espacial proyectada. Misión *Géminis-Titán*.
– 1967. Invención del Radar de Abertura Sintética (*SAR*).
– 1969. Primeras imágenes multiespectrales obtenidas desde la nave Apollo IX.
– 1972. Lanzamiento por la NASA (USA) del primer satélite *ERTS* (Earth Resources Technollogy Satellite) de órbita heliocéntrica. Este proyecto cambió de nombre a *Landsat* con el lanzamiento del segundo satélite en 1975. También se lanza el primer satélite meteorológico geocéntrico europeo *Meteosat*.
– 1973. La NASA coloca en órbita el laboratorio espacial tripulado *Skylab*.
– 1978. Lanzamientos de *Seasat* y *HCMMC* (térmico).

– 1982. Lanzamiento del primer *Landsat-4 TM* (7 bandas).
– 1986. Lanzamiento del *Spot* franco-belga (primer satélite comercial).
– 1987. Lanzamiento del *Mos*-1 japonés.
– 1988. Lanzamiento del *Irs*-1 hindú.
– 1991. Lanzamiento del primer satélite heliocéntrico de la Agencia Espacial Europea (ESA): *Ers*-1.
– 1992. Tratado en la ONU de cielos abiertos *(Open Skies Treaty)* firmado por USA, Canadá y Pacto de Varsovia. Adhesión posterior de países que pusieron en órbita satélites (Japón, India y Brasil).
– 1991-1999. Nuevas tecnologías: LÍDAR, Radares Interferométricos, etc. Creación de la Agencia Espacial Europea (ESA) que se hizo cargo de los *Meteosat* y lanzó los *Ers* (*Ers*-1 en 1991, *Ers* -2 en 1995, *Envisat*, etc.). Proyecto Corine Land-Cover. Se crean los primeros consorcios comerciales de explotación de satélites.
– 1999. Lanzamiento de los estadounidenses *Landsat-7 TM*, *Terra* (MODIS) e *Ikonos*. Tercera Conferencia de la ONU sobre usos pacíficos del espacio exterior (UNISPACE-III) en la que se produjeron reticencias a la obtención de imágenes por parte de países como Israel o la India (nucleares) y en la que los países en desarrollo pidieron el abaratamiento del costo de las imágenes de sus territorios.

Principales proyectos espaciales actuales:

– USA: Landsat, Goes, Space Shuttle, Ikonos, Quickbird.
– EUROPA: ESA – ERS-1 y 2 (radar), Meteosat-MSG (de segunda generación Meteosat 8 y 9 –este último lanzado el 27 de diciembre 2005–). La serie de los Meteosat de primera generación están ya todos desplazados de sus posiciones originarias.
– FRANCIA-BÉLGICA: Spot-3 y 4 (franco-belga).
– INDIA: Irs-C, Insat.
– CANADÁ: Radarsat.
– RUSIA: Spin-2, Resurs.
– JAPÓN: Adeos, GMS.
– Etc.

III.1. CARACTERÍSTICAS GENERALES DE LA TELEDETECCIÓN. VENTAJAS E INCONVENIENTES

VENTAJAS

Las grandes ventajas de la teledetección sobre la fotografía aérea se basan en (1) la *homogeneidad* en la adquisición de las imágenes que ofrece; (2) una visión global con una *perspectiva panorámica*; lo que permite, (3) observaciones a *distintas escalas* de las mismas imágenes. Por otra parte, ofrece (4) una *alta frecuencia temporal* repetida de imágenes de las mismas zonas. Y trabaja con (5) un *número de intervalos de radiaciones* que superan en mucho el espectro radiométrico fotográfico; lo que permite captar fenómenos y aspectos de la superficie terrestre nunca captados antes, así como de sus rápidas evoluciones temporales. Por último, (6) las imágenes se ofrecen en *formato digital*; lo que permite un amplio tratamiento informático de las mismas, así como su transmisión y envío inmediato a los usuarios.

– *Cobertura global, homogénea y exhaustiva*

La teledetección proporciona una cobertura de la superficie terrestre con gran detalle que abarca conjuntos muy extensos y en unas condiciones repetidas a lo largo del tiempo. Es decir, realiza las capturas de imágenes de un modo repetido, desde una misma altura y por un mismo sensor, superando así la variedad de fuentes de información con la que se obtienen otras bases de datos globales que siempre es necesario homogeneizar. La teledetección es una fuente de datos homogénea y global que cubre en la práctica a todo el espacio superficial del Planeta. Muchos programas internacionales de investigación se han diseñado basándose en esta cualidad, como, por ejemplo, el Programa Internacional para el estudio de la Geosfera y la Biosfera (IGBP) con sus iniciativas DIS (Data and Information System) que ya ha sido desarrollada, o la IGBP-Land Cover de creación de Bases de Datos sobre los suelos con una cobertura mundial.

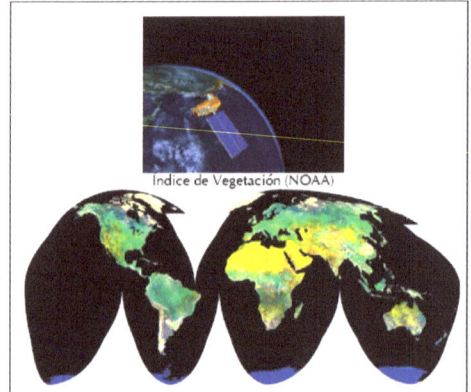

FIG. III.3. *Teledetección: cobertura global, homogénea y exhaustiva.*

Simultaneidad en la adquisición de grandes perspectivas panorámicas

Se puede tener una idea de la potencia de adquisición de imágenes si se considera que:

- Una fotografía aérea a escala 1:18.000 cubre aproximadamente 16 km^2 de un modo simultáneo.
- Una fotografía aérea a escala 1:30.000 cubre aproximadamente 49 km^2 de un modo simultáneo.
- Una imagen Landsat cubre unos 34.000 km^2.
- Una imagen NOAA cubre 1.000.000 km^2.
- Una imagen Meteosat o Goes cubre un hemisferio Este-Oeste entero.

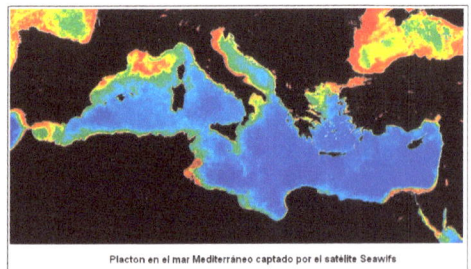

FIG. III.4. *Teledetección: simultaneidad espacial en captura panorámica.*

– *Observaciones multiescala*

La teledetección permite analizar desde coberturas de unos pocos cientos de kilómetros con precisiones de un metro cuadrado, hasta ámbitos hemisféricos con precisiones de entre un kilómetro y 5 kilómetros; o realizar coberturas planetarias con mosaicos de pocas imágenes. Como las relaciones entre las variables de los atributos espaciales suelen cambiar al modificarse la escala de estudio, la teledetección permite realizar fáciles y más amplias extrapolaciones desde observaciones puramente puntuales.

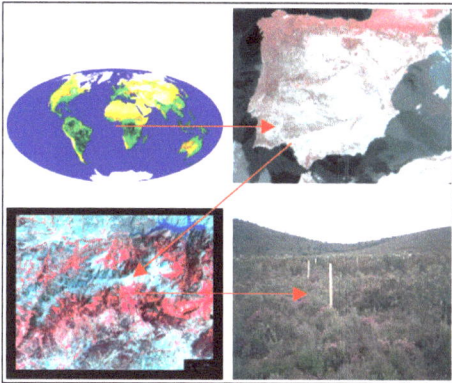

FIG. III.5. *Teledetección: observaciones multiescala de una sola imagen.*

– *Coberturas frecuentes y análisis evolutivos*

Por el carácter orbital cerrado del movimiento de las plataformas sustentadoras de los sensores (satélites principalmente) se obtienen observaciones repetidas a lo largo del tiempo con una alta frecuencia. Esto permite realizar estudios multitemporales de muchos procesos y fenómenos que se producen sobre la superficie terrestre, como por ejemplo de desertificación o deforestación, y hacer seguimientos de inundaciones u otros muchos fenómenos de carácter meteorológico de rápida evolución (nevadas, heladas, etc.).

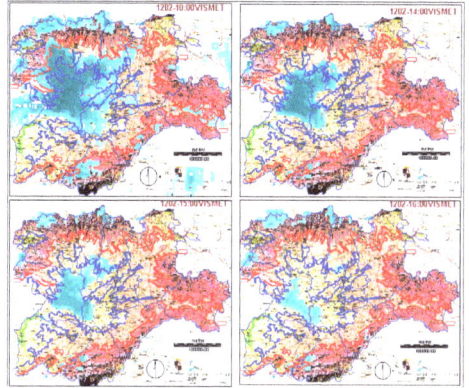

FIG. III.6. *Teledetección: evoluciones temporales (cobertura de la niebla a distintas horas del día –Meteosat-7–).*

– *Observaciones directas de la cubierta*

Salvo en lo relativo a las escalas y a la interpretación de los datos obtenidos, una sola imagen puede sustituir a múltiples capturas de radiaciones efectuadas sobre el terreno con otros sensores y aparatos de medida.

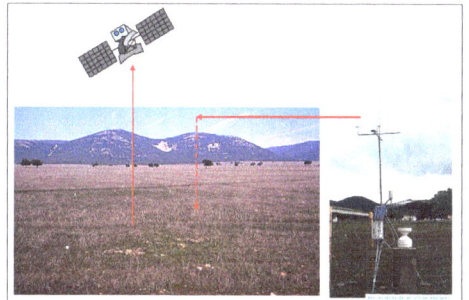

FIG. III.7. *Teledetección: observación directa de las cubiertas.*

– *Información y captura de radiaciones fuera de los espectros visible y fotográfico*

Mediante sensores diseñados para captar otras radiaciones, además de las visibles o del infrarrojo cercano, se puede estudiar una amplia gama de aspectos y fenómenos no perceptibles de otro modo; como, por ejemplo, el estado térmico de las cubiertas mediante las radiaciones que emiten en el infrarrojo térmico, o las superficies terrestres cuando se encuentran cubiertas de doseles nubosos. Estas propiedades son muy útiles en estudios de cardúmenes (bancos de peces) o pesquerías; en estudios climatológicos; en análisis de seguimiento del tráfico rodado o de los incendios forestales, etc.

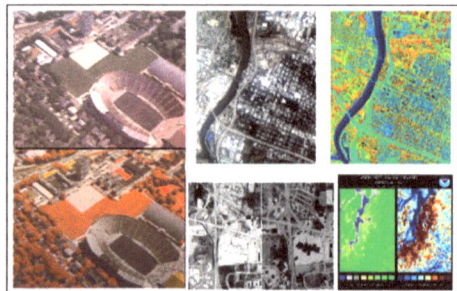

Fig. III.9a. *Teledetección: fácil captura de la información.*

Fig. III.8. *Teledetección: observación en intervalos del espectro no visible ni fotográfico.*

– *Formato digital de las imágenes*

Este tipo de formato permite la transmisión inmediata y directa de las imágenes, o al menos más rápida cuando es indirecta, a los usuarios analistas. Los medios de captación directa de las imágenes desde algunos satélites son, cada vez, más sencillos de instalar y mantener, y más baratos. Aunque en la práctica, y desde el punto de vista legal, la recepción directa de las imágenes que envían los satélites solo es posible desde algunos satélites meteorológicos, como, por ejemplo, de los NOAA. También es más rápido el acceso a las imágenes mediante las redes de distribución directa de las administraciones y empresas explotadoras de los satélites y de la teledetección en general o incluso mediante Internet. Así mismo, y gracias a sus formatos digitales, es más cómodo y eficaz su archivado en cintas magnéticas, discos duros, CD, DVD u otros medios informáticos de almacenamiento de información. Y, por último, permite su utilización con programas de ordenador (SIG) para realizar cálculos matriciales o aplicaciones de funciones muy complejas y de análisis estadísticos de muy diverso tipo que permiten

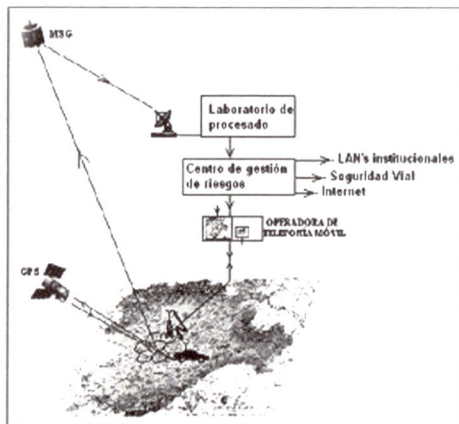

Fig. III.9b. *Integración de la información digital de la teledetección con otras tecnologías digitales.*

extraer una información ingente de cada archivo. El formato digital también permite integrar las imágenes con otras muchas fuentes de datos espaciales en grandes bases de datos, con el fin de crear modelos cuantitativos de simulación y previsión que facilitan resultados cada vez mucho más precisos. En suma, la integración que va consiguiéndose merced a la normalización y trasvase de los diversos tipos de formatos digitales entre sí permitirá en el futuro el acceso rápido, fácil y con una alta precisión a gigantescas bases de datos que facilitarán análisis, en tiempo real, de situaciones que con el proceso de globalización acelerado requieren de respuestas cada vez más rápidas, eficaces y concretas. En este último aspecto, la actual integración en 3D de las imágenes de los satélites y de los modelos digitales del terreno son un ejemplo claro de cuál es el camino a seguir.

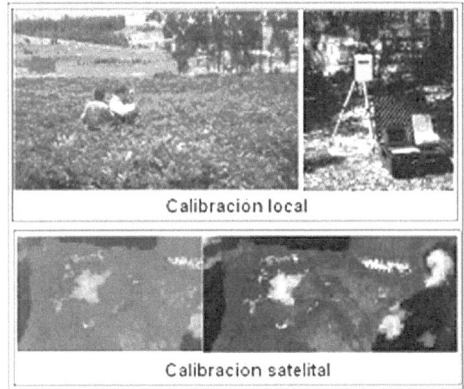

Fig. III.10. *Teledetección: necesidad permanente de calibraciones periódicas.*

+ **VISIÓN GLOBAL**
+ **CAPTACIÓN HOMOGÉNEA**
+ **OBSERVACIÓN MULTIESCALAR**
+ **FRECUENTE COBERTURA DEL TERRENO**
+ **SUPERACIÓN DEL ESPECTRO RADIOMÉTRICO FOTOGRÁFICO**
+ **FORMATO DIGITAL. Transmisión inmediata**

Tabla III.1. *Teledetección: ventajas.*

Inconvenientes

Entre los inconvenientes se encuentran:
1. La necesidad de una *calibración permanente* de las imágenes para poder compararlas entre sí. La calibración se hace indispensable a causa de
   a) La variabilidad (pérdida) en la sensibilidad de los sensores con el paso del tiempo.
   b) La variación permanente de las condiciones atmosféricas.

Gracias a las calibraciones de los datos se pueden realizar medidas absolutas de las distintas radiaciones captadas. La información pertinente para cada calibración, por una parte, la aporta el propio satélite mediante sus autocalibraciones periódicas y, por otra, mediante las informaciones auxiliares meteorológicas (estudios de columnas atmosféricas, etc.). En cuanto a las condiciones atmosféricas que existen en los momentos de las captaciones de las imágenes, las cubiertas de nubes son las que más afectan, sobre todo en el espectro visible y en el infrarrojo.

2. Las *deformaciones* propias de las *proyecciones* con las que se captan las imágenes en función de las sucesivas localizaciones y situaciones de los satélites que hay que corregir conociendo sus datos orbitales y los momentos de la captación de las imágenes.

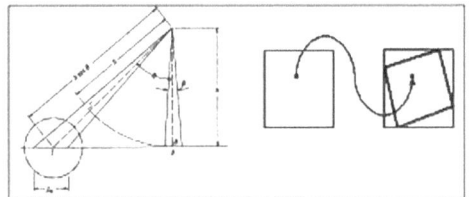

Fig. III.11. *Teledetección: necesidad permanente de correcciones geométricas.*

3. La gran variedad de *resoluciones temporales*, *espaciales* y *espectrales*, que hace necesario conocer las características técnicas de una gran cantidad de sensores y satélites para poder elegir correctamente, en función del tipo de análisis espacial que se pretenda realizar.
4. El que en teledetección la inmensa mayoría de las imágenes no permiten realizar montajes de visiones estereoscópicas.

- **Calibración (medidas absolutas)**
- **Doseles nubosos**
- **Resolución temporal (frecuencia de adquisición)**
- **Resolución espacial**
- **Resolución espectral**
- **Visión no estereoscópica**

Tabla III.2. *Teledetección: inconvenientes.*

– *Calibración*

Fundamentalmente, la calibración es necesaria por la *distorsión técnica* que el sensor introduce en las imágenes. Esta distorsión se produce por la pérdida progresiva de sensibilidad que provoca el envejecimiento de sus componentes electrónicos. Esto supone un problema para comparar imágenes asíncronas captadas por el mismo sensor en momentos distintos de su vida o funcionamiento útil. Se resuelve aplicando correctivamente a las imágenes los datos de recalibración periódica que realiza el propio sensor y que facilita a los usuarios la administración del satélite correspondiente.

Por otro lado, también pertenecen a este apartado las reasignaciones necesarias en cuanto a las signaturas espectrales de los distintos tipos de cubiertas que permitirán realizar clasificaciones supervisadas; o el que los objetos no se comportan como radiadores perfectos (cuerpos negros que radian según su temperatura), sino que influyen sus características físicas (composición molecular, color, forma, etc.) que se manifiestan en su emisividad (ε). En las imágenes del infrarrojo térmico supone un gran problema calcular la temperatura real, conocida la radiación. Este problema sólo se puede resolver conociendo la emisividad o por aproximación, mediante combinación con imágenes del IR térmico, del IR próximo y del IR medio:

$$T_r = \varepsilon^{1/4} \cdot T_c$$

T_r: Temperatura radiante.
ε: Emisividad.
T_c: Temperatura cinética.

– *Distorsión atmosférica*

Los problemas planteados por la respuesta diferencial de la atmósfera a las distintas radiaciones son de difícil compensación. Se resuelven mediante el análisis comparado del comportamiento del fenómeno bajo estudio en distintos segmentos de radiación; o, lo que es lo mismo, mediante el contraste de distintas imágenes obtenidas por distintos sensores de un mismo fenómeno. Así se pueden utilizar las respuestas radiométricas simultáneas de los mismos espacios de la superficie terrestre en los distintos sensores que portan cada satélite. Por ejemplo, los satélites NOAA facilitan imágenes simultáneas de cinco sensores. Para superar los problemas atmosféricos se realizan algoritmos con las ventanas de absorción, radiaciones, filtros y combinaciones de distintos métodos.

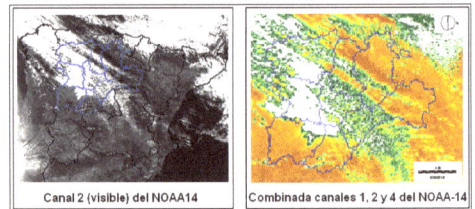

Canal 2 (visible) del NOAA14   Combinada canales 1, 2 y 4 del NOAA-14

Fig. III.12. *Compensación de la distorsión atmosférica.*

Distorsión astronómica

Es de carácter temporal y afecta a las imágenes sólo en el segmento visible del espectro

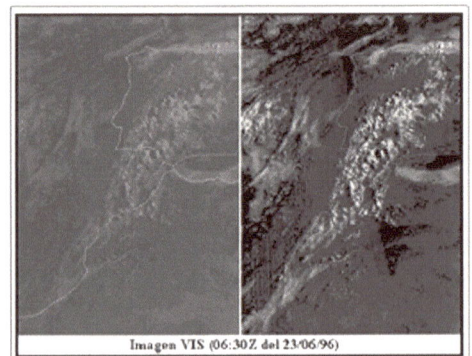

Imagen VIS (06:30 Z del 23/06/96)

Fig. III.13. *Compensación de la distorsión astronómica.*

radiométrico. Está producida por la diferente posición relativa del Sol y el objeto estudiado a lo largo del año astronómico y de cada momento del día que hace que varíe la intensidad y el ángulo del albedo reflejado, según aquéllos.

Su corrección se basa en la compensación de tal variación de la intensidad mediante el cálculo del ángulo cenital solar y del acimutal que forma el Sol con el satélite. Con ellos se forma una imagen virtual que se computa con cada imagen real. Esto permite comparar imágenes de distintos momentos para realizar el seguimiento secuencial de algunos fenómenos.

– Distorsión geométrica

Es de carácter espacial y afecta por igual a las imágenes en cualquier segmento del espectro radiométrico. Se produce por el ángulo que forma la órbita del satélite con la vertical de la posición del objeto en la superficie terrestre; lo que provoca una imagen con una proyección deformada. Se compensa conociendo los datos orbitales del satélite en el momento de la captación de la imagen y las coordenadas reales de varios puntos de la superficie terrestre. Con estos datos se pueden aplicar algoritmos combinatorios de tres tipos:

a) Aplicación de sistemas de polinomios de ajuste sobre puntos de control.
b) Resolución de las condiciones orbitales.
c) Procedimientos mixtos de los dos anteriores.

Estos algoritmos resitúan cada punto de la imagen en su posición relativa correcta, según el sistema de proyección cartográfica que se haya elegido. Así pues, la corrección geométrica

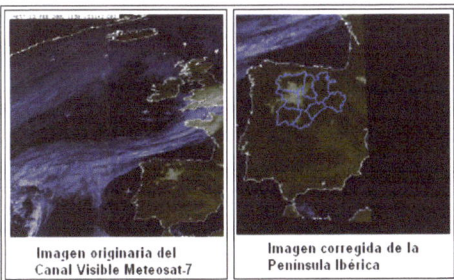

Imagen originaria del Canal Visible Meteosat-7

Imagen corregida de la Península Ibérica

Fig. III.14. *Compensación de la distorsión geométrica.*

o *remuestreo* de las imágenes es simplemente la asignación de coordenadas geográficas correctas (latitud, longitud; UTM, etc.) a cada píxel de la imagen deformada.

III.2. MEJORAS RECIENTES DE LA TELEDETECCIÓN

En los últimos años los análisis espaciales basados en los Sistemas de Teledetección van teniendo una progresión exponencial, gracias a los grandes avances técnicos que se ponen en práctica en todos los elementos intervinientes y en sus resultados. Estas mejoras han afectado a las propias plataformas o familias de satélites con su mayor número, su mucha más larga vida técnica, las mayores facilidades de navegación y la mayor precisión orbital. También las mejoras han afectado a sus instrumentos ópticos (lentes) y electrónicos (sensores), que han aumentado su número en cada satélite, así como su sensibilidad; lo que ha conllevado la mejora correspondiente en la resolución espectral y espacial. Un aspecto muy importante de mejora ha sido la incorporación de nuevas técnicas de teledetección activa, como la que aportan los lídares, o los radares interferométricos.

Por otra parte, los espectaculares logros en el mundo de las Telecomunicaciones y su gran salto a las tecnologías digitales han permitido el acceso fácil, rápido y barato a muchas imágenes gracias a la profusión de redes de transmisión de datos muy rápidas y seguras.

Por último, los grandes avances en el campo de la Informática, tan unido por otra parte al de las Telecomunicaciones, han permitido un tratamiento de las imágenes con programas de gran potencia a los que, mediante los cada vez más numerosos y variados Sistemas de Información Geográfica, han accedido una gran cantidad y variedad de especialistas de distintas disciplinas científicas y profesionales.

– Introducción de nuevos sensores
– Nuevas técnicas en el procesado de datos
– Mejora en distribución y acceso a datos

– Mejoras en los satélites geoestacionarios

Eran, hasta hace muy poco tiempo, los que en el balance o compromiso entre la resolución temporal, la espacial y la espectral optaban por la primera. Hoy ya han alcanzado grandes avances en las tres, sobre todo los METEOSAT de segunda generación (MSG), del que en diciembre de 2005 se lanzó el segundo de la serie.

TABLA III.3. *Características básicas de los sensores de los satélites Meteosat de Primera Generación y los de la Segunda (MSG).*

– *Sensores de alta especialización*

Desde que se diseñaron sensores específicos, como, por ejemplo, el TOVS para realizar el seguimiento de los agujeros polares de la capa de ozono, han sido puestos en funcionamiento una gran cantidad de ellos. Son sensibles a las combinaciones de longitudes de onda de las radiaciones que emiten concentraciones atmosféricas de determinados gases concretos, como, por ejemplo, las de metano o anhídrido carbónico.

FIG. III.15. *Ejemplo de sensor de alta especialización.*

– *Sensores de alta resolución espectral*

Las plataformas han ido incorporando cada vez mayor número de sensores que permiten la captación simultánea de las distintas longitudes de onda que envía cada cubierta en segmentos cada vez más cortos del espectro radiométrico. Esto ha ido permitiendo ajustar cada vez con mayor precisión las signaturas espectrales de las distintas coberteras y objetos terrestres.

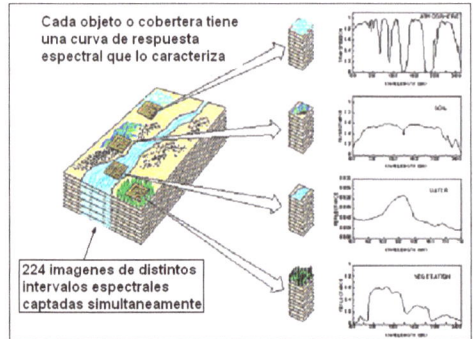

FIG. III.16. *Esquema del sensor AVIRIS.*

– *Seguimiento detallado del estado de la atmósfera*

En relación con los avances de los sensores hiperespectrales, el control del medio ambiente ha sido cada vez más exhaustivo. Para esto se han diseñado algunos satélites específicos que soportan sensores como, por ejemplo, del tipo MODIS que alcanzan resoluciones espaciales de 250 metros. Sus aplicaciones han sido muy variadas como, por ejemplo, el control de las deforestaciones o los incendios.

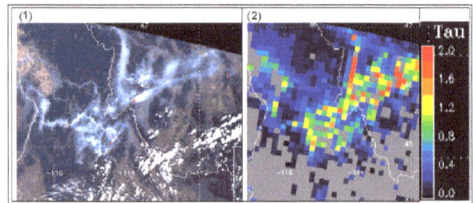

FIG. III.17. *Control con el MODIS de los estados de la atmósfera provocados por el humo de incendios forestales.*

– *Captaciones multiangulares*

La apertura de los ángulos de captación de los sensores ha sido otro de los progresos recientes que han permitido obtener información, no sólo en proyecciones planas verticales sino también laterales, de las capas atmosféricas, de las cubiertas y demás objetos de la superficie terrestre, con el fin de reconstruir sus perfiles y estructuras. Mediante la captación simultánea desde distintos ángulos se facilita mucho el estudio de las partículas y aerosoles atmosféricos en suspensión; los tipos, alturas y cantidades de nubes; la estratificación de la vegetación; etc.

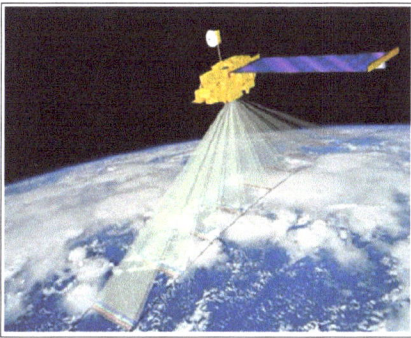

FIG. III.18. *Captación multiangular del sensor MISR del satélite TERRA.*

– *Sensores de alta resolución espacial*

Las necesidades militares de alcanzar mayores detalles acerca de objetivos e infraestructuras de una forma directa ha conllevado el sucesivo aumento de la resolución espacial de los sensores, alcanzándose en la actualidad detalles de menos de un metro de longitud.

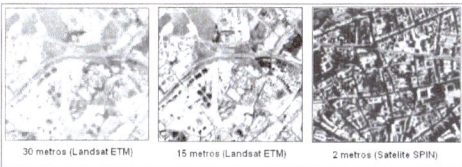

30 metros (Landsat ETM)   15 metros (Landsat ETM)   2 metros (Satelite SPIN)

FIG. III.19. *Ciudad captada con distintas resoluciones espaciales.*

– *Nuevas tecnologías*

El invento de los rayos láser conllevó el diseño de nuevos sensores activos de la familia de los radares ópticos, como el LÍDAR, que trabaja en los segmentos infrarrojos del espectro radiométrico y han permitido realizar perfiles de alta precisión, llegándose así a incorporar la tercera dimensión captada desde el cielo. Esto hace que los avances gráficos en los resultados de la teledetección sean espectaculares. Estas nuevas técnicas se basan en la emisión de pulsos de frecuencias con cadencias temporales y ángulos determinados de los que se captan sus ecos. Con el primer pulso se obtiene información de la parte más elevada del objeto y con el último pulso de la base del mismo; con ello se pueden reconstruir distintos estratos, por ejemplo, de un bosque o de una ciudad.

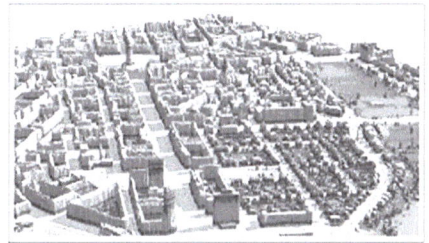

FIG. III.20. *Reconstrucción de estratos edificatorios urbanos con un LÍDAR.*

En la misma línea se utilizan técnicas de interferometría o interferogramas, consistentes en el análisis, mediante la ecuación transformada de Fourier, de dos señales infrarrojas muy próximas entre sí, en cuanto a sus longitudes de onda, que son combinadas o intermoduladas por el terreno, lo que permite reconstruir las formas de relieve por resonancia.

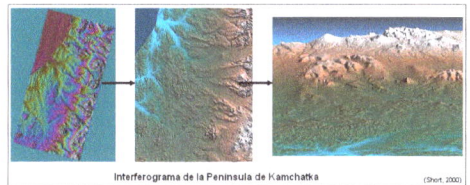

Interferograma de la Península de Kamchatka   (Short, 2000)

FIG. III.21. *Reconstrucción 3D de relieve realizado con interferometría desde el Space Shuttle en el 2000.*

– La transmisión y el acceso a las imágenes

Además de en las redes de distribución de imágenes de cada administración comercializadora y explotadora de los satélites, la evolución fundamental se ha producido en la codificación de los archivos de las imágenes con el fin de permitir el acceso a los mismos a través de Internet.

FIG. III.22. *Página web del servidor de imágenes del satélite TERRA.*

Con esto los medios de información y de difusión de imágenes han ido adquiriendo un carácter global; de manera que se hacen necesarios buscadores especializados para orientarse, ante la gran cantidad de información procedente de la teledetección de la que se dispone en la Red.

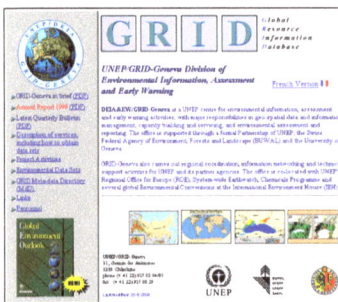

FIG. III.23. *Página web de buscador de imágenes ambientales.*

III.3. EL PRESENTE Y EL FUTURO
        DE LA TELEDETECCIÓN

En la línea de lo antes expuesto, es fácil prever que la teledetección continuará ampliando el campo de sus aplicaciones a medida que vaya abriéndose al mundo económico de la iniciativa privada. Los progresos en el campo de la sensibilidad, la autonomía y la discriminación de los sensores serán acelerados. Las misiones serán proyectadas de un modo concreto para objetivos cada vez más precisos. Se profundizará mucho más en las calibraciones de los datos brutos que suministran los satélites y en los metadatos de los archivos que casi serán suministrados de modo directo por los satélites. En la actual tendencia a su explotación comercial el capital privado está mostrando, cada vez más, un mayor interés en no solo la comercialización de imágenes sino en el control y el proyectado de misiones y lanzamientos de satélites. El número y actividad de los usuarios será cada vez mayor y más variado.

Todo esto ya empieza a producirse, como ya ha ocurrido con el proyecto QuickBird que suministra imágenes de menos de un metro de resolución espacial comercializadas desde febrero de 2002 con 61 cm de resolución espacial en el nadir. También el proyecto de aplicación medioambiental Deimos1 de capital español, que forma parte del grupo orbital de países propietarios de satélites DMC, cuya estación de seguimiento está ubicada en el Parque Tecnológico de Boecillo en Valladolid (España) y en el que, entre otros, participa el Laboratorio de Teledetección de la Universidad de Valladolid. O el GEOEYE1, lanzado en septiembre de 2008 por Google para suministrar información directa a su página web de mapas con una resolución de 41 cm.

FIG. III.24. *Nuevos satélites comerciales privados.*

Por otra parte, ya existen proyectos de lanzamientos de satélites diseñados para misiones específicas, como, por ejemplo, el satélite FUEGO que servirá para establecer una red de alarmas de incendios forestales con unas prestaciones específicas de alta resolución espacial y temporal que sirvan para la detección rápida, con el fin de que la actuación impida su extensión hasta dimensiones muy difíciles de manejar.

> Detección rápida 15
> Exactitud espacial próxima a los 300m
> Baja tasa de falsas alarmas
> Resolución de 35-50 m en el nadir
> Distribución y recepción en tiempo real.
> Canales:
  • MIR detección de focos activos
  • TIR temperatura del fondo
  • VIS/NIR evitar falsas alarmas

FIG. III.25. *Nuevos satélites con misiones específicas: satélite FUEGO.*

Cada vez existirán más aplicaciones de la teledetección, lo que hará aumentar el número y la extensión de los usuarios a sectores académicos, económicos y sociales que hasta ahora no la han usado como herramienta en sus disciplinas y campos de actividad: por ejemplo, los medios de comunicación, ONG, empresas de seguros, etc.

Usuarios tradicionales	Nuevos usuarios
Gobiernos • Planificadores civiles • Fuerzas armadas • Servicios de inteligencia • Centros científicos • Entidades regionales y locales	Medios de comunicación • De información general (televisiones, periódicos) • De información específica (revistas) • Editoriales
Organizaciones internacionales • Agencias de la ONU (refugiados, medio ambiente ...) • Programas de cambio global • Centros regionales (p. ej. UEO)	ONG • Ambientalistas • Control de armamentos, desarme • Ayuda humanitaria • Derechos humanos • Gestión de catástrofes
Empresas • Extracción de recursos (petroleo, gas ...) • Gestión de recursos (forestales, agrícolas ...) • Aerofotografía • Diseño y lanzamiento de sensores • Diseño y venta de software de tratamiento digital • Empresas de S.I.G.	Empresas • Redes de distribución (electricidad, agua ...) • Seguros • Agricultura de precisión • Evaluación de impacto ambiental • Promoción turística
Universidades y centros de investigación • Departamentos de Geografía, Geología, Biología, Ing. Geodésica, Agronomía, etc. • Centros de Teledetección • Departamentos de Física, Informática, Ing. Telecomunicación	Universidades y centros de investigación • Departamentos de Arqueología, transportes • Centros multimedia • Departamentos de Geopolítica
Organizaciones profesionales Teledetección Campos afines a las aplicaciones	Clientes finales • Mercado inmobiliario • Decoración

TABLA III.4. *Nuevos usuarios y usuarios tradicionales.*

Un ejemplo de que todo esto ya se está produciendo fue la rápida publicación en la prensa de las imágenes de satélite de los atentados sobre las Torres Gemelas el 11 de septiembre de 2001 o las de las destrucciones que provocó el tsunami de Indonesia en diciembre de 2004.

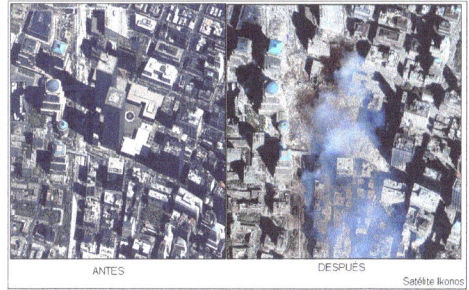

FIG. III.26. *Imágenes del satélite IKONOS de los momentos previos y posteriores del atentado terrorista contra las Torres Gemelas de Manhattan en Nueva York publicadas por los medios de comunicación el mismo día 11 de septiembre de 2001.*

La gran extensión del mundo de la teledetección ha provocado la organización de actividades para su ordenación y difusión, mediante programas de enseñanza y cursos en universidades, institutos y empresas de formación; así como con la edición de cada vez más revistas específicas. Internet es hoy una fuente inagotable de recursos formativos, datos e imágenes, a través de páginas específicas, así como a través de grupos de discusión y «blogs» dedicados

Difusión de la Teledetección

▫ Manuales, revistas, catálogos de imágenes.
▫ Vídeos, colecciones de diapositivas.
▫ Programas informáticos:
  → Enseñanza asistida.
  → Ejercicios prácticos.
▫ Recursos en internet:
  > Listas de recursos.
  > Información sobre nuevos sensores.
  > Bibliografía - buscadores.
  > Programas o imágenes de dominio público
    → Son gratuitas.
    → Habitualmente no permiten análisis cuantitativo (formatos gráficos: .GIF, .JPEG).
  > Establecimiento de redes docentes: correo electrónico, grupos de discusión, vídeo-conferencia.

TABLA III.5. *Medios de difusión de la teledetección.*

exclusivamente a este mundo. Un mundo que para los profesionales se organiza en asociaciones, entre las que fue pionera la AET (Asociación Española de Teledetección) cuando se creó en 1989. Pero a la que han seguido una gran profusión de ellas de carácter nacional e internacional que organizan congresos internacionales en los que se ponen al día y difunden los avances y aplicaciones concretas.

FIG. III.27. *Ejemplos de medios de difusión de la teledetección.*

A pesar de los grandes avances que se han producido, se producen y se producirán en la teledetección, conviene no olvidar que siempre será una *herramienta auxiliar* de las disciplinas científicas y de las actividades económicas; es decir, que será *complementaria de otras fuentes de información*, de datos y de técnicas, como, por ejemplo, la fotografía aérea, a las que no podrá sustituir completamente; y desde luego siempre habrá de apoyarse en las confirmaciones de los trabajos de campo y en la obtención de datos y muestras «in situ». Al ser un instrumento de aplicación puramente empírico, solo la experiencia de su utilización puede ofrecernos el grado de su valoración en cada momento.

III.4. PRINCIPIOS FÍSICOS
          DE LA TELEDETECCIÓN

Hay tres elementos fundamentales que intervienen en la teledetección: en primer término está el propio (1) flujo energético o *radiación*. En segundo término, (2) el *emisor* de dicho

flujo, constituido por el objeto en observación del que se pretende obtener información en forma de datos. Y, por último, (3) el elemento *captor* del flujo energético, constituido por el sensor que es transportado por la plataforma espacial.

III.4.1. FUNDAMENTOS

La energía en general se transmite entre los cuerpos mediante tres modos:
   a) Mediante la *conducción* del flujo energético o intercambio de la energía cinética de las moléculas por contacto directo entre los cuerpos.
   b) Mediante la *convección* del flujo energético. Muy ligada al modo anterior, se produce por el movimiento de un cuerpo dentro de otro (generalmente en estado fluido líquido o gaseoso) que posean distinta densidad y distinto nivel energético o estado cinético de sus moléculas.
   c) Mediante la *radiación* del flujo energético por los cuerpos en todas las direcciones. La *radiación* es consecuencia de las variaciones de los estados energéticos de los cuerpos. Cuando, por ejemplo, un cuerpo se ha excitado térmicamente, su superficie emite radiaciones en todas las direcciones, de manera que al incidir sobre otro cuerpo, una parte de ellas puede reflejarse, otra transmitirse a través de él y otra absorberse en forma de calor. El calor puede pasar de un cuerpo a otro sin necesidad de contacto alguno entre ellos y sin necesidad de un medio físico que les una.

De estos tres modos de transmisión de la energía, la teledetección sólo trabaja con la *radiación*.

Para el estudio de la radiación la Ciencia Física elaboró en primer lugar la *Teoría Ondulatoria*, basada en los principios descubiertos por Huygens, Maxwells y otros que consideraban la energía como simples ondas. Posteriormente se fue elaborando la *Teoría Corpuscular* por físicos como Planck o Einstein que la consideraban como corpúsculos; para, finalmente, conciliar ambas teorías y acabar considerando la energía como un movimiento ondulatorio descrito por un corpúsculo al desplazarse.

El Sol emite la mayor parte de las radiaciones que afectan a la superficie terrestre que es el objeto de la teledetección. Estas radiaciones son captadas por los sensores tras sufrir 3 tipos de procesos:

1. *Reflexión*: Una parte o fracción de la radiación que procede del Sol se refleja en la superficie terrestre y vuelve hacia el espacio.
2. *Emisión*: Otra fracción penetra en la superficie terrestre, es transformada por ésta y emitida de nuevo hacia el espacio exterior.
3. *Reflexión + emisión*: El tercer proceso es una combinación de ambos y fundamentalmente la fuente de radiación no es el Sol sino el propio sensor.

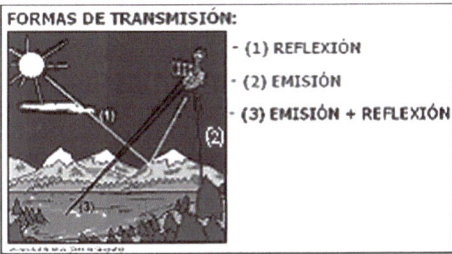

FIG. III.28. *Procesos fundamentales de la radiación en la teledetección.*

La energía electromagnética se transmite, incluso en el vacío, de un modo armónico y continuo a la velocidad de la luz y siguiendo dos campos perpendiculares entre sí en el espacio: los denominados *campo eléctrico* y *campo magnético*. Una onda no es otra cosa que la variación en el tiempo del valor de la energía eléctrica y magnética que posee una partícula atómica en su desplazamiento por el espacio.

En la Teoría Ondulatoria se considera la *onda* definida por varios conceptos:

– *Longitud de onda* (λ): Distancia entre 2 picos o 2 nodos.
– *Frecuencia (f)*: Número de ciclos completos (vueltas al estado energético eléctrico primitivo) que cubre en un determinado periodo de tiempo.

– *Amplitud (A)*: Ganancia o máximo potencial energético (voltaje) de la onda.
– *Velocidad de la Luz (c)*- 300.000 km/seg-: c = λ · f[130].
– *Cantidad de energía (Q)* transmitida por una partícula (fotón): Q = h · f[131].

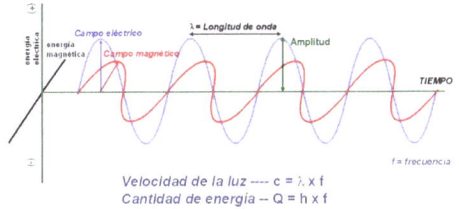

FIG. III.29. *Gráfico-esquema de la onda electromagnética.*

Existe una relación inversa entre la longitud de onda y la frecuencia que indica que a mayor longitud de onda el contenido energético de la onda será menor. Esto hace que se capten mejor y más fácilmente las ondas que tienen pequeñas longitudes.

III.4.1.1. *El espectro electromagnético*

El conjunto de radiaciones existente en la naturaleza que se presenta como una distribución continua y ordenada, según unas características constituidas fundamentalmente por sus longitudes de onda, configura lo que se conoce como el *espectro electromagnético* (EE) o *espectro radioeléctrico*.

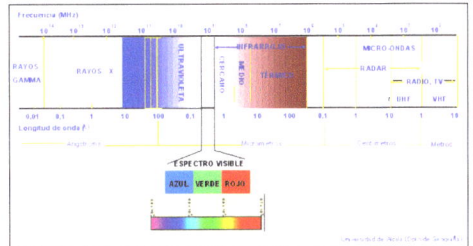

FIG. III.30. *El espectro electromagnético (EE).*

[130] λ = Longitud de onda; f = Frecuencia.
[131] h = Constante de Planck: -6,6.10[-34] julios/s.

El espectro está estructurado como una serie de bandas en las que las radiaciones electromagnéticas manifiestan un comportamiento similar. El espectro cubre desde los rayos gamma (γ), pasando por los rayos equis (x), hasta llegar a las ondas largas de radio (OL).

La parte del espectro que interesa a la teledetección comprende:

a) Desde las longitudes de onda pequeñas (por debajo de 0,4 µm –frecuencias altas–) del *ultravioleta reflejado* o *fotográfico*; que se utiliza, por ejemplo, para detectar manchas de petróleo, ya que éste las absorbe mucho, y para el estudio de la capa de ozono.

b) También interesa el segmento del espectro *visible* (0,4 a 0,7 µm)[132] que contiene las tres bandas de color fundamentales: azul (0,4-0,5 µm), verde (0,5-0,6 µm) y el rojo (0,6-0,7 µm).

c) A continuación aparecen las bandas del segmento *infrarrojo*, que fundamentalmente son tres:

c_1) El *IR próximo* o cercano, también denominado *reflejado* o *fotográfico*. Comprende longitudes de onda entre 0,7 y 1,3 µm. En él se detecta muy bien la vegetación y la humedad en general.

c_2) El *IR medio*, que es una mezcla de reflexión y emisión producida en y por la superficie terrestre. Comprende entre 1,3 y 8 m. Está diferenciado y dividido en:

$c_2.1$ Una subbanda denominada *IR de Onda Corta* (siglas en inglés SWIR = Short Wave) que comprende entre 1,3 y 1,8 µm, mediante la que se estudia el contenido de humedad en la vegetación.

$c_2.2$ Otra subbanda denominada *IR medio propiamente dicho*, que comprende entre 1,8 y 8 µm; en la que se detectan muy bien los focos de muy altas temperaturas, como los incendios, por ejemplo.

c_3) El *IR térmico*, también denominado *IR lejano*. Comprende entre 8 y 14 µm de longitud de onda. Como su nombre

indica, permite estudiar el comportamiento térmico de las cubiertas y objetos de la superficie terrestre.

d) Siguiendo el orden creciente de las longitudes de onda en el espectro radiométrico de las bandas se encuentran las de tamaño milimétrico que son también utilizadas mucho en teledetección. Son las denominadas *microondas*, que tienen longitudes de onda que superan un milímetro (>1 mm). En este intervalo empiezan a trabajar los *radares*[133]. El tamaño de las longitudes de onda de estas bandas del espectro, que son mucho mayores que el de los radios de las gotitas de vapor de agua, les permite penetrar muy bien entre las nubes; al contrario que ocurre con las longitudes de onda de las bandas visibles que son de tamaño similar y son interferidas mucho por la nubosidad.

III.4.1.2. *Los conceptos físicos de la teledetección. Unidades de medida*

Dentro de los fundamentos físicos generales de las radiaciones hay una serie de conceptos que sirven especialmente a la teledetección como, por ejemplo, el de *cuerpo negro*.

El Sol es la fuente fundamental de la radiación electromagnética que se utiliza en teledetección, pero cualquier cuerpo que esté a una temperatura superior al cero absoluto emite energía en forma de radiación electromagnética[134]. De manera que cualquier cuerpo de la superficie terrestre es una fuente de radiación, aunque de composición espectral e intensidad muy distinta a la del Sol. La cantidad de energía emitida en los distintos segmentos del espectro depende de la temperatura del cuerpo y de su composición molecular, así como de su forma, tamaño y color. La *ley de Planck* establece la forma que adquieren las curvas de emitancia espectral para cada temperatura y cada longitud de onda.

---

[132] Un micrómetro equivale a 1.10^{-6} metros: una millonésima de metro.

[133] Aunque el LÍDAR trabaja a partir de los infrarrojos.

[134] $0\ ^{\circ}K = -273\ ^{\circ}C$.

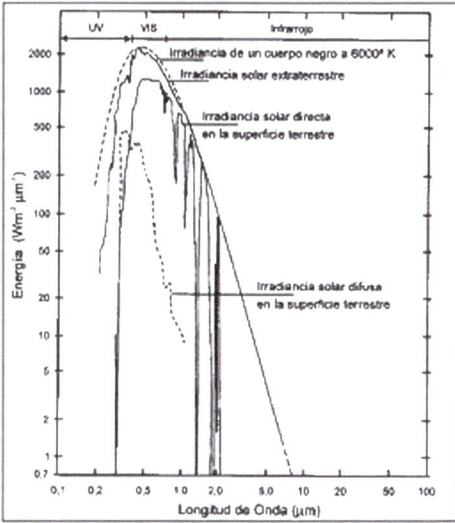

FIG. III.31. *Gráfica de la emitancia espectral para cada temperatura según la ley de Plank.*

La *ley de desplazamiento de Wien* establece el punto máximo de emitancia y de longitud de onda para cada temperatura; de manera que, a medida que un cuerpo se calienta, la longitud de onda a la que tiene su máxima emitancia disminuye.

CUERPO	TEMPERATURA	λ_{max}
SOL	6000 °K	Visible 0.4 – 0.7 µm
TIERRA	300 °K	Infrarrojo térmico 9.7 µm

TABLA III.6. *Correspondencia entre la temperatura y la longitud de onda de máxima intensidad en el sistema Sol-Tierra.*

La *ley de Stefan-Boltzman* establece el área de cada curva de emitancia.

Así, el máximo de la radiación solar se produce en torno a 0,4 µm (centro del intervalo visible), en torno al color amarillo que caracteriza al Sol; el máximo de radiación terrestre se produce a 9,7 µm de longitud de onda (infrarrojo térmico); y, como último ejemplo, el sector de máxima radiación de los océanos tiene longitudes de onda que están comprendidas

entre 3 y 40 µm. Parece así que se tendría que producir mucha contaminación de la radiación solar en los sensores de los satélites, pero en realidad la radiación solar decrece con el cuadrado de la distancia entre el satélite y el Sol, por una parte; y, por otra parte, en el segmento del infrarrojo térmico no hay interferencias porque la radiación que recibe el sensor desde la superficie terrestre es de mucha mayor intensidad que la que recibe del Sol a causa de la ley física de desplazamiento de Wien.

En resumen:

a) El Sol emite su máximo de energía radiante en el espectro visible con un pico en torno a 0,4 µm.

b) La superficie terrestre emite la máxima energía en el segmento infrarrojo con un pico en torno a 9,7 µm (los océanos entre 3 y 40 µm).

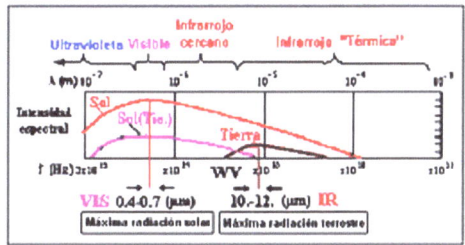

FIG. III.32. *Intensidad en la radiación espectral de los sistemas Sol-Tierra.*

Las características del cuerpo físico ideal y teórico denominado *cuerpo negro* hacen que

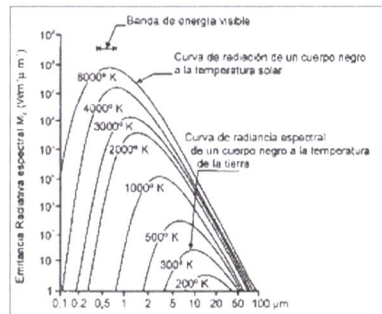

FIG. III.33. *Emitancia radiativa del cuerpo negro equivalente.*

sea un emisor perfecto que transforma toda la energía calorífica que posee en energía radiante, según las leyes de la termodinámica en general y de la ley de Planck en particular.

Pero este ideal no se da en la naturaleza, por eso es muy difícil determinar, por ejemplo, la temperatura conductiva de un cuerpo, conocida la radiación que emite. Pero, en todo caso, se puede medir con alta precisión mediante teledetección la energía radiante que emite cualquier cubierta o cuerpo de la superficie terrestre, para lo que se utilizan determinadas unidades de medida, tanto absolutas como relativas:

a) *Medidas absolutas* (7)
  – (Q) *Energía radiante*: La que se produce en todas las direcciones (se mide en *julios*).
  – (φ) *Flujo radiante*: La energía que se produce en todas las direcciones por unidad de tiempo (julios por segundo = *Watios –w–*).
  – (M) *Emitancia* radiativa (flujo radiante emitido): La energía que se produce en todas las direcciones *desde* una unidad de área en un tiempo determinado $(w.m^{-2})$.
  – (E) *Irradiancia* (flujo radiante incidente): La energía que se produce en todas las direcciones *sobre* una unidad de área en un tiempo determinado $(w.m^{-2})$.
  – (I) *Intensidad radiante* o radiativa: Total de la energía radiada por unidad de tiempo y por *ángulo sólido* $(w.Sr^{-1})$[135].

– (L) *Radiancia*: Total de energía radiada en un *determinada dirección* por unidad de área y por ángulo sólido $(w/m^2.Sr)$. *Ésta es una medida fundamental en teledetección porque es la que realmente llega al sensor y la que éste codifica como dato informativo*. Es, con mucho, la medida con la que más se trabaja.

– (L_λ) *Radiancia espectral*: Total de energía radiada en una determinada *longitud de onda* por unidad de área y por ángulo sólido de medida $(w/m^2.Sr)$. *Esta última unidad de medida también es muy importante porque cada sensor está diseñado para ser sensible solo a un segmento del espectro electromagnético o a una determinada longitud de onda*.

b) *Medidas relativas* (4)
  – (ε) *Emisividad*: Relación entre la emitancia (M) de una superficie y la que ofrecería un emisor perfecto (cuerpo negro) que estuviese a la misma temperatura $(M/M_{cuerpo\ negro})$.
  – (ρ) *Reflectividad*: Relación entre el flujo (φ) incidente y el *reflejado* por una superficie (ϕ_i/ϕ_r).
  – (α) *Absortividad*: Relación entre el flujo incidente y el que *absorbe* una superficie (ϕ_i/ϕ_a).
  – (τ) *Transmisividad*: Relación entre el flujo incidente y el que *transmite* una superficie (ϕ_i/ϕ_t).

Estas relaciones relativas son *adimensionales* y se expresan en *porcentajes (%)* o en tantos por uno[136].

Cuando en teledetección se le añade la palabra *espectral* a cualquier concepto físico o de medida significa que vale sólo para una determinada longitud de onda: por ejemplo, la emisividad espectral a 0,5 μm o la intensidad radiante espectral a 8 μm.

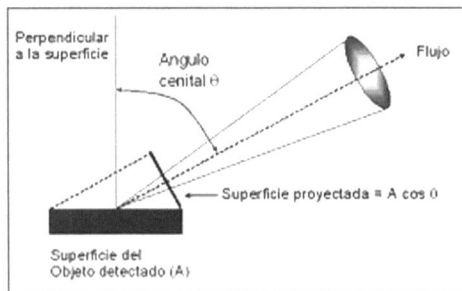

Fig. III.34. *Ángulo sólido*.

[135] Sr = Estereo-radianes.

[136] Una buena regla nemotécnica: las unidades cuyos términos o nombres acaban en «ividad» (como la palabra «relatividad») son medidas relativas. Las unidades cuyos términos acaban en «ancia» son medidas absolutas.

Concepto	Símbolo	Fórmula	Unidad de Medida
Energía radiante	Q	–	julios (J)
Flujo radiante	ϕ	$\delta Q/\delta t$	watios (W)
Emitancia radiativa	M	$\delta\phi/\delta A$	W m^{-2}
Irradiancia	E	$\delta\phi/\delta A$	W m^{-2}
Intensidad radiativa	I	$\delta\phi/\delta\Omega$	W sr^{-1}
Radiancia	L	$\delta I/\delta A \cos\theta$	W m^{-2} sr^{-1}
Radiancia espectral	L$_\lambda$	$\delta L/\delta\lambda$	W m^{-2} sr^{-1} μm^{-1}
Emisividad	ε	M/M_n	
Reflectividad	ρ	ϕ_r/ϕ_i	
Absortividad	α	ϕ_a/ϕ_i	
Transmisividad	τ	ϕ_t/ϕ_i	

Tabla III.7. *Conceptos y unidades de medida utilizados en teledetección.*

Como ya se ha apuntado, además del concepto de *ángulo sólido* para los cálculos de los flujos, una serie de leyes físicas permiten establecer las correspondencias entre las radiaciones y los estados energéticos de los cuerpos que las emiten:

– La *ley de Planck* establece que cualquier objeto que esté a una determinada temperatura distinta del cero absoluto (–273 °C = 0 °Kelvin) radia energía que va aumentando con el incremento de la temperatura; pudiéndose así, conocido su nivel térmico, calcular la emitancia (M).

$$M_{n,\lambda} = \frac{2\pi hc^2}{\lambda^5\left\{\exp\left(\frac{hc}{\lambda kT}\right)-1\right\}} \quad (1)$$

- M_n, emitancia radiativa
- h, constante de Planck (6,626 x 10^{-34} W s^2);
- k, constante de Boltzmann (1,38 x 10^{-23} W s^2 K^{-1});
- c, velocidad de la luz;
- l, longitud de onda.
- T, temperatura absoluta de un cuerpo negro (en Kelvin, K).

$$M_{n,\lambda} = \frac{c_1}{\lambda^5\left\{\exp\left(\frac{c_2}{\lambda T}\right)-1\right\}} \quad (2)$$

- c_1 = 3,741 x 10^8 W m^2 μm^4
- c_2 = 1,438 x 10^4 μm K

Ley de Plank

– La *ley de Wien* permite calcular la longitud de onda a la que se produce la máxima emitancia de un cuerpo negro, conocida su temperatura. Esto permite seleccionar el sensor que interesa en función del objeto de estudio: por ejemplo, un incendio que desarrolle una temperatura de unos 800 °K emitirá su máxima radiación en una longitud de onda de 3,6 μm, o el Sol, que aproximadamente está a una temperatura de 6.000 °K emite su máxima radiación en el segmento visible (0,4-0,7 μm).

$$I_{máxima} = \frac{2898 \; \mu m \; K}{T \; (Kelvin)}$$

Ley de Wien

– La *ley de Stefan-Boltzmann* integra la emitancia espectral del cuerpo negro para calcular la energía total por unidad de superficie y diferencia claramente el comportamiento radiativo del cuerpo negro del denominado cuerpo gris. Es decir, de cuerpos que no radian en todo el espectro sino que son selectivos en las longitudes de onda de sus radiaciones o, lo que lo mismo, cuyas emisividades varían con la longitud de onda.

$$M_{cn} = \sigma T^4$$

- σ = constante de Stefan-Boltzmann 5,67 x 10^8 W m^2 K^4;
- T = temperatura en grados Kelvin
- M_{cn} = emitancia del cuerpo negro

Ley de Stefan-Boltzmann

Para cualquier cuerpo real:

$$M = \varepsilon \, M_{cn}$$

- M = emitancia cuerpo real
- ε = emisividad cuerpo real
- M_{cn} = emitancia cuerpo negro

En resumen, existe una estrecha relación entre la temperatura, la longitud de onda y la emitancia radiativa espectral.

III.5. LAS FRACCIONES DE LOS FLUJOS RADIATIVOS

A lo largo de su desplazamiento, un flujo radiante sufre distintos procesos que modifican sus trayectorias e intensidades. Por eso, los sensores captan siempre las radiaciones solares incidentes transformadas: el flujo de la energía incidente procedente del Sol sufre cierta transformación al atravesar las capas atmosféricas; luego, cuando alcanza la superficie terrestre, parte es reflejado; otra parte es transmitida por la propia superficie; y otra es absorbida en el interior. De manera que la suma de las tres es igual al total de la energía incidente. Al relacionar las tres con la radiación incidente, la suma de las tres fracciones es siempre igual a la unidad. Es decir, la suma de la *reflectividad* (ρ) más la *transmisividad* (τ) y más la *absortividad* (α) es siempre igual a la unidad.

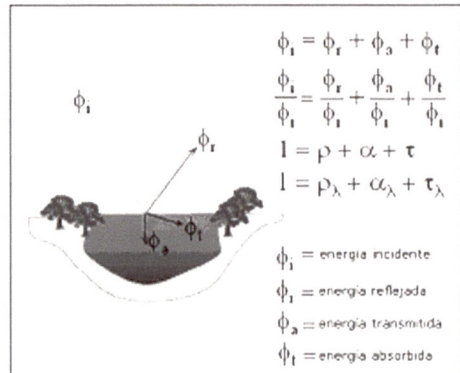

$$\phi_i = \phi_r + \phi_a + \phi_t$$

$$\frac{\phi_i}{\phi_i} = \frac{\phi_r}{\phi_i} + \frac{\phi_a}{\phi_i} + \frac{\phi_t}{\phi_i}$$

$$1 = \rho + \alpha + \tau$$

$$1 = \rho_\lambda + \alpha_\lambda + \tau_\lambda$$

ϕ_i = energía incidente
ϕ_r = energía reflejada
ϕ_a = energía transmitida
ϕ_t = energía absorbida

Fig. III.35. *Fracciones de los flujos radiativos.*

III.6. EL DOMINIO DEL ESPECTRO VISIBLE Y DE LOS INFRARROJOS REFLEJADOS (IR CERCANO E IR MEDIO)

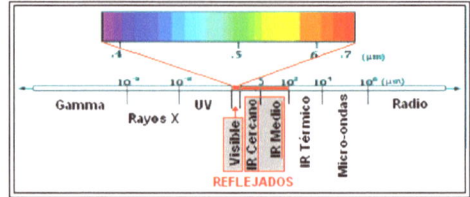

Fig. III.36. *Intervalos del espectro solar reflejados por la superficie terrestre.*

III.6.1. La REFLECTIVIDAD

De las tres fracciones, la que suele captar el sensor es la correspondiente a la de la *reflectividad* que se produce fundamentalmente en el segmento visible y en los segmentos infrarrojo cercano y medio; mientras que la *emisividad* de los cuerpos y cubiertas de la superficie terrestre se produce en el infrarrojo térmico y también existen sensores que las captan. La *reflectividad* permite deducir las características de las cubiertas de la superficie terrestre que reflejan la radiación incidente procedente del Sol. La cantidad de energía que llega al sensor depende fundamentalmente del ángulo con el que el objeto refleja la que recibe del Sol, además de los siguientes factores que influyen en la reflectividad de las cubiertas.

Los factores fundamentales que influyen en la reflectividad son:
- La distinta capacidad de absorción de las radiaciones que tienen las cubiertas.
- Las formas de las cubiertas, sobre todo el grado de rugosidad que posean.
- Los ángulos de iluminación y de observación de las cubiertas.

En relación a las características angulares y a las formas de las radiaciones reflejadas las *cubierta*s se agrupan en dos grandes *tipos*:
  a) Cubiertas *especulares*. Son aquellas cubiertas en las que los ángulos de la radiación solar incidente y la reflejada son iguales, aunque en una única y distinta dirección.

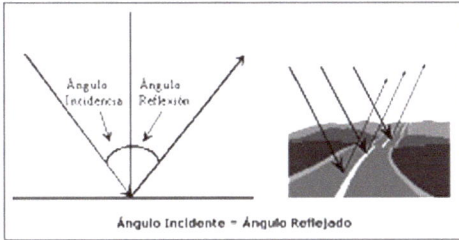

FIG. III.37. *Cubiertas especulares.*

b) Cubiertas *lambertianas* o de reflexión Lambert. En las que los ángulos de reflexión son distintos a los de incidencia y además se producen reflexiones en todas las direcciones.

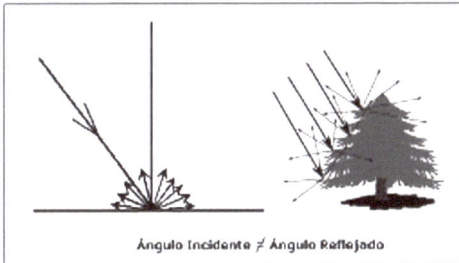

FIG. III.38. *Cubiertas lambertianas o de reflexión omnidireccional.*

En la práctica no existe ninguna cubierta que sea puramente especular o lambertiana sino que la mayoría son una mezcla de ambas en distinta proporción. En función de la proporción de un comportamiento u otro, las cubiertas presentan una *reflectividad direccional* o, lo

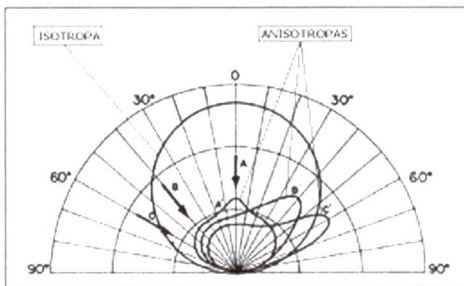

FIG. III.39. *Cubiertas lambertianas isótropas y anisótropas.*

que es lo mismo, producen una mayor intensidad de la radiación reflejada en unas direcciones que en otras. A esta propiedad se la denomina *anisotropía*.

III.6.2. LA FIRMA ESPECTRAL DE LAS CUBIERTAS

El nivel o intensidad de la reflectividad en cada segmento del espectro radiométrico es distinto para una misma cubierta, de acuerdo a sus características de composición molecular, de sus formas y de sus disposiciones en el espacio. Si se realiza un gráfico cartesiano, en el que en el eje de abcisas se represente el segmento espectral en unidades de longitud de onda y en el de ordenadas la cantidad o flujo de energía reflejada, se obtiene la curva que caracteriza a cada cubierta y se denomina *firma* o *signatura espectral* de la cubierta. La forma general de esta gráfica servirá de clave para interpretar cubiertas que no sean conocidas por el analista; de modo que, mediante la aplicación de paletas de colores de distintas gamas, le permitirán identificar los distintos tipos de cubierta en una imagen de satélite y realizar, por tanto, clasificaciones de tipos de cubiertas o/y de sus usos.

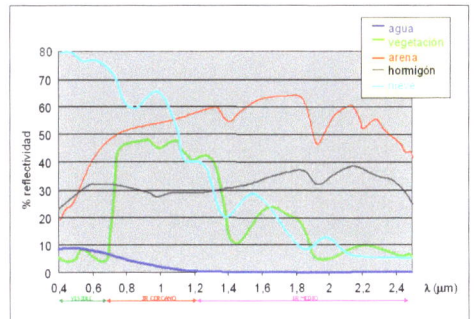

FIG. III.40. *Firmas o signaturas espectrales.*

Así pues, un mismo tipo de cubierta refleja con variaciones de intensidad en cada longitud de onda la radiación solar recibida, en función de la variabilidad de otros factores: además de su *composición molecular*, que será el factor más invariable de una a otra cubierta del mismo tipo o de la misma cubierta en distintos momentos y que dará la forma característica a su firma espectral, influirán factores que modifican los niveles relativos de intensidad en las reflexiones y dificultarán en algunos casos su identificación.

Estos *factores que modifican la reflectividad característica o firma espectral* de un tipo de cubierta o de una misma cubierta son:

a) El *ángulo de iluminación solar*, que dependerá de la fecha anual y la hora de la captación de la imagen.

b) El *relieve*, que diferenciará grados de pendiente y las orientaciones de las laderas con su clara distinción entre *solanas* y *umbrías*.

c) El *estado de la columna atmosférica* entre el suelo y el sensor, del que el contenido de vapor de agua (nubosidad) es el factor fundamental que produce absorciones y dispersiones diferenciales según las distintas longitudes de onda de las radiaciones.

d) Las variaciones del *estado fenológico* de la propia cubierta.

e) Las variaciones de los *suelos* o *sustratos edafológicos* y *litológicos* en cubiertas vegetales de densidad media o baja.

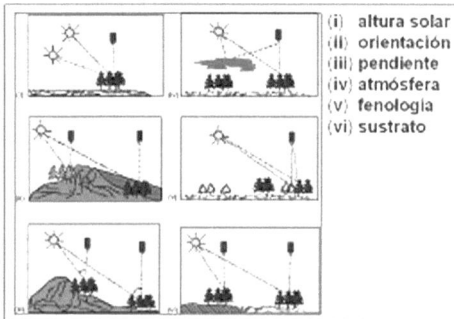

FIG. III.41. *Factores modificadores de la reflectividad (Chuvieco 1996, p. 61).*

Comportamiento radiativo de las radiaciones solares reflejadas por las principales cubiertas terrestres:

III.6.3. EL COMPORTAMIENTO ESPECTRAL REFLEJADO DE LA VEGETACIÓN

La vegetación es uno de los tipos de cubierta existentes sobre la superficie terrestre que muestra unas características que la hacen más identificable mediante la teledetección.

Sus factores de reflectividad permiten diferenciar muy bien el comportamiento, por una parte, de las hojas y, por otra, del conjunto vegetal.

Los factores particulares que influyen en la *reflectividad de las hojas* son:

– Los pigmentos.
– La estructura de la hoja.
– Su contenido en humedad.

Los que influyen en todo el *conjunto de las plantas* son:

– La proporción de hojas, lignina y suelo.
– Las formas geométricas de las hojas.
– Los ángulos de observación junto a los de pendiente y orientación en la que se encuentran.
– La asociación entre individuos de la misma o distinta especie y la geometría de las plantaciones.
– El tipo de sustrato edafológico y litológico.

Tras múltiples pruebas en laboratorio se han podido establecer unos *patrones generales* del *comportamiento radiativo espectral* de la *vegetación* en sentido estricto:

– Baja reflectividad en general en el espectro visible por la absorción que producen los pigmentos: la clorofila, la xantofila y los carótenos.

– Alta reflectividad en el infrarrojo próximo o cercano

– Algunos máximos relativos en el infrarrojo de onda corta (1,3-2,5 μm).

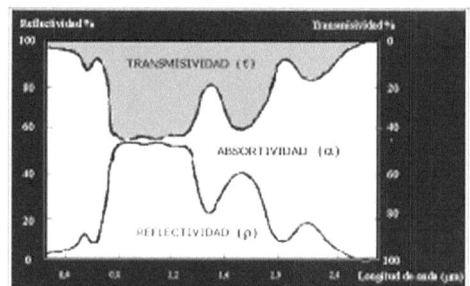

FIG. III.42. *Patrones generales del comportamiento radiativo (reflectividad) de la vegetación.*

Este comportamiento radiativo diferencial en cada segmento de longitud de onda se debe a los distintos componentes de las hojas verdes: así, las clorofilas que constituyen el 65% de la hoja, las xantofilas el 29% y los carótenos el 6% producen mucha absorción en el entorno de la longitud de onda de 0,445 μm, por eso su reflectividad es baja en el espectro visible. Pero la clorofila tiene un pico de baja absortividad y alta reflectividad relativas en torno a 0,55 μm que se corresponde con el color *verde* y que es lo que produce ese color característico en toda vegetación vigorosa. Durante el otoño, antes de la caída de la hoja en las especies caducifolias, la mayor reflectividad se produce en torno a la longitud de onda del color rojo que en su mezcla con la del color verde produce los colores amarillentos característicos. La máxima reflectividad de las hojas tienen un rápido y notable incremento de la reflectividad en el segmento radiativo del infrarrojo cercano o reflejado, en el que se producen sus mayores valores por sus factores estructurales, es decir, por el número y la disposición de los estomas, cloroplastos, espacios intercelulares, etc. Luego, a partir de radiaciones de 1,4 μm de longitud de onda decae la reflectividad a valores más bajos que los que se producen en el segmento visible, a causa de la extrema absortividad que tiene el contenido de agua (humedad) de las hojas, pues existe una relación estrecha entre los valores de reflectividad y el contenido de humedad de las hojas.

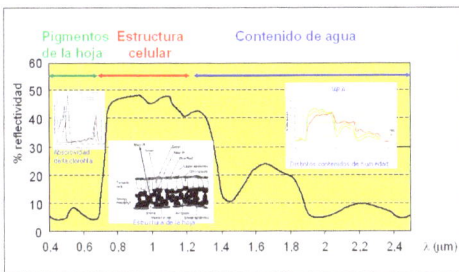

FIG. III.43. *Comportamiento radiativo de la vegetación según los distintos componentes de las hojas.*

Aunque la apariencia general de las firmas espectrales de todas las especies vegetales es similar, sin embargo, se diferencian entre sí, hasta el grado de poder discriminarlas en las imágenes.

Un amplio y creciente registro o tesauro de firmas espectrales facilita la labor de interpretación de los analistas que trabajan con imágenes teledetectadas.

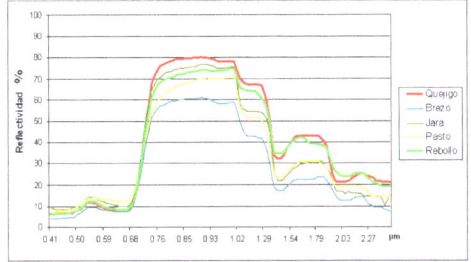

FIG. III.44. *Ejemplos de firmas espectrales de distintas especies vegetales.*

Pero no sólo es posible diferenciar entre conjuntos de especies vegetales diferentes, sino apreciar el estado fenológico y epidemiológico de una misma cobertera vegetal constituida por individuos de una única especie.

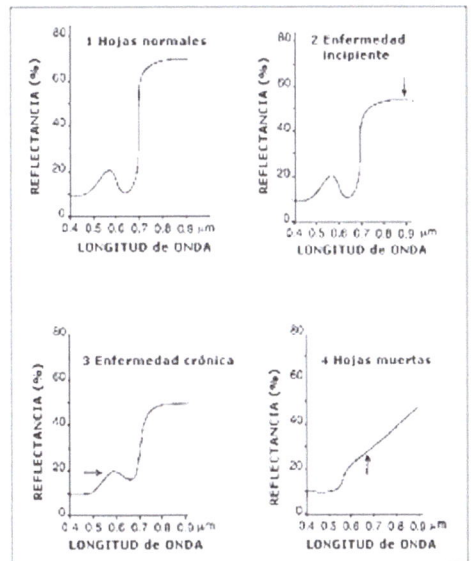

FIG. III.45. *Firmas espectrales de distintos estados fenológicos o epidemiológicos.*

Pero el sensor no mide hojas aisladas sino conjuntos o agrupaciones de ellas que forman las plantas e individuos y que, a su vez, están agrupados con otros individuos formando masas vegetales. Por eso, además de los de las propiedades intrínsecas espectrales de cada hoja, hay que tener en cuenta otros factores.

Los factores *estructurales generales* que además influyen en la reflectividad de la vegetación son:

- La arquitectura o forma de las plantas.
- El *índice de área foliar*[137].
- La densidad de las plantas.
- El ángulo de observación de las plantas.

– La arquitectura o forma de las plantas

La arquitectura de las plantas hace referencia a su porte, a la amplitud, la distribución y las formas de sus hojas que se tapan unas a otras la luz solar, pero permiten por las reflexiones y transparencias que todas ellas reciban más o menos luz.

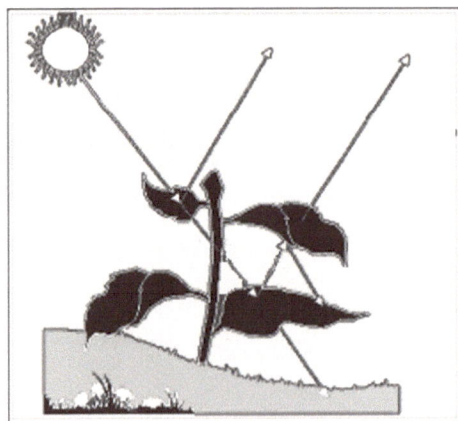

FIG. III.46. *Influencia de la arquitectura de las plantas en su reflectividad.*

Su comportamiento radiativo es muy diferente si las plantas son *erectófilas* o *planófilas* (hojas verticales u horizontales) pues el ángulo de los rayos solares que inciden sobre las hojas varía prácticamente 90°.

[137] LAI: Leave Area Index.

– El índice de área foliar (LAI: Leave Area Index)

El *índice de área foliar* (IAF o LAI) se obtiene mediante una ecuación que permite calcular la cobertura de biomasa gracias a la respuesta espectral y la intensidad de la reflexión de la luz solar desde una cobertera vegetal. Para su cálculo se utiliza un índice, que se verá más adelante, obtenido de la reflectividad de las coberteras vegetales en dos segmentos del espectro radiométrico y que es conocido como NDVI (índice vegetal de la diferencia normalizada).

$$LAI = ae^{(b.NDVI)} + c$$

siendo **a**, **b** y **c** coeficientes específicos para cada especie vegetal.

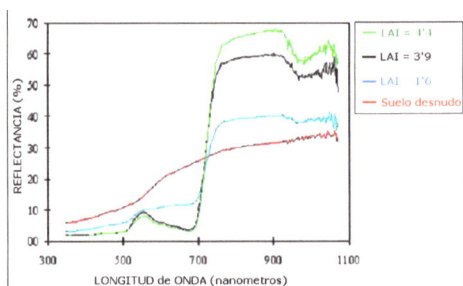

FIG. III.47. *Firmas espectrales según distintos LAI.*

– La densidad de las plantas

Más preciso es considerar el grado de cobertura verde del suelo o *porcentaje de suelo cubierto por las hojas* (PV); porque cuando el LAI tiene valores comprendidos entre 2 y 3 el porcentaje de cobertura es máximo (100%) y a partir de ahí, aunque siga aumentando el área foliar (LAI), lo hace por apilamiento vertical de las hojas y ya no influye en el grado de cobertura de suelo que cubren porque éste ya alcanzó su máximo.

Pero en muchos casos la cobertura del suelo por la vegetación no es total y por eso hay que considerar también el comportamiento diferencial radiativo de los tipos de suelo según sus características. Los factores que influyen en la reflectividad son así geobotánicos.

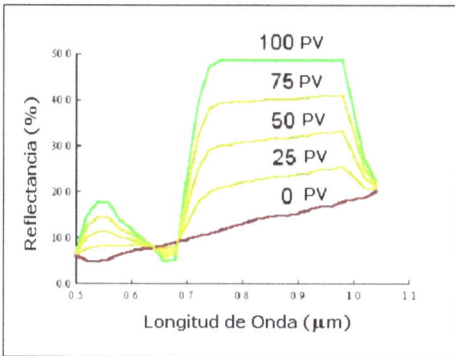

Fig. III.48. *Firmas espectrales según distintos porcentajes de suelo cubierto por las hojas (PV).*

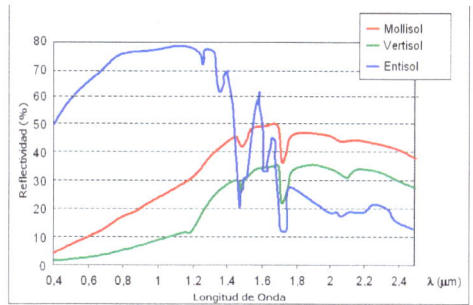

Fig. III.49. *Firmas espectrales según distintos tipos de suelos.*

III.6.4. El comportamiento espectral reflejado de los suelos

Los suelos se comportan espectralmente de un modo bastante diferente en función de una serie de factores que influyen en su reflectividad. Fundamentalmente, los factores son *edafológicos*. Fundamentalmente, los factores son *edafológicos*:

– La composición *mineral*, según las rocas madres de las que procedan (cuarzos, feldespatos, silicatos, etc.).
– El componente *orgánico* y su distribución.
– El contenido de *aire* y *agua*.
– La *estructura granulométrica* y la *textura*.
– La *estructura horizontal* y *vertical*.
– Los *ángulos* de *observación* e *iluminación*.

La combinación de estos factores se da en distinta medida según los tipos de suelos.

Al igual que se han establecido firmas espectrales para las distintas especies vegetales, se han ido recogiendo las signaturas espectrales para cada uno de los distintos tipos de suelos. En los ejemplos de distintos tipos de suelo de la figura puede apreciarse que las diferencias en las formas de las curvas son mucho mayores que en las de la vegetación, y es lógico que sea así porque los materiales de los que se componen unos tipos de suelo respecto a otros varían mucho en cuanto al color, conductividad eléctrica, textura, capacidad térmica, etc.; lo que provoca respuestas de la reflectividad muy distintas entre sí en las distintas longitudes de onda.

Contenido y composición mineral

Los sedimentos minerales de los que se compone el suelo y sus perfiles juegan un papel muy importante en su reflectividad. No dan igual respuesta espectral los suelos según se compongan de margas calizas, de distintos tipos de arcillas, de yesos, cuarzos, etc. Cada uno da un tipo de firma distinto.

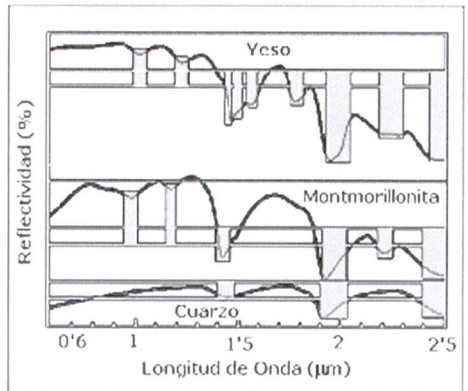

Fig. III.50. *Ejemplos de firmas espectrales según distintos tipos de componentes minerales de los suelos.*

Contenido y composición orgánica

En la mayoría de las ocasiones los suelos poseen una fracción, más o menos importante, de materia orgánica que generalmente los oscurece. Dicha materia modifica la curva de reflectancia, en función del contenido orgánico y de su nivel de descomposición. Cuanto más descompuesta esté, más absorción produce a los segmentos espectrales visibles y del infrarrojo cercano, y dará menores niveles de reflectancia a los mismos.

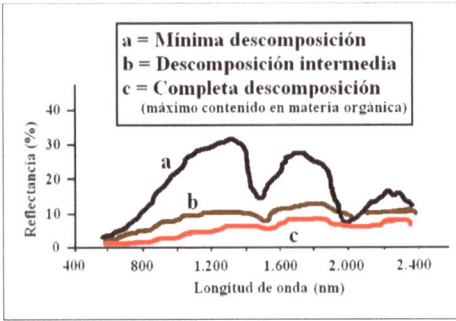

Fig. III.51. *Ejemplos de firmas espectrales según la distinta composición orgánica de los suelos y su grado de descomposición.*

– *Contenido de humedad*

Por último, el contenido de humedad en el suelo influye sobre el comportamiento radiativo de éste, de tal modo que se puede llegar a deducir su contenido poniendo en relación los niveles de reflectancia que producen en el infrarrojo cercano y los del infrarrojo de onda corta (SWIR). Los suelos embebidos y encharcados llegan a mostrar respuestas similares a las de las masas de agua líquida. Los suelos arenosos tienen muy distinto comportamiento cuando están secos que cuando están húmedos.

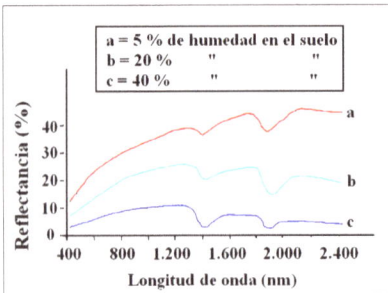

Fig. III.52. *Ejemplos de firmas espectrales según el distinto contenido de humedad en los suelos.*

III.6.5. El comportamiento espectral reflejado de las masas de agua

El agua es un componente de la superficie terrestre que se detecta fácilmente debido a que el comportamiento de su reflectancia es nítido, en el sentido de que es muy baja. Con diferencia, es el elemento que posee un mayor grado de absorción de las radiaciones solares. Salvo para ángulos determinados de iluminación solar respecto al sensor, en que las masas de agua se comportan como superficies especulares que producen una muy alta reflectancia, absorben la mayor parte de la radiación solar que recibe en los segmentos visible, infrarrojo cercano y medio.

Pero por los elementos vegetales y minerales que, en mayor o menor proporción, contienen en suspensión las masas de agua, así como la rugosidad que ofrece su superficie cuando está en movimiento (oleaje) hacen que su firma espectral sea diferente en cada caso: así, cuando el agua tiene altos contenidos de clorofila, generalmente de algas en suspensión, se producen altas correlaciones de sus masas con el nivel de la reflectancia del agua en conjunto; ya que, como se vio al tratar de las coberteras vegetales, la clorofila absorbe mucho la fracción visible del espectro electromagnético (menos la longitud correspondiente al color verde –0,55 μm–) y refleja bastante la zona del espectro correspondiente al infrarrojo cercano.

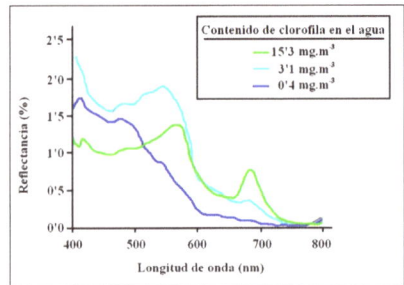

Fig. III.53. *Ejemplos de firmas espectrales según el distinto contenido de clorofila en las masas de agua.*

Gracias a esto, se pueden detectar muy bien, mediante las imágenes de satélite, los procesos de eutrofización de lagos, embalses y aguas costeras someras.

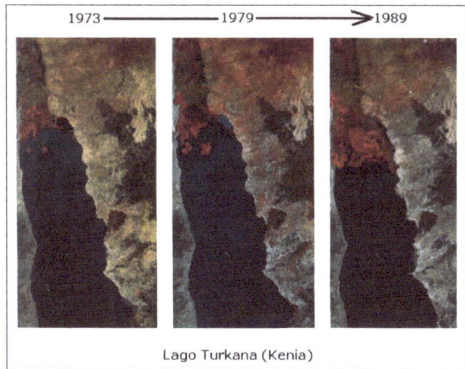

FIG. III.54. *Evolución temporal de eutrofización.*

FIG. III.56. *Captación de grandes olas gravacionales con microondas.*

También se detecta muy bien la proliferación de algas producidas por la contaminación de nitratos en las líneas costeras y en las playas.

Asimismo es fácil detectar la contaminación del agua debida a distintos contenidos de materiales finos e inertes en suspensión. Así como cuando sustancias líquidas cubren su superficie como, por ejemplo, ocurre con las manchas de petróleo, que también se detectan mejor en los segmentos del espectro de las microondas.

FIG. III.55. *Contaminación de algas en la costa.*

FIG. III.57. *Detección de grandes vertidos de petróleo.*

Por otra parte, el carácter especular en ángulos determinados de incidencia y reflexión, en relación a la altura del Sol en el horizonte y a la situación del satélite, se produce en aguas calmas y horizontales, porque la rugosidad de su superficie, que provoca el movimiento inducido por el viento y que se traduce en el oleaje, hace variar la reflectividad. De modo que, mediante teledetección, se puede deducir no sólo su existencia sino incluso el tamaño de las olas. Las olas se detectan mejor con los satélites que trabajan en el segmento de las microondas que con los que lo hacen en el espectro visible.

Sin embargo, cuando el agua se presenta solidificada en forma de *hielo* o de *nieve* su comportamiento radiativo es muy diferente a cuando lo hace en forma líquida; provocando entonces, de modo inverso, unas altas reflectancia y reflectividad en el segmento visible del espectro, y muy bajas en el segmento del infrarrojo cercano. La diferente respuesta espectral depende de factores como su compactación, el tamaño de los cristales, su pureza o grado de mezcla con otros componentes como polvo, etc.

El estado del agua en forma de hielo o nieve produce firmas espectrales muy distintas entre sí. Es más, los tipos de hielo o los tipos de nieve tienen una influencia muy alta en su reflectancia.

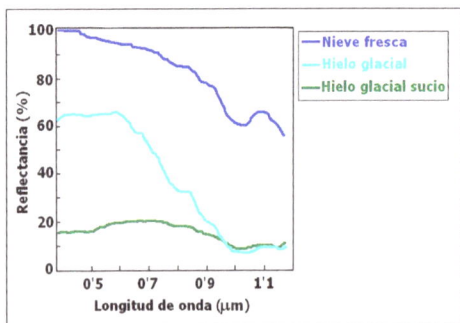

FIG. III.58. *Ejemplos de firmas espectrales según el distinto grado de compactación de los cristales de hielo y de su mezcla con polvo.*

Sin embargo, resulta difícil detectar diferencias radiativas y de sus signaturas espectrales entre la nieve y algunos tipos de nubes o de agua en forma de vapor, sobre todo de las que se localizan a gran altura porque sus temperaturas son equivalentes, o a baja altura en invierno. Esta dificultad de discriminación se produce sobre todo en el segmento visible, en el que la parte de signatura es prácticamente igual.

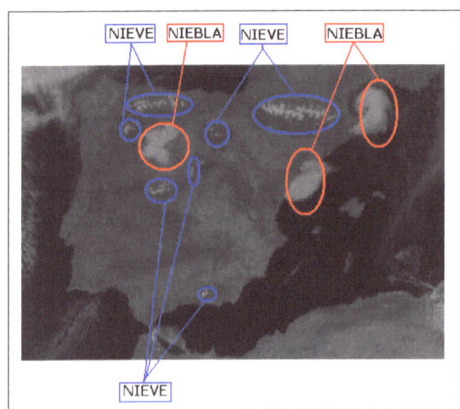

FIG. III.59. *Dificultad de diferenciar la nieve y nubes de tipo estrato en el canal visible del NOAA-11.*

Son más diferenciables en el infrarrojo medio, ya que las nubes absorben menos estas radiaciones, debido a que los cristales o pequeñas gotas líquidas que las constituyen son de tamaño y diámetro más pequeños en las nubes que en la nieve o el hielo de la superficie terrestre.

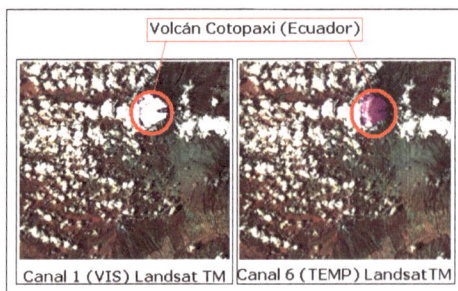

FIG. III.60. Nieve y nubes de tipo estrato en el canal visible y en el canal térmico del satélite Landsat TM.

III.7. EL DOMINIO DEL INFRARROJO TÉRMICO (IRT). LA EMISIVIDAD

Cuando las longitudes de onda de las radiaciones superan los 8 μm entran en el segmento del espectro o dominio del *infrarrojo térmico.* Estas radiaciones dejan de ser reflejadas en la superficie terrestre y son emitidas por la propia Tierra en general y por los objetos y coberteras de la superficie, según sea su temperatura. La energía en forma de radiación emitida por la superficie terrestre en este intervalo de longitudes de onda depende de la absorbida por la Tierra en otras longitudes de onda. Los factores que más influyen en su intensidad son los que tienen que ver con la composición de los materiales de los que se componen las coberteras terrestres, sobre todo aquellos que más influyen sobre sus inercias térmicas y sobre las relaciones entre la temperatura y los mecanismos de evaporación y evapotranspiración que son tan influyentes en los distintos tipos de clima.

Según las leyes de Wien y de Planck la banda de radiación comprendida entre los 8 y los 14 μm es en la que se produce la mayor emitancia espectral de la superficie terrestre, de acuerdo a su temperatura media (aproximadamente 300° Kelvin = 15° Centígrados). Se denomina

IR térmico porque permite detectar el calor de las distintas cubiertas. Existe una relación de la absortividad de los cuerpos con la emisión de radiación propia; de manera que a mayor absorción (o su equivalente menor reflexión) de la radiación solar incidente se produce una mayor radiación transformada por los cuerpos que es emitida hacia su exterior.

La *ley de Kirchoff* hace equivalente la *absortividad espectral* (relación entre el flujo *incidente* y el que *absorbe* una superficie) y la *emisividad* de cada cuerpo (relación entre la emitancia (M) de una superficie y la que ofrecería un emisor perfecto –cuerpo negro– a la misma temperatura).

$$1 = \rho + \varepsilon \text{ (reflectividad + emisividad)}$$

Ley de Kirchoff

El campo térmico de la Física recoge muchos conceptos interrelacionados que sirven a la teledetección, siendo de los más importantes el de *inercia térmica* o resistencia de un cuerpo a cambiar su temperatura.

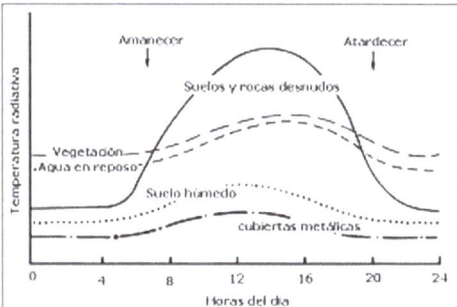

FIG. III.61. *Inercias térmicas diarias de algunas cubiertas.*

La emisividad varía mucho de unas cubiertas de la superficie terrestre respecto a otras. Por ejemplo, la vegetación densa tiene una emisividad de 0,99; el agua 0,98; los suelos arenosos 0,90; la nieve 0,8, o las superficies metálicas 0,16.

En todas las cubiertas su contenido en humedad varía su temperatura y por tanto su emisividad; por eso, desde los sensores es fácil seguir evoluciones tanto espaciales, en las que influyen sus características de relieve y tipo de cobertera, como temporales, en las que influyen las variaciones meteorológicas y climáticas.

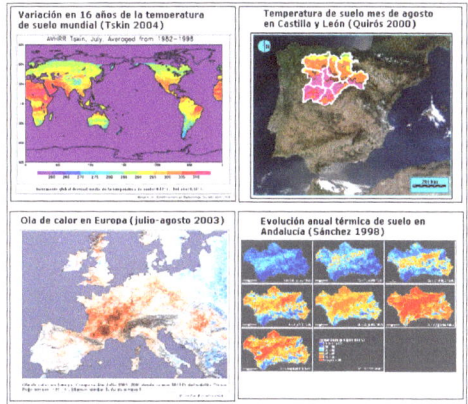

FIG. III.62. *Fenómenos y evoluciones térmicas estudiadas mediante teledetección.*

Los *parámetros térmicos* generales con los que se pueden seguir y estudiar los cambios térmicos de las cubiertas son muchos y variados, destacando:

- La *capacidad térmica* o *calor específico*: Facultad de almacenamiento de calor.
- La *conductividad térmica*: Ritmo de transmisión del calor.
- La *difusividad térmica*: Cambios internos de temperatura.
- La *inercia térmica*: Resistencia al cambio de temperatura.
- El *índice de calentamiento*: Intensidad calorífica.

TABLA III.8. *Parámetros térmicos.*

III.7.1. COMPORTAMIENTO ESPECTRAL DE LA VEGETACIÓN EN EL INFRARROJO TÉRMICO

Durante el día la vegetación absorbe mucha radiación solar para realizar su función clorofílica. Esta energía la emite durante la noche para mantener su equilibrio energético. En la vegetación concurren dos características que la diferencian de otras coberteras: su alta inercia térmica y un alto contenido en agua. La energía liberada como flujo de calor latente disminuye el calor sensible de las plantas, lo que hace que estén más frías que su entorno durante el día, provocando un refrescamiento ambiental, y están más calientes que su entorno durante la noche, provocando una atemperación ambiental.

Así pues, la vegetación se comporta como un regulador térmico ambiental basado en los mecanismos de la *evapotranspiración*. La evapotranspiración térmica se calcula mediante el balance entre la energía recibida y la emitida por la vegetación. Este balance depende de factores propios de la vegetación como la forma y la cantidad de sus hojas, y su retención hídrica; y de factores externos como los propios del suelo y los atmosféricos-meteorológicos.

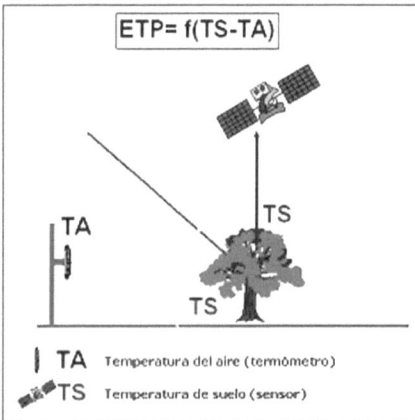

FIG. III.63. *La evapotranspiración potencial (ETP) estimada desde la teledetección como una función de las diferencias entre la temperatura del aire y la temperatura de suelo.*

Existe una gran cantidad de índices de evapotranspiración. Unos se basan en los datos obtenidos de los observatorios meteorológicos y otros en datos obtenidos mediante teledetección que, fundamentalmente, se refieren a las diferencias existentes entre las temperaturas del suelo y las temperaturas del aire. De manera que existen estimaciones teledetectadas de *evapotranspiración potencial*.

TABLA III.9. *Algunos índices de evapotranspiración.*

III.7.2. COMPORTAMIENTO ESPECTRAL DE LOS SUELOS EN EL INFRARROJO TÉRMICO

En este segmento del espectro radiométrico, los suelos manifiestan un comportamiento radiativo diferencial que responde a las siguientes reglas generales:
  – A mayor *humedad*, mayor inercia térmica.
  – A mayor cantidad de *materia orgánica*, mayor inercia térmica.
  – La emisividad de los suelos es muy dependiente de la *roca madre*.

III.7.3. COMPORTAMIENTO ESPECTRAL DE LAS MASAS DE AGUA EN EL INFRARROJO TÉRMICO

Al presentarse como superficies más homogéneas que las sólidas, la obtención de sus temperaturas desde los datos teledetectados de sus radiaciones térmicas resulta mucho más fácil y precisa. Las inercias térmicas de las aguas son las mayores entre todos los tipos de coberteras de la superficie terrestre. Las diferenciales temperaturas del mar son un factor muy importante en el desencadenamiento de fenómenos atmosféricos de ciclogénesis, por lo que su conocimiento es fundamental para la previsión de los mismos. Tales temperaturas se obtienen de un modo casi directo a causa de la homogeneidad material en grandes extensiones. De otro lado, es muy fácil seguir en el infrarrojo térmico la evolución de las contaminaciones térmicas producidas en las grandes masas de agua por los refrigeradores de las centrales nucleares y otros focos industriales. También los altos contenidos de partículas contaminantes en suspensión en el agua, especialmente las metálicas, se analizan muy bien con la teledetección en el IR térmico por su diferente temperatura.

Fig. III.64. *Estimación de las temperaturas marinas y de las contaminaciones térmicas.*

III.8. EL DOMINIO DE LAS MICROONDAS

Se encuentran en el dominio de las microondas los segmentos del espectro radiomagnético en los que las longitudes de onda poseen magnitudes **milimétricas**. Estas longitudes de onda son las mayores de las que se utilizan en teledetección. Su tamaño evita la influencia de las condiciones atmosféricas y de iluminación que tanto afectan a los segmentos anteriores. Solo se ven afectadas por los ángulos de incidencia de los trenes de impulsos de ondas y sus frecuencias que se emiten hacia la superficie terrestre desde los satélites para analizar luego sus retrodispersiones. Las complicaciones técnicas de los sensores que trabajan en el segmento de las microondas, en especial sus servidumbres de sincronismo entre los elementos emisores de los impulsos de onda y los receptores de sus reflexiones, hacen que sus aplicaciones, siendo muy importantes, sean más limitadas que las de las otras bandas del espectro en las que trabaja la teledetección.

Las nubes, que tanto afectan a los segmentos visibles y de infrarrojos, no interfieren prácticamente nada a las microondas, porque las longitudes de onda de éstas son de magnitudes mucho mayores que el tamaño o diámetro medio de las gotitas o cristalitos de hielo de que

están constituidas aquéllas. Por lo tanto, las microondas son muy útiles para el estudio de regiones cubiertas muy frecuentemente de coberteras nubosas, como pasa con las regiones tropicales y las polares. Por ejemplo, el SLAR (radar lateral aerotransportado) permitió el cartografiado de toda la Cuenca del Amazonas.

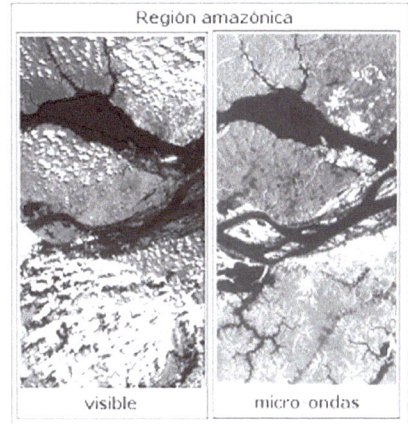

Fig. III.65. *Eliminación del efecto nubosidad con la utilización del intervalo de las microondas.*

Los sensores de microondas, además de captar de un modo pasivo las radiaciones que emite o refleja la superficie terrestre en su dominio (como hacen los sensores en el dominio del espectro visible o los infrarrojos), reciben fundamentalmente las que emite el propio satélite que los transporta, una vez reflejadas en la superficie terrestre o, en términos más apropiados, una vez *retrodispersadas*.

Esta retrodispersión depende de diversos factores:

– Unos son factores que caracterizan parámetros del propio satélite y el sensor, como:

• Las *longitudes de onda* o banda utilizada.

• El tipo de *polarización* de la onda en forma de pulsos.

• El *ángulo de incidencia de los trenes de impulsos* sobre las cubiertas terrestres.

– Otros factores dependen de características o propiedades de las propias cubiertas bajo estudio, como:

- La *forma de los objetos* que constituyen cada cubierta.
- La *rugosidad* del terreno.
- Las *propiedades dieléctricas* del terreno.

Son raros los sensores *pasivos* que trabajan en el intervalo de las microondas, aunque existen y suelen utilizarse para el estudio de coberteras de nieve. Su mayor limitación suele estar en la baja resolución espacial que poseen.

Fundamentalmente los sensores de microondas son *activos*. Se denominan *RADAR* y permiten controlar las condiciones de su uso; es decir, el ángulo, la orientación, la distancia que recorren y la polarización de los trenes de ondas[138].

La retrodispersión del tren o haz de microondas que emite el satélite es muy diferente en función del tipo de cobertera o de materiales que encuentra en la superficie terrestre:
- Se dispersa hacia el exterior al entrar en contacto con los suelos.
- Se dispersa hacia el interior de la vegetación.
- Se dispersa de un modo especular en las láminas de agua.

Dentro de cada uno de estos comportamientos generales existe una gran variedad que está provocada por los *ángulos de incidencia*, las *longitudes de onda* empleadas y la *polarización axial* del flujo de microondas; también de las *condiciones atmosféricas*; así como del grado de *rugosidad* y de la *geometría* del suelo.

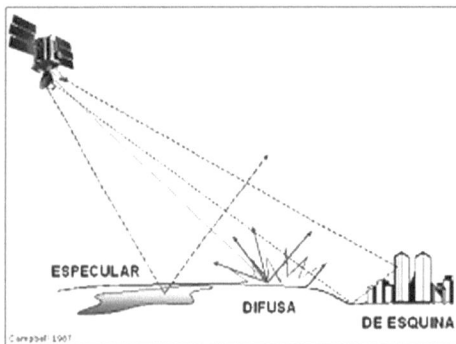

Fig. III.66. *Tipos de retrodispersión.*

[138] RADAR es un acrónimo en inglés que significa «Radio, Detection and Ranging» para detectar, sobre todo, objetos en movimiento.

En general existen tres tipos de retrodispersión:
- *Especular*
- *Difusa*
- *En esquina*

En cuanto a las longitudes de onda de los pulsos (λ), se diferencian varias bandas que son denominadas por letras:

Ka = 0,75-1,10 cm
X = 2,40-3,75 cm
L = 15-30 cm (0,39-1,55 GHz)
K = 1,10-1,67 cm
C = 3,75-7,50 cm
P = 30-100 cm (>0,39 GHz)
Ku = 1,67-2,40 cm
S = 7,50-15 cm

La ecuación fundamental del RADAR es

$$P_r = \frac{Pt \cdot G^2 \cdot \lambda^2 \cdot \sigma}{(4\pi)^3 \cdot r^4}$$

Siendo:
Pr: Potencia retrodispersada.
Pt: Potencia emitida por el radar.
G: Ganancia de la antena.
r: Distancia sensor-cubierta.
σ: Sección eficaz de retrodispersión[139].

La vibración de las ondas emitidas por el satélite radar puede realizarse en un plano *horizontal* o en uno *vertical*. Y, según las características de las cubiertas o terreno que las retrodispersan, pueden volver hacia el sensor en el mismo plano de vibración o ser modificado. Así se tienen señales V-V (vertical el pulso de salida del satélite-vertical el pulso retrodispersado por la superficie terrestre), H-H, H-V y V-H.

Este comportamiento angular del plano de la onda reflejada y su intensidad depende de las condiciones dieléctricas de los distintos tipos de materiales. Éstas se miden por su *constante dieléctrica*. Por ejemplo, los materiales secos poseen

[139] Éste es el parámetro en el que más influye la geometría, la rugosidad y las condiciones dieléctricas del terreno.

una constante dieléctrica entre 3 y 8, mientras que el agua posee una constante dieléctrica de 80. Los terrenos cubiertos de vegetación devuelven mayores pulsos de retorno que los suelos secos y desnudos.

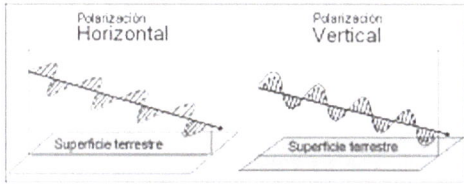

FIG. III.67. *Tipos de polarización axial de las microondas.*

La influencia de lo que se conoce como *rugosidad del terreno* es muy alta en el dominio de las microondas, de manera que se combina el grado de tal rugosidad y la longitud de onda del tren de ondas emitido por el satélite: a menor longitud de onda, la rugosidad del terreno influye más en la retrodispersión. Si una superficie aparece como rugosa por su propia geometría o por la pequeña longitud de onda de los impulsos, la dispersión se dirige en todas las direcciones y el sensor recibe una parte. Si, por el contrario, la superficie es lisa o la longitud de onda es más larga, la retrodispersión tiende a ser especular o anisótropa y puede ser que el sensor no capte retorno.

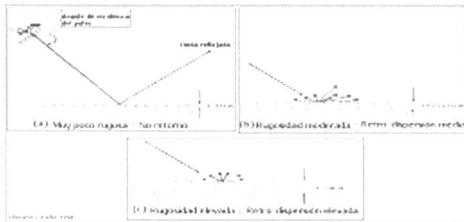

FIG. III.68. *Tipos de retrodispersión en función de la longitud de onda de los pulsos y de la rugosidad del terreno.*

Según el criterio de Rayleigh se considera rugosa una cubierta si

$$Sh \geq \frac{\lambda}{8} \cos \alpha$$

Criterio de Rayleigh

Siendo:
Sh: Desviación estándar de las altitudes del terreno.
λ : Longitud de onda de los impulsos.
α : Ángulo de incidencia.

El resultado visual de las imágenes de microondas no guarda ningún parecido con las habituales en las de infrarrojos o las del intervalo visible, por lo que para diferenciar bien las cubiertas es necesario un buen entrenamiento del analista-intérprete.

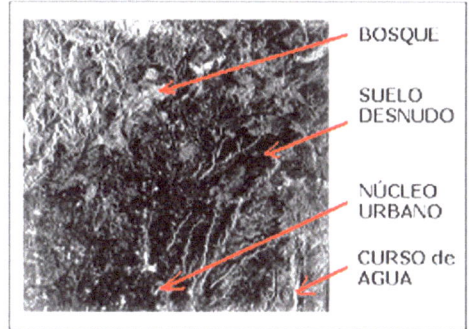

FIG. III.69. *Apariencia en microondas de distintas cubiertas muy alejada de la experiencia visual habitual.*

III.8.1. EL COMPORTAMIENTO ESPECTRAL DE LA VEGETACIÓN EN LAS MICROONDAS

La rugosidad es un efecto fundamental para el estudio de la vegetación en estos intervalos del espectro y depende del tamaño, forma, orientación y el número de hojas de las plantas. Produce tal variedad de retrodispersiones que es necesario analizar varias bandas radar (**X**, **L**, **C**, etc.) para su correcta interpretación. La constante dieléctrica de la vegetación es alta y aumenta en las etapas de crecimiento con el mayor contenido de humedad. Suele captarse mejor en la banda **X** y con ángulos de incidencia de **30°**.

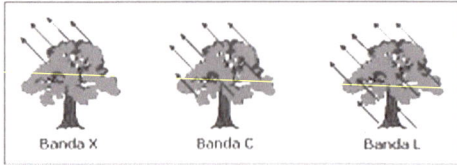

FIG. III.70. *Penetración en la vegetación de las microondas en distintas bandas radar.*

III.8.2. EL COMPORTAMIENTO ESPECTRAL DE LOS SUELOS Y EL AGUA EN LAS MICROONDAS

Los suelos rugosos y secos producen mayor retrodispersión y dan tonos claros en las imágenes radar. Los suelos lisos y húmedos producen menor retrodispersión en el dominio de las microondas y sus tonos son más oscuros en las imágenes radar. Los trenes de ondas penetran en los suelos y en las masas de agua más cuanto las longitudes de onda sean más largas (su frecuencia menor). La interpretación de las imágenes radar se complica además porque se mezclan en la retrodispersión las respuestas de la vegetación y de los suelos.

Sin embargo, las masas de agua, que en la mayoría de las ocasiones tienen poca movilidad y producen baja retrodispersión especular (tonos muy oscuros), se analizan muy bien sobre las imágenes radar de microondas.

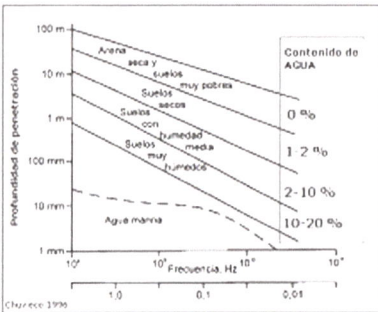

FIG. III.71. *Penetración en los suelos de las microondas en función de su grado de humedad.*

La rugosidad que produce el oleaje permite detectarlo fácilmente por su alta retrodispersión. Y a través de las direcciones y la retrodispersión que producen las olas se deduce muy bien la dirección e intensidad del viento.

Se utilizan las interferencias que producen las cubiertas en las longitudes de ondas próximas entre sí para deducir sus características materiales. Esta mezcla o interferencia de las ondas se mide mediante la *interferometría*. Y así mediante su captación bajo dos ángulos distintos se pueden realizar levantamientos topográficos.

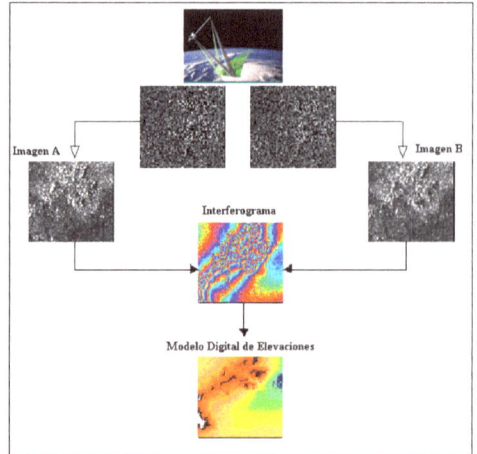

FIG. III.72. *Esquema del proceso de creación de un modelo digital de elevaciones con imágenes interferométricas de microondas.*

III.9. INTERACCIONES ENTRE LAS RADIACIONES Y LA ATMÓSFERA

Hasta aquí se ha estado considerando la radiación electromagnética en el vacío, pero en la realidad el medio que utilizan en su transmisión es la atmósfera, conjunto de gases y aerosoles de composición y densidad variables. La atmósfera es el medio existente entre la superficie terrestre y los sensores e influye mucho en la captación desde estos últimos.

La atmósfera tiene un *triple efecto diferencial* sobre las radiaciones:

– *Absorción* de la energía en determinadas bandas del espectro, limitando algunas más que a otras.

– *Dispersión* en función de las longitudes de onda de tres tipos (Rayleight, Mie y no selectiva).

– *Emisión* propia de la atmósfera, como cuerpo gaseoso caliente que es.

A causa de estos tres efectos es necesario evitar trabajar con las longitudes de onda que son más absorbidas por la atmósfera. Así mismo, conviene separar la reflectividad o dispersión de la propia atmósfera de la que produce la superficie terrestre. Y, por último, también hay que separar las radiaciones que emite la propia atmósfera a causa de su temperatura de las que emite la superficie terrestre, provocadas por su estado térmico.

Así pues, existe casi siempre una necesidad de efectuar operaciones de compensación, a fin de aminorar los efectos de la atmósfera sobre las radiaciones que captan los sensores. Estas operaciones se agrupan en lo que se conoce como *corrección atmosférica*. Fundamentalmente hay que realizarla *cuando se comparan distintas bandas entre sí* (de distintos sensores) para analizar el comportamiento radiativo de unas cubiertas; también cuando se analizan series temporales de *distintas fechas* de unas mismas cubiertas; y cuando se trabaja con *modelos físicos* para comparar distintos espacios geográficos entre sí.

Las mayores dificultades en los análisis se producen por la variación del estado dinámico y de las condiciones atmosféricas en el espacio y en el tiempo, que impiden una simultaneidad e invariabilidad en las medidas deducidas de la información de los sensores.

III.9.1. Efectos de la atmósfera
        sobre las radiaciones

a) *Efecto absorción*

La atmósfera se comporta como un *filtro* selectivo, es decir, absorbe y elimina unas longitudes de onda y deja pasar otras. Sus distintos componentes actúan de un modo muy diferencial sobre las radiaciones:

– El *oxígeno* (O_2) no deja pasar los ultravioletas por debajo de 0,1 μm ni el IR térmico ni las microondas.
– El *ozono* (O_3) elimina los ultravioletas inferiores a 0,3 μm y las microondas en torno a los 27 mm de longitud de onda.

– El *vapor de agua* (H_2O) elimina o absorbe las radiaciones en torno a 6 μm, las superiores a 27 mm y las comprendidas entre 0,6 y 2 μm.
– El *dióxido de carbono* (CO_2) absorbe el IR térmico (> 15μm) y atenúa mucho las radiaciones del IR medio (2,5-4,5 μm).
– Los *aerosoles* dispersan mucho las radiaciones comprendidas dentro del espectro visible.

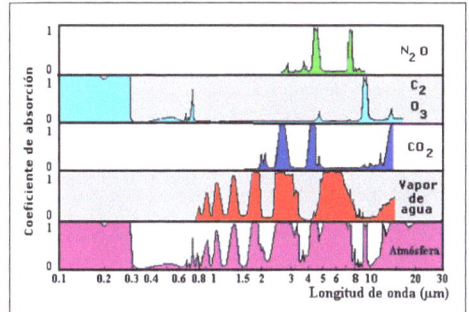

Fig. III.73. *Absorción de la atmósfera y sus principales componentes de las radiaciones en función de sus longitudes de onda.*

Así pues, este comportamiento diferencial de los distintos componentes de la atmósfera, que se conocen como *ventanas atmosféricas* de *absorción* o de *transmisividad*, permite realizar deducciones valiosas: con las partes del espectro que tienen una alta absorción atmosférica se puede estudiar la propia atmósfera desde las radiaciones captadas por el sensor y con las de baja absorción, la superficie terrestre.

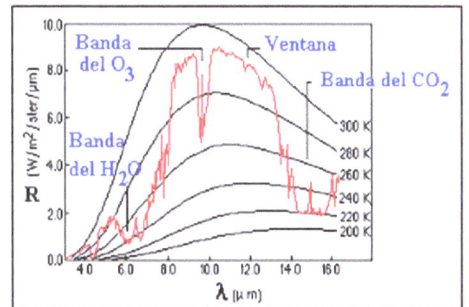

Fig. III.74. *Ventanas de absorción.*

Siguiendo estas propiedades o efectos atenuadores de la atmósfera sobre las distintas radiaciones se han diseñado muchos sensores, especialmente para los satélites meteorológicos, que tienen en cuenta las ventanas atmosféricas o bandas que absorben menos las radiaciones, para estudiar la evolución del estado de las distintas capas o estratos de la propia atmósfera, tal y como hacen los 4 sensores de los satélites Meteosat de primera generación.

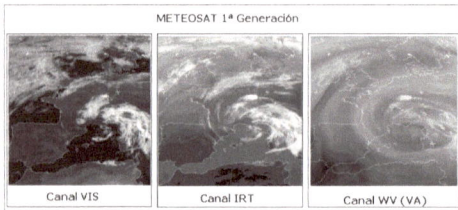

FIG. III.75. *Captura de distintos aspectos y niveles de la atmósfera por el Meteosat-7.*

Del mismo modo están diseñados los sensores de los satélites para el estudio de la capa de ozono estratosférico (ejemplos como el TOMS: Total Ozone Mapping Spectometer o el GOME: Global Ozone Experiment en el de observación multiangular del ERS-2). De esta forma, se ponen a favor de la investigación los efectos de filtro de la atmósfera.

b) *Efecto dispersión*

Este efecto está presente en todas las captaciones y está producido por los gases y las partículas en suspensión de la atmósfera que hacen que disminuya la radiación directa y aumente la difusa. Este efecto es muy difícil de cuantificar por la variación constante del perfil de la columna atmosférica, pero hay que tenerlo muy en cuenta, sobre todo cuando hay que convertir los niveles digitales (ND) que suministran los sensores en parámetros físicos. También hay que tenerlo muy en cuenta en los estudios o análisis multitemporales.

Los principales causantes de la dispersión son los *aerosoles* y el *vapor de agua*.

FIG. III.76. *Efecto atmosférico de dispersión de las radiaciones.*

Existen tres tipos de dispersión:
– Dispersión de *Rayleigh*. Afecta a longitudes de onda que son inferiores a los diámetros de las partículas o gotículas, como ocurre con las radiaciones con longitud de onda más corta (altas frecuencias). Este tipo es el que se da sobre el espectro visible, causado por el *vapor de agua* atmosférico y produce el color azul del cielo.

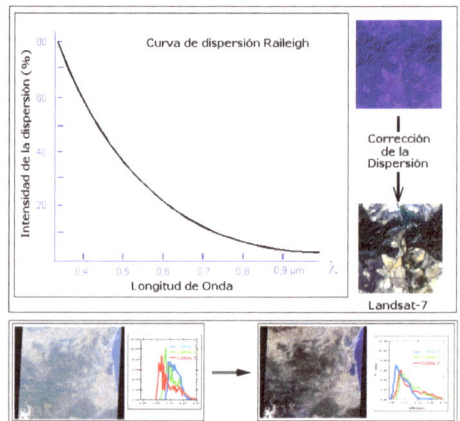

FIG. III.77. *Curva de dispersión Rayleigh en función de la longitud de onda y corrección del efecto en una imagen.*

– Dispersión *Mie*. Se produce este tipo cuando afecta a longitudes de onda de tamaño similar al diámetro de las partículas que la producen y que están constituidas por polvo y aerosoles. Afecta a longitudes de onda algo mayores que el tipo anterior.

FIG. III.78. *Efecto de dispersión Mie producido por el humo.*

– Dispersión *no selectiva*. Afecta este tipo por igual a cualquier tamaño de longitud de onda del *visible* y la producen las nubes. Por esto las nubes aparecen de color blanco, ya que afectan del mismo modo a todas las longitudes de onda del espectro visible.

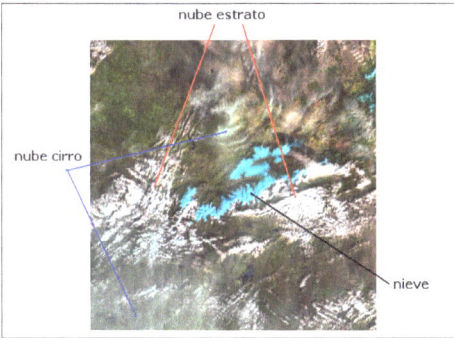

FIG. III.79. *Efecto de dispersión no selectiva producido por distintos tipos de nubes.*

La corrección de las imágenes distorsionadas por la atmósfera es muy difícil porque no se suele disponer de datos, simultáneos a las mismas, acerca de la composición de la columna atmosférica existente entre la superficie terrestre y el sensor. Estas correcciones suelen realizarse basándose en las relaciones de distintos elementos de la propia imagen y de imágenes simultáneas tomadas en distintos intervalos del espectro electromagnético.

c) *Efecto emisión*

Es clave para los análisis del IR térmico, sobre todo cuando se pretende deducir las temperaturas desde las imágenes.

La atmósfera emite energía, igual que cualquier cuerpo que se encuentre en un estado térmico por encima del cero absoluto[140]. Además la atmósfera posee en una gran proporción componentes que tienen un alto calor específico como, por ejemplo, el metano y el vapor de agua.

Como se produce simultáneamente absorción y emisión de radiaciones atmosféricas en este intervalo del espectro electromagnético, las correcciones atmosféricas de las imágenes en el IR térmico suelen basarse en la absorción diferencial entre dos bandas contiguas dentro del sector del IR. Estas técnicas reciben el nombre de *algoritmos de ventana partida*[141]. También se utilizan técnicas que ponen en valor las diferencias entre dos o más ángulos de captación (corrección angular).

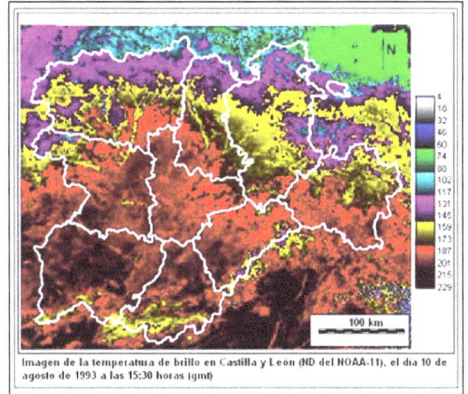

FIG. III.80. *Imagen térmica de suelo de Castilla y León corregido el efecto de emisión atmosférica con la técnica de Split Window.*

[140] 0º kelvin o -273º centígrados.
[141] Conocidas en el lenguaje de teledetección como técnicas de «Split Window».

III.10. LOS SENSORES. CARACTERÍSTICAS

El *sensor* es el aparato técnico sensible a las radiaciones terrestres en determinadas longitudes de onda que recoge la información y la transforma en una señal que emite hacia las estaciones terrenas. Existen varios tipos que pueden ser agrupados según dos criterios:

a) Criterio de la *localización de la fuente de energía* de la radiación captada:

a$_1$. Sensores *pasivos*: La fuente o foco de la energía-radiación captada es *exterior al satélite*.

a$_2$. Sensores *activos*: La fuente o foco de energía de la radiación captada se localiza *en el propio satélite* (radares).

b) Criterio del *procedimiento de captación* de la energía-radiación:

b$_1$. Sensores *óptico-químicos* o fotográficos (compuestos de objetivo óptico + película fotoquímica).

b$_2$. Sensores *óptico-electrónicos* (compuestos de objetivo óptico + equipo de barrido –escáneres– + componentes detectores fotoelectrónicos –diodos-).

b$_3$. *Radares* (compuestos de antena emisora –parabólica o de dipolos– + antena receptora –parabólica o de dipolos– + radiómetros) de dos subtipos: *radares* propiamente dichos si trabajan en la banda de las *microondas*; y *lídares* si trabajan con impulsos de luz polarizada (láser) en la banda de los *infrarrojos*.

El satélite es uno de los tipos de plataforma que transportan a los sensores en órbitas regulares alrededor de la Tierra y los alimentan eléctricamente para su funcionamiento. Existen dos tipos fundamentales según el criterio del *tipo de órbita* que describen:

a) *Geocéntricos.* Con órbita permanente en un mismo plano respecto al eje de rotación de la Tierra y al Ecuador.

b) *Heliosíncronos.* Con órbitas en plano de distinto ángulo respecto al eje de rotación de la Tierra. Sus orbitas son casi perpendiculares al plano ecuatorial.

◆ Según la *fuente de energía*:
  > Pasivos
  > Activos
◆ Según la *técnica de captación del sensor*:
  > Óptico-químicos
  > Óptico-electrónicos
  > Radares (Lídar)
◆ Según la *órbita*:
  > Geocéntricos (Ecuatoriales)
  > Heliosíncronos

TABLA III.10. *Tipos de sensores y plataformas.*

Características fundamentales de los sensores:

III.10.1. LAS RESOLUCIONES

La *resolución* de un sensor es la capacidad para diferenciar los detalles en la imagen captada o posibilidad de discriminar los objetos constituyentes de las coberteras de la superficie terrestre entre sí. La resolución recoge dos aspectos: uno primero más genérico que es la *detección* del objeto o posibilidad de diferenciarlo de otros; y uno segundo, para el que es necesario una mayor sensibilidad del sensor, que es la *identificación* del objeto o *definición clara de sus contornos*. Pero para diferenciar detalles en los objetos no solamente es necesario discriminarlos de un modo *espacial* sino también *temporal* y *radiométrico*, sobre todo para poder captar sus variaciones. La resolución depende de:

a) El tipo de lente del objetivo.

b) El tipo de película o sensibilidad.

c) La compartimentación electrónica de las superficies sensibles, es decir, del número de detectores o diodos.

d) La velocidad de barrido.

Las resoluciones son de cinco tipos: espacial, espectral, temporal, radiométrica y angular.

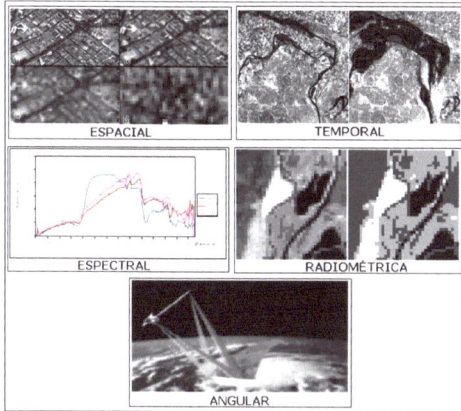

Fig. III.81. *Las 5 resoluciones de un sensor.*

III.10.1.1. *Resolución espacial*

Viene definida por el *tamaño del objeto más pequeño* que puede distinguirse en una imagen. Su unidad de medida suele estar expresada en *metros sobre el terreno* o en *milímetros sobre las imágenes* en el caso de las fotografías. Depende de la distancia o longitud focal de la cámara o el sensor, de la altura de la plataforma sobre el terreno y del grano de la película fotográfica o del número de componentes electrónicos de la superficie sensible del sensor. En los sensores óptico-electrónicos la unidad de resolución espacial es el IFOV (Instantaneous Field of View): *Sección angular observada desde el sensor, medida en radianes*; aunque también se utiliza de un modo generalizado la unidad en metros de la *distancia sobre el terreno que se corresponde con dicho ángulo*:

$$d = 2.H.tg\frac{IFOV}{2}$$

H = altura sobre el terreno.

Esta distancia en metros *d* tiene una correspondencia en su valor escalar con la unidad de información mínima en la imagen o *píxel* (Picture Element).

Aunque pueden captarse objetos de tamaño inferior a un píxel, lo normal es que su tamaño cubra varios píxeles. La dificultad en las diferenciaciones radica en que un píxel mixto o compuesto de varias cubiertas no se parece a ninguna de ellas por separado.

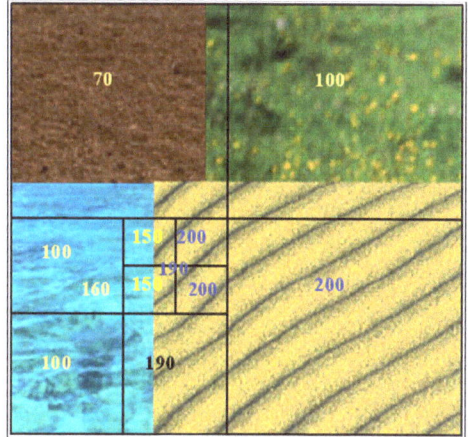

Fig. III.82. *Píxeles mixtos cubriendo a veces varias cubiertas distintas.*

La resolución espacial depende de:
– La altura orbital.
– La velocidad de exploración o barrido.
– El número de detectores en los sensores.
– El radio de abertura en los radares.
– La longitud de onda (λ).

Hay una gran variedad de resoluciones espaciales de los distintos satélites: desde los 5 km^2 (5.000 x 5.000 metros), hasta el metro cuadrado (1 x 1 metro) y se ha producido una evolución en el tiempo hasta alcanzar actualmente los 0,61 x 0,61 metros del QuickBird.

$$d = 2.H.tg\frac{IFOV}{2}$$

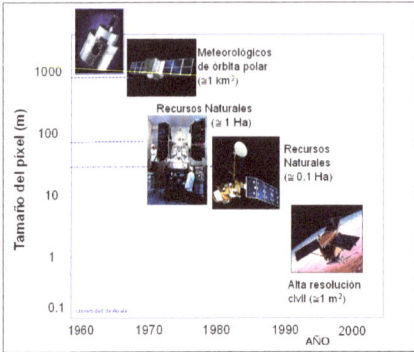

FIG. III.83. *Cronograma de la evolución en la resolución espacial de los sensores.*

III.10.1.2. *Resolución espectral*

Puede ser definida como el *número y anchura de los intervalos del espectro electromagnético que son capaces de diferenciar los sensores* de una plataforma. Esta diferenciación de longitudes de onda procedentes de un mismo espacio de la superficie terrestre se registra de un modo simultáneo. Como se vio, cada tipo de cubierta tiene un comportamiento multiespectral distinto que lo caracteriza y que se conoce como su *signatura espectral.* Cuanto mayor número de bandas y más estrechas sean, la resolución espectral será mayor.

Cuanto más anchas sean las bandas registrarán valores promedios menos precisos, hasta el extremo de que llegarán a encubrir diferencias de comportamiento espectral importantes como, por ejemplo, puede ocurrir con el estado de la vegetación.

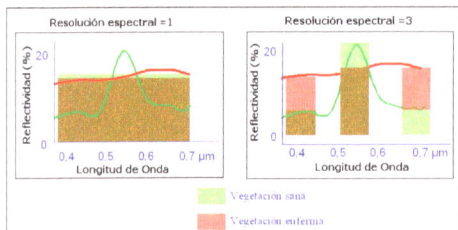

FIG. III.84. *Ejemplos de la precisión que se gana en la determinación y características de las cubiertas con el aumento de la resolución espectral (número de bandas).*

Los sensores que menos resolución espectral tienen son los radares que captan una sola banda y las cámaras fotográficas, que en el caso de ser pancromáticas captan una sola banda que cubre todo el espectro fotográfico y en el caso de ser de color natural captan tres bandas (RGB: azul, verde e IR cercano).

Los sensores óptico-electrónicos son muy variados. Cubren desde tres bandas, como, por ejemplo, los METEOSAT de primera generación (VIS –nubes–, IR térmico –temperaturas–, e IR medio –humedad–) o el SPOT (Verde, Rojo e IR cercano); pasando por los 36 del MODIS que cubren todo el visible y los infrarrojos; y llegando a los hiperespectrales del HYPERION con sus 220 bandas que cubren todo el espectro solar.

III.10.1.3. *Resolución temporal o periodicidad*

Este tipo de resolución considera el tiempo que transcurre desde que el sensor tomó una imagen y vuelve a captar otra imagen del mismo sector de la superficie terrestre. Se trata pues de una *frecuencia de captura.* El ciclo de cobertura depende de las *características orbitales de la plataforma* (altura, velocidad, inclinación de la órbita, etc.) y del diseño del sensor (abertura, velocidad de procesado de imágenes, etc.). La resolución temporal «efectiva» también depende mucho de las condiciones meteorológicas de la atmósfera[142]. En algunos casos, esta última dependencia se intenta aminorar mediante sensores enfocables de un modo controlado y dirigido.

Así pues, mediante observaciones laterales, se dirige el objetivo hacia áreas en las que se detectaron nubes al pasar por su vertical en una órbita anterior. Por ejemplo, el SPOT o el IKONOS permiten realizarlo así. Lo sensores *meteorológicos de órbita geoestacionaria* (Meteosat, Goes, GMS, etc.) son los que poseen una mayor resolución temporal, porque están diseñados para captar situaciones dinámicas atmosféricas muy rápidamente cambiantes (15-30 minutos).

---

[142] Éxito en la captación del sector de la superficie que se pretende por ausencia de nubosidad o de fallos técnicos en el momento preciso del paso del satélite.

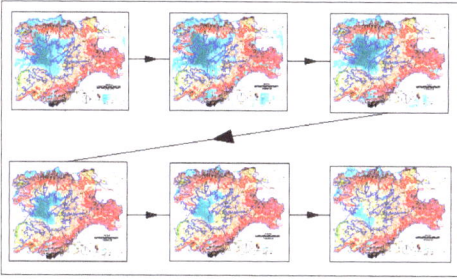

FIG. III.85. *Evolución bihoraria de la niebla en Castilla y León el día 12-02-2001. Meteosat.*

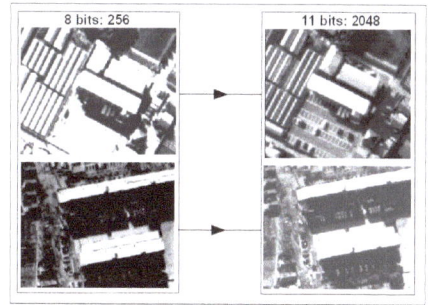

FIG. III.86. *Incremento de la discriminación con el aumento de la resolución radiométrica.*

Dentro de los meteorológicos están los que se podrían denominar *climatológicos con órbitas heliosíncronas* o *polares*, del estilo de los NOAA, y con una resolución temporal más baja (12 horas). Los diseñados para el estudio de los recursos naturales van teniendo periodicidades menores, como, por ejemplo, los LANDSAT (16 días) o el ERS (31 días).

III.10.1.4. *Resolución radiométrica*

Mide la sensibilidad del sensor para captar las *variaciones de la intensidad* de las radiaciones.

Generalmente viene expresado en *Niveles Digitales (ND)* que es la traducción de la gama de intensidades que puede *registrar* el sensor de un modo diferenciado y, sobre todo, *codificar* para su envío a tierra. En los sistemas fotográficos su equivalente son los niveles de gris.

La codificación en los sensores óptico-electrónicos se realiza en *código binario* (0,1) y por eso la resolución radiométrica se suele expresar en el *números de bits* (ceros y unos) que son necesarios para codificar un nivel digital. Si, por ejemplo, tal como hacen la mayoría de los satélites, se utiliza la transmisión *byte-8* (palabra de 8 «bits»), entonces se podrían codificar hasta 2^8 = 256 niveles; aunque hay satélites que trabajan con palabras de 10 «bits», como los NOAA, que pueden codificar hasta 1.024 niveles digitales; con palabras de 11 «bits» (2.048 ND) como el IKONOS; o con palabras de 16 «bits» (65.536 ND) como ERS, RADARSAT o MODIS. Así pues, la unidad de resolución radiométrica es el *número de «bits» de codificación de cada palabra*.

Es muy notable el aumento de discriminación que se realiza con el incremento de cada «bit» en la codificación.

El ojo humano no diferencia más de 16 niveles de cada color y sería suficiente su codificación para los análisis visuales; pero en un SIG la capacidad de computación y análisis es muy alta y por ello se utilizan 256 niveles, como mínimo, para cada banda[143].

III.10.1.5. *Resolución angular*

Mide la capacidad de un sensor para captar la *misma zona desde distintos ángulos.*

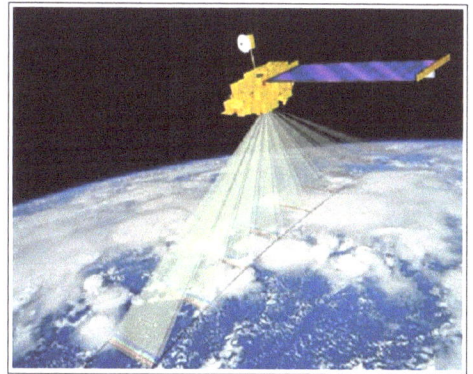

FIG. III.87. *Captación simultánea multiangular del sensor Modis (satélite Terra).*

[143] Por ejemplo, un satélite con sólo tres sensores o bandas y 256 niveles digitales codificables por cada una permite 256 x 256 x 256 = 16,8 millones de combinaciones de color.

Se asume que las cubiertas tienen reflectividad omnidireccional o lambertiana (isótropas), pero en la práctica no es así (son anisótropas) y para compensarlo debe observarse una misma cubierta desde distintos ángulos; porque, además, se pueden obtener así distintos espesores atmosféricos y evaluar el comportamiento distorsionador (absorción y dispersión) de la atmósfera. En el pasado los sensores de barrido eran lo más parecido a una captación multiangular, pero con la gran diferencia, respecto a los auténticos multiangulares, de que no eran capturas simultáneas. Hoy existen varios satélites que toman imágenes de un modo simultáneo desde distintos ángulos, como el sensor ATSR-2 (1995) del satélite europeo ERS-2; o el sensor POLDER (1997) del satélite japonés ADEOS; o el MISR (1999) del satélite estadounidense TERRA con 9 ángulos y 36 bandas simultáneas.

III.10.1.6. *Compromiso entre los cinco tipos de resolución*

Todas las resoluciones de los sensores suelen estar relacionadas y compensadas entre sí; y así, cuanto mayor es la resolución espacial suelen ser menores las resoluciones temporal y espectral y viceversa. El incremento de las resoluciones provoca un crecimiento muy grande del volumen de datos que hay que transmitir desde el satélite y por tanto un aumento de la

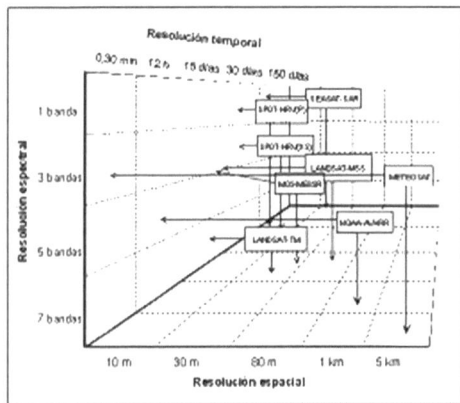

Fig. III.88. *Compromiso y relación entre las resoluciones.*

velocidad de transmisión y de capacidad de archivado de datos en el propio satélite cuando pasa por zonas de la Tierra donde no existan estaciones terrestres de recepción de datos; además de que algunos de ellos no tienen capacidad de almacenamiento, como, por ejemplo, el europeo ERS.

En función de los objetivos o fines de estudio de las imágenes se diseñan los sensores y sus resoluciones:

– Si se quieren captar fenómenos efímeros y muy cambiantes se utilizan sensores de alta resolución temporal y bajas espacial y espectral.
– Si se quieren captar fenómenos muy estables pero de mucha variabilidad superficial se utilizan altas resoluciones espacial y espectral y baja temporal.

En general, se suele dar más importancia a la resolución espacial sobre las demás y en algunos casos debe ser así, como, por ejemplo, para realizar trabajos catastrales, pero en muchos otros no, como, por ejemplo, en el seguimiento de los incendios forestales para lo que es preferible una mayor resolución temporal que espacial. Por esto se van utilizando cada vez más los satélites de aplicación meteorológica y climatológica a medida que van aumentando su resolución espacial (MSG, TERRA, AQUA, FUEGO, etc.) para muchos objetivos ajenos a los fines proyectados originariamente (estimación de cosechas, deforestaciones, seguimiento de cardúmenes de pesca, etc.).

Las altas resoluciones espectrales son necesarias cuando hay que matizar mucho los análisis por referirse a zonas de muy grandes variabilidades de cubiertas en superficies pequeñas, o cuando las signaturas espectrales son muy semejantes entre las distintas cubiertas o están muy mezcladas, como, por ejemplo, en las prospecciones mineras desde satélite.

III.10.2. Tipos de sensores

Existen varios tipos que pueden ser agrupados según varios criterios:
En función de la *fuente de energía*:
a) Pasivos.
b) Activos.

Por el *modo de captura*:
c) Óptico-fotográficos (cámaras fotográficas).
d) Óptico-electrónicos (exploradores de empuje, de barrido y cámaras de videcón).
e) De antena (radiómetros de microondas).

Por la *órbita* que describen
f) Geocéntricos (ecuatoriales).
g) Heliosíncronos (polares e inclinados).

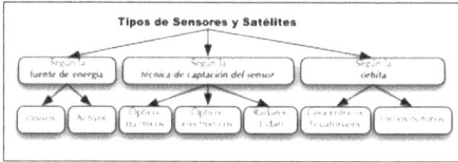

FIG. III.89. *Tipología de sensores y satélites.*

III.10.2.1. *Sensores pasivos*

Recogen la energía electromagnética procedente de la superficie terrestre, tanto la reflejada procedente del Sol como la generada en la propia Tierra. Existen dos tipos generales de sensores pasivos:
1. Las *cámaras fotográficas.*
2. Los *exploradores y cámaras de vidicón.*

III.10.2.1.1. Cámaras fotográficas

Recogen la información en emulsiones químicas fotosensibles y hay que considerar cuatro elementos fundamentales:
− Objetivos o lentes.
− Tipos de películas.
− Ángulo de observación.
− Altura a la que se encuentre la plataforma.

Existen cámaras *mono* y *multiobjetivos*, según recojan uno o varios intervalos del espectro de un modo simultáneo *(monobanda* o *multibanda)*, bien con filtros sobre una única película o con varios objetivos sobre distintas películas.

El tipo de película más utilizado es el *pancromático en blanco y negro* que es sensible a todo el espectro visible. También se utilizan mucho las películas de *color* con distintas

capas; cada una sensible a un color. Además existen películas en blanco y negro, y también en color (generalmente en falso color RGB) sensibles al *infrarrojo cercano.*

Según el ángulo del eje óptico de la cámara hay imágenes *verticales* (3°<), si se captan perpendiculares al terreno con objeto de realizar montajes estereoscópicos de visión tridimensional, y *oblicuas* (>10°) que se conocen como *panorámicas* si recogen el horizonte.

Según las plataformas que soporten las cámaras fotográficas las imágenes se obtendrán a menor o mayor altitud con la correspondiente variación en la relación de las escalas de las mismas. Si se obtienen desde aviones las imágenes se tratan mediante fotointerpretación y fotogrametría; si se obtienen desde satélites se trabajan con técnicas de teledetección espacial. En los años sesenta del siglo XX, las primeras imágenes captadas fotográficamente desde el espacio exterior desde naves y satélites se obtuvieron en las misiones Mercury-4, Gemini y Apollo, en un principio por puro impulso estético de cosmonautas y astronautas. El primer proyecto que se diseñó con un propósito geológico se englobó en la misión Gemini T-4. Y a partir de 1973 se incorporaron sensores fotográficos en el laboratorio espacial tripulado SKYLAB, que captaban imágenes a 453 km de altitud con una finalidad temática (coberteras de suelo, litología, vegetación y cultivos). Se pensaba incluso en realizar restituciones fotogramétricas para realizar la cartografía de todo el planeta sin necesidad de realizar tantas pequeñas misiones en avión.

Hay muchos tipos de cámaras, pero las más utilizadas son la europea métrica RMK 20/23 de Zeiss para fotografías estereoscópicas de 23 x 23 cm (tamaño convencional de la fotografía aérea desde avión); fue instalada en el Spacelab en 1983 a 250 km de altura y con una distancia focal de 305 mm que facilitaba escalas de 1:820.000 para realizar cartografía básica. Esta cámara se dejó de utilizar tras el desastre del Challenger en 1986. A partir de la misión 41-G del Space Shuttle en 1984 se utilizó la cámara estadounidense LFC de Itek[144] con tamaños de 23 x 46 cm, escala de 1:50.000 y precisiones de las altitudes ± 30 metros. De mayor definición

---

[144] Large Format Camera: cámara de gran formato.

(1.024 x 1.024 píxeles) son las imágenes actuales en blanco y negro obtenidas con la cámara digital ESC[145]. La cámara multiobjetivo rusa MKF soportadas por las naves Soyuz y en las Cosmos disponen de 6 objetivos.

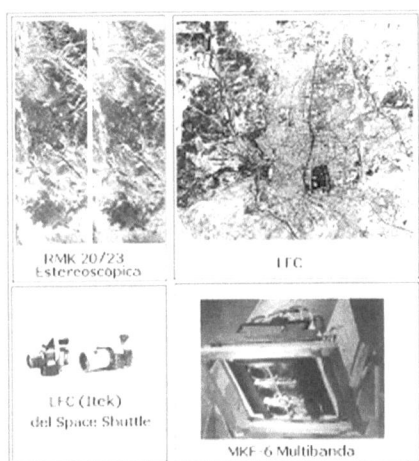

FIG. III.90. *Ejemplo de fotografías y cámaras fotográficas para teledetección.*

Desde 1995 el gobierno estadounidense permitió la comercialización de las imágenes fotográficas obtenidas entre 1960 y 1972 desde satélites espías militares, como el Corona, Argon y Lanyard con resoluciones espaciales entre 2 y 10 metros.

III.10.2.1.2. Exploradores y cámaras de vídeo

Para evitar la dependencia del soporte físico de la fotografía y poder transmitir la información digitalizada se diseñaron los sensores óptico-electrónicos con mecanismos de barrido y de empuje y las cámaras de vídeo (vidicón).

III.10.2.1.2.1. Exploradores o detectores de barrido (escáneres)

Constan de un espejo móvil oscilante que permite explorar la franja de terreno a ambos lados de la trayectoria del satélite.

[145] Electronic Sill Camera.

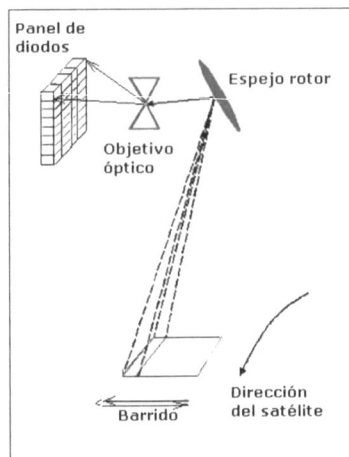

FIG. III.91. *Esquema de funcionamiento de un explorador de barrido.*

La señal es convertida mediante el siguiente proceso: la radiación electromagnética analógica y ondulatoria procedente de la superficie terrestre, según su intensidad o amplitud, se convierte en una señal eléctrica que se caracteriza por un valor numérico; este valor numérico se codifica mediante un código binario (0, 1) y una vez modulado con una señal digital apropiada se transmite a la estación situada en tierra en la zona de cobertura del satélite. La estación terrena la distribuye en formato apropiado para su tratamiento mediante algún Sistema de Información Geográfica. De la superficie terrestre no se obtiene una información continua sino un muestreo determinado por unos intervalos de tiempo, del orden de milisegundos, que definen el tamaño de la unidad de información mínima de cada píxel. Suele incorporar cada satélite varios sensores, cada uno sensible a unas longitudes de ondas determinadas, constituyendo entre todos un explorador de barrido multiespectral. Las ventajas de estos sensores electro-ópticos de barrido radican en la ampliación de bandas respecto a la banda fotográfica (0,4-0,9 µm) pues suele incluir los IR cercano, de onda corta, medio y térmico. También la posibilidad de calibrar los datos y su corrección; así como la transmisión y disponibilidad de los datos en tiempo real; y el tratamiento de los datos digitales con programas informáticos.

Existen muchos tipos dentro de los escáneres de barrido. Algunos satélites Landsat disponían del MSS (Multispectral Scanner) con 4 sensores; el TM (Thematic Mapper) con 7 sensores; los mismos que el ETM (Enhanced Thematic Mapper). Los satélites Tiros-Noaa disponen del AVHRR (Advanced Very High Resolution Radiometer). Los de la serie Nimbus incorporaban el sistema CZCS (Coastal Zone Color Scanner). Y también se utilizó mucho el HCMM (Heat Capacity Mapping Radiometer).

III.10.2.1.2.2. Exploradores o detectores de empuje *(pushbroom)*

En los años ochenta del pasado siglo se pone en práctica una nueva tecnología que elimina el espejo oscilante y explora líneas de un modo simultáneo en vez de píxeles individuales –uno a uno–, mediante una batería de detectores[146]. Este cambio tecnológico permitió una mayor resolución espacial, además de eliminar la parte móvil del sensor con sus problemas de desgaste mecánico y fallos de sincronismo. Al recoger líneas completas la computación y codificación se hicieron más rápidas, lo que permitía su transmisión simultánea. Los inconvenientes de esta nueva técnica radican en la dificultad de calibrar simultáneamente tantos detectores, sobre todo los térmicos, por eso estos satélites no suelen pasar de la longitud de onda del SWIR (IR de onda corta).

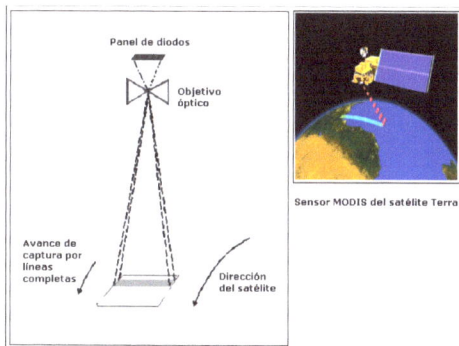

Fig. III.92. *Esquema de funcionamiento de un explorador de empuje. Sensor Modis (Terra).*

[146] En lenguaje técnico «dispositivos de acoplamiento por carga» CCD (Charge Couple Devices).

Este tipo de explorador de empuje lo incorporan satélites como el franco-belga SPOT (sensor HRV), el hindú IRS (sensores Pan, Liss y Wies), los estadounidenses Ikonos y QuikBird y el japonés MOS (sensor Messr).

III.10.2.1.2.3. Cámaras de vídeo (vidicón)

Son cámaras de vídeo pancromáticas y multibanda. Estas cámaras las incorporaban los primeros satélites Landsat, los Tiros y los Apollo. Su gran ventaja sobre las cámaras fotográficas se basaba en que eran digitales y sus imágenes estaban disponibles de forma inmediata sin necesidad de operaciones de revelado en laboratorio, además de su fácil manejo. Su problema era la baja resolución espacial que ofrecían (campos visuales de menos de 500 píxeles), lo que obligaba a utilizarlas en órbitas de poca altura para que fuesen eficaces.

III.10.2.1.2.4. Radiómetros pasivos de microondas

Trabajaban en longitudes de onda milimétricas, equivalentes a frecuencias entre 6,8 y 90 GHz. Su gran ventaja radicaba en que no les afectaban los estados de la columna atmosférica ni las situaciones de iluminación, aunque era el tipo de detector de menor resolución espacial. Hubieran sido necesarias antenas muy grandes para mejorar la resolución. Resultaban de interés para el estudio de la nieve y del hielo, y también la humedad del suelo. Por ejemplo, el satélite Nimbus con su detector de microondas SSMR (Scanning Multichannel Microwave Radiometer) facilitó el estudio de los movimientos de los «icebergs» y la evolución de los casquetes polares.

III.10.2.2. *Sensores activos*

Estos sensores emiten energía en forma de trenes de ondas que vuelven a recoger tras su reflexión en la superficie terrestre.

RADAR. RADAR es el acrónimo o iniciales de «Radio Detection and Ranging» y constituye un radiómetro activo de microondas. Trabajan en la banda entre 0,1 cm y 1 metro. Cada píxel de la imagen que ofrecen tiene el valor de un *coeficiente de retrodispersión*, que es más alto cuanto más intensa sea la señal de retorno al sensor. Este tipo de sensor es cada vez más utilizado porque no se ve influido por las condiciones atmosféricas adversas, sobre todo por la nubosidad.

III.10.2.2.1. Tipos de sensores radar

Son de dos tipos: SLAR y SAR.
a) SLAR (Side Looking Airbonne Radar) *Radar lateral aero-transportado*. Este tipo es de baja resolución porque utiliza un sistema de abertura circular que tiene relación directa con la longitud de onda y la altura de observación e inversa con el diámetro de abertura. Este tipo de sensor radar solo se utiliza en aviones porque para ser efectivos desde satélites serían necesarias antenas muy grandes.
b) SAR (Synthetic Apertura Radar) *Radar de apertura sintética*. Este sensor basa su funcionamiento en el efecto Doppler que modifica la longitud de onda por el movimiento relativo entre el satélite y la Tierra[147]. Registra los pulsos o trenes de ondas procedentes de un mismo punto de la superficie terrestre en dos momentos distintos de la trayectoria del satélite. Así la resolución espacial es igual a la que se conseguiría con una antena de longitud equivalente a la separación o distancia lineal entre esos dos momentos de la trayectoria. Este sensor radar se utiliza transportado en satélites.

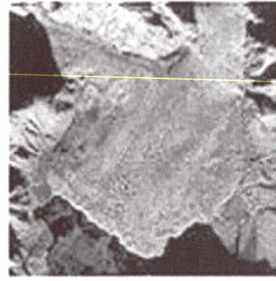

Imagen Radar del glaciar Hubbard en Alaska

FIG. III.93b. *Imagen radar de un glaciar.*

La observación lateral de estos sensores provoca muchas deformaciones geométricas en las imágenes que, por otro lado, son muy difíciles de interpretar aunque aportan mucha información que no es posible obtener con otros sistemas de teledetección.

Trabajan en muchas frecuencias distintas que son denominadas mediante letras del alfabeto.

Denominación	Anchura (cm)		Valor típico	Anchura (GHz)	
Ka	0,75	1,10			
K	1,10	1,67	1,0	10,9	36
Ku	1,67	2,40			
X	2,40	3,75	3,0	5,75	10.90
C	3,75	7,50	5,6	3,90	5,75
S	7,50	15,00	10,0	1,55	3,90
L	15,00	30,00	23,0	0,39	1,55
P	30,00	100,00	70,0	> 0,39	

TABLA III.11. *Frecuencias de microondas radar.*

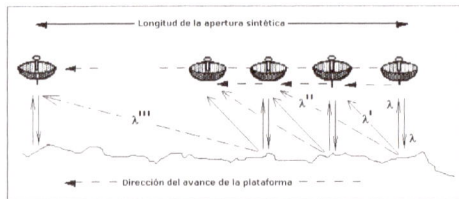

FIG. III.93a. *Esquema de funcionamiento de un explorador radar SLAR por efecto Doppler.*

[147] Por el efecto Doppler, el movimiento relativo entre el objeto y el sensor afecta a la longitud de onda, variándola.

La resolución espacial depende de la distancia al objeto o punto observado y, como ésta cambia angularmente, la resolución de los píxeles de una misma imagen cambia en relación a la separación de cada píxel de la vertical del satélite, necesitándose correcciones posteriores.

La resolución de *profundidad de las ondas en el terreno* depende de la duración de los pulsos o trenes de ondas emitidos por el sensor. De modo que para diferenciar dos objetos entre sí la distancia entre ellos deberá ser superior a la mitad de la longitud del pulso (duración de ida y vuelta del pulso).

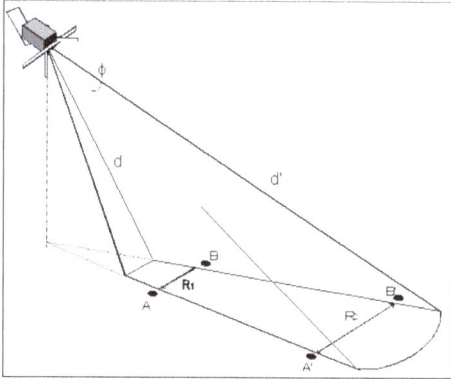

Fig. III.94. *Variación de la resolución espacial en función de la distancia del sensor al objeto detectado.*

$$r_p = \frac{c}{2B.sen\theta}$$

Siendo:

r_p: resolución en profundidad.
c: velocidad de la luz.
B: ancho de banda.
θ: ángulo de incidencia de la onda.

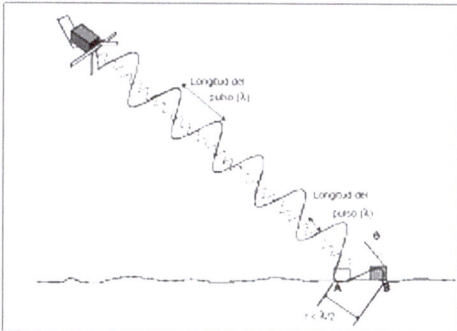

Fig. III.95. *Variación de la resolución de profundidad en el terreno en función de la duración del pulso.*

El relieve tiene mucha incidencia sobre las imágenes radar. Se suelen producir inversiones del relieve en algunas ocasiones; en otras se acortan las distancias reales; a veces se producen solapamientos inversos y aparecen sombras o zonas en las que las señales no recogen algunas partes del terreno. Por todo esto, generalmente hay que recurrir a algún modelo digital de elevaciones (MDE) para corregir tales defectos.

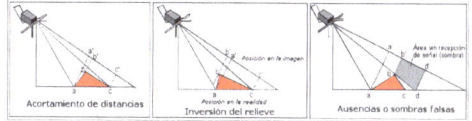

Fig. III.96. *Deformaciones respecto a la realidad que aparecen en las imágenes radar.*

Por otra parte, se produce un efecto que consiste en que el relieve suele aparecer inclinado hacia el lado de la trayectoria del satélite[148].

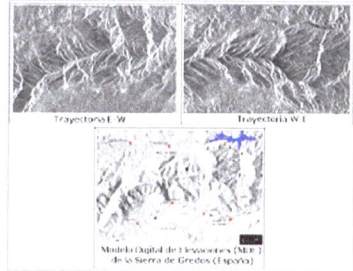

Fig. III.97. *Ejemplo de deformación de inclinación del relieve hacia el lado de la dirección de la trayectoria de la plataforma en las imágenes radar (Satélite ERS-1).*

Las imágenes radar se utilizan cada vez más en los análisis de la vegetación y en los de geomorfología, combinando varias bandas (letras) radar y ambos tipos de polarización (vertical y horizontal) de las señales.

Los radares antiguos (SEASAT-1978; ERS; RADARSAT que cambió la orientación de la antena y el SIR) solo disponían de una sola frecuencia, un solo ángulo de incidencia y una única polarización. A partir de la última misión del Space Shuttle-2000 ya son radares multifrecuencias y multiángulos, como, por ejemplo, los del SIR-C para el estudio de las cubiertas vegetales.

---

[148] Por ejemplo, si el satélite tiene una trayectoria Este-Oeste, el relieve se inclina hacia el Este.

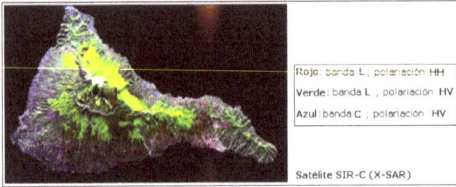

FIG. III.98. *Ejemplo de imagen de la vegetación de Tenerife captada por el satélite de microondas SIR-C.*

Algunos satélites incorporan también sensores denominados *altímetros de microondas* y *dispersiómetros de vientos* que miden la dirección y la velocidad del oleaje en el mar y deducen la dirección y velocidad del viento. Otros incorporan el MASER (Microwave Amplification by Stimulated Emission of Radiation) para realizar levantamientos de cartografía topográfica terrestre y submarina.

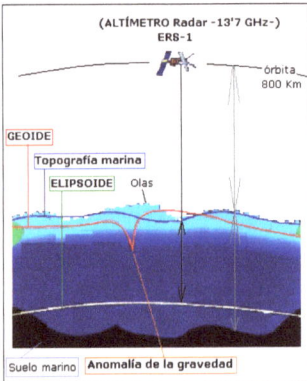

FIG. III.99. *Esquema de funcionamiento de sensor altímetro y dispersiómetro.*

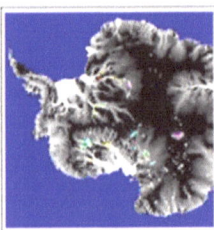

FIG. III.100. *Detección con el altímetro GLAS (Geoscience Laser Altimeter System) a bordo del satélite Icesat, de 124 lagos activos subglaciales en la Antártida (año 2009).*

Como se adelantó, es muy interesante la utilización de la interferometría o el análisis de las interferencias que se producen entre dos ondas próximas enviadas con la misma fase y devueltas por el terreno en distinta fase. Esta técnica permite la formación de pares interferómetros, parecidos a los pares estereoscópicos, que facilitan levantamientos pseudotridimensionales del terreno. Antes se realizaba la interferometría con dos satélites en tándem (por ejemplo, el ERS-1 y el ERS-2), pero en 2000 el Space Shuttle incorporó dos radares separados entre sí por un mástil de 60 metros con los que se levantó un MDE de prácticamente todo el planeta[149].

III.10.2.2.2. El sensor LÍDAR

LIDAR son las iniciales de Light Detection and Ranging. Es un dispositivo que emite pulsos cortos de luz polarizada coherente o, lo que es lo mismo, de rayos *láser* (Light Amplification Stimulation Emision Radiation)[150] que se encuentra entre el intervalo del Ultravioleta y el del IR próximo. Estos pulsos sufren dispersión según el tipo de materiales que se encuentra sobre la superficie terrestre. La energía de retorno es recogida por un telescopio que la retransmite a un detector óptico-electrónico, donde se transforma en una señal eléctrica que se codifica en un valor digital. En función del tiempo de respuesta y de la intensidad de la misma se deduce información sobre el tipo de cubierta. Existen varios tipos de *lídares* según el tipo de dispersión que se pretenda analizar (Míe, Rayleigh, resonancia, absorción diferencial, fluorescencia inducida, etc.). Son muy utilizados para el estudio de los aerosoles y de las partículas de contaminación atmosférica y de otros parámetros y componentes de la columna de aire (humedad, presión, viento, temperatura, etc.).

En teledetección los lídares que se suelen utilizar mucho son el de fluorescencia inducida y el altímetro. El primero se usa para seguimiento de las contaminaciones en masas de agua (algas, petróleo, etc.); mientras que el altímetro

---

[149] Puede seguirse este proyecto en la página web: www.jpl.nasa.gov/srtm/mission.html
[150] Amplificación de luz por emisión estimulada de radiación.

lídar se emplea para el levantamiento topográfico y para los cálculos de biomasas.

Con ellos se pueden realizar estudios de detalle de la altura de los árboles y de la estratificación de la vegetación en general. Estos lídares suelen emplear como plataformas aviones, pero se están realizando pruebas desde satélites artificiales.

También se utilizan para otros tipos de estudios de estructuras tridimensionales como las urbanas y para el seguimiento de la deriva de los continentes y demás actividades tectónicas de la corteza terrestre.

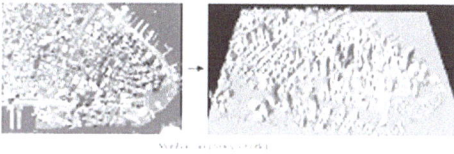

Fig. III.101. *Levantamiento de las edificaciones urbanas de Nueva York desde imágenes lídar.*

III.11. LAS PLATAFORMAS

Existen tres tipos generales de plataformas sobre las que se portan los sensores:
– Terrestres.
– Aéreas.
– Espaciales.
  Dentro de éstas están las *geosíncronas* o geoestacionarias de órbita ecuatorial y las *heliosíncronas* de órbita polar.

III.11.1. Plataformas terrestres

Mediante la utilización de plataformas que se sostienen sobre la propia superficie terrestre (sensores de mano, portátiles de trípode y de mástil manual, sobre vehículos, etc.) se pretende realizar la captura de radiaciones bajo unas condiciones totalmente controladas; de modo que respondan a las características propias de cada cobertera a la que se someta a un análisis radiativo. Se usan radiómetros de filtro que son sensibles a longitudes de onda en intervalos muy precisos; también espectro-radiómetros de bandas más anchas y radares terrestres. Los espectro-radiómetros son caros pero permiten

registros continuos. En todo caso, su utilización ha de ser muy reiterativa en las medidas y las operaciones de calibración de los sensores muy detalladas; también será necesario realizar el filtrado de las señales y de los ruidos ambientales manifestados en las radiaciones, porque las medidas realizadas con estos sensores sobre plataformas terrestres servirán de referencia para las señales teledetectadas desde los aviones y satélites.

Fig. III.102. *Gráfica del filtrado de las radiaciones filtradas captadas por sensores en plataformas terrestres de brazo articulado en un camión, de mástil, de trípode y de mano.*

III.11.2. Plataformas aéreas

Son las que vuelan *dentro de la atmósfera* porque es necesaria la existencia de aire para su sustentación. Fundamentalmente se trata de aviones que sostienen tanto sensores óptico-químicos, como óptico-electrónicos o radares, diseñados para capturar imágenes a gran escala en vuelos muy estables y a no demasiada altitud. Sus características se vieron en el apartado de fotointerpretación, por lo que no se insistirá en ellas.

III.11.3. Plataformas espaciales

Estas plataformas se sitúan *fuera* de la atmósfera, dónde describen órbitas alrededor de la Tierra a una mayor o menor altura y con distinto ángulo, respecto al Ecuador y al eje de rotación terrestre, según sus características de diseño técnico. Son los *satélites artificiales*. Las características que interesan son los elementos de sus órbitas; el área terrestre que cubren; la frecuencia en la repetición de los puntos subsatélite; y el tipo y número de sensores que portan.

Plataformas Espaciales (Satélites Artificiales)

+ Elementos orbitales.
+ Área de cobertura.
+ Frecuencia de repetición.
+ Sensores.

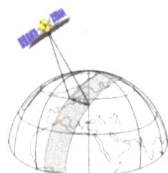

FIG. III.103. *Características fundamentales de las plataformas espaciales.*

Los elementos fundamentales de una órbita son:
- La *altitud* respecto a la superficie terrestre marina. Su *apogeo* y su *perigeo* si se trata de una órbita elíptica.
- El *ángulo* que forman el plano orbital y el plano ecuatorial.
- El *periodo* o duración de la órbita hasta que repite posición.

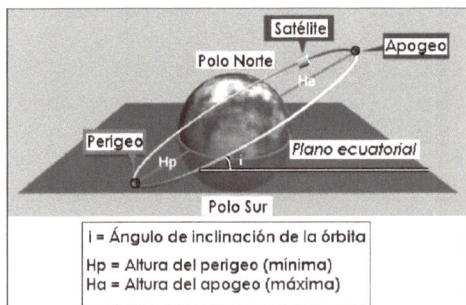

FIG. III.104. *Elementos orbitales fundamentales.*

Las *órbitas* que describen los satélites pueden ser:
- *Circulares*. Como, por ejemplo, los meteorológicos Meteosat o Goes.
- *Elípticas*. Dependiendo del *plano orbital*:
  • Ecuatoriales.
  • Polares.
  • Inclinadas.

Y en función del *periodo*:
- *Geoestacionarias*. Cuando el periodo coincide con el de rotación de la Tierra, lo que hace que también sean denominados *satélites «fijos»* porque están siempre sobre un mismo punto relativo sobre el planeta.
- *Heliosíncronas*. Cuando son órbitas bien *polares* que repiten órbita y pasada todos los días por cada lugar, o *inclinadas* que repiten órbita y pasada sobre las mismas latitudes pero no cada día, sino a intervalos de varios días (16, 18, etc.). En el caso de ser además órbitas polares, están sincronizadas con las horas solares o, lo que es lo mismo, describen la órbita sobre cada plano que forma el meridiano y su antimeridiano en las mismas horas cada día.

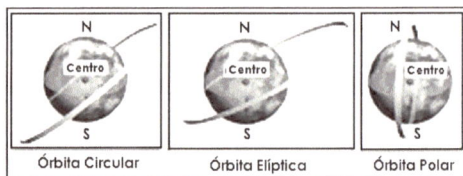

FIG. III.105. *Principales tipos de órbitas según el centro.*

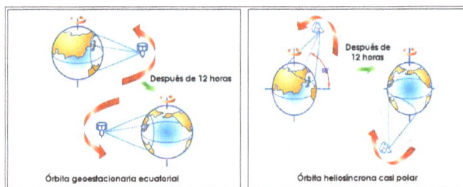

FIG. III.106. *Principales tipos de órbitas según el plano y la velocidad lineal.*

Los satélites más comunes en teledetección se agrupan en programas que constan de varios de ellos y son de varios tipos *según su funcionalidad*:

a) Satélites para el estudio de *recursos naturales*
   - LANDSAT (1 a 7) con sensores RBV, MSS, TM, ETM
   - SPOT con sensores HRV-P y XS; y VEGETATION
   - IRS-C con sensores Liss y Wifs

b) Satélites para el estudio de *meteorología*
  – METEOSAT y GOES
  – NIMBUS
  – NOAA- sensor AVHRR
  – DMSP
  – SEAWIFS

c) Satélites para el estudio de detalles con *alta resolución espacial*
  – SPACE SUTTLE con sensor SIR y cámaras fotográficas
  – IKONOS
  – EARTHWATCH
  – ORBVIEW
  – SPIN-2

d) Satélites *radar*
  – ERS-1 y 2
  – RADARSAT
  – ALMAZ
  – JERS-Fuyo

III.11.3.1. *El programa LANDSAT*

Fue el primer programa diseñado *ex profeso* para la observación de los recursos de la Tierra con el nombre de ERTS (Earth Resource Technology Satellite). El 23 de julio de 1972 se lanzó el primer satélite y a partir del segundo satélite, lanzado en 1975, se cambió el nombre al proyecto y a sus satélites por el de LANDSAT. Con gran diferencia sobre todas las demás, sus imágenes son las más utilizadas por todo tipo de expertos de todas las disciplinas científicas.

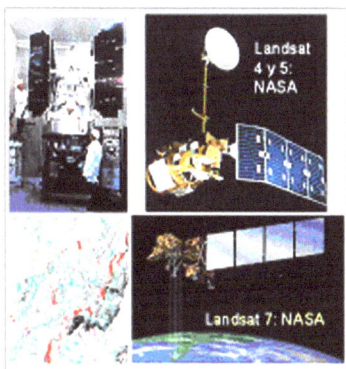

FIG. III.107. *El Programa ERTS-LANDSAT.*

Tenía 3 metros de altura y 1,5 metros de diámetro, pero alcanzaba hasta los 4 metros con los paneles solares de alimentación extendidos. Pesaba 960 kg. Luego fueron variando medidas y pesos.

Describía órbitas polares heliosíncronas con una inclinación de 99,1°, una altura de 917 km y un periodo de 103 minutos que le permitía completar 14 órbitas diarias. Realizaba una toma de la misma escena o porción de la superficie terrestre cada 18 días a la misma hora local (9:30 y 10:30 a.m. hora local).

Tenía posibilidad de corrección orbital sobre tres ejes.

A partir de los LANDSAT números 4 y 5 se varió la forma de los satélites y se redujo la altura de la órbita a 705 km lo que hizo que el periodo bajase a 98,9 minutos y el intervalo de retorno desde 18 a 16 días.

	Landsat-1, -2, -3	Landsat-4, -5	Landsat-7
Lanzamiento	1972, -75, -78	1982, -84	1999
Altitud	917 km	705 km	705 km
Periodo	18 días	16 días	16 días
Hora cruce Ecuador	8:50 - 9:31 am	9:45 am	10:09 am
Peso	953 kg	2.200 kg	2.200 kg
Tamaño	3 m x 1,5 m (x 4 m con paneles solares)	2 m x 4 m	2,8 m x 4,3 m
Sensores	MSS, RBV	MSS, TM	ETM+

TABLA III.12. *Características de los satélites LANDSAT.*

Los LANDSAT 6 y 7 variaron también sus formas y la inclinación de sus órbitas (98,2°) pero mantuvieron la altura orbital, los periodos de órbita y de retorno (16 días) y la escena observada hacia los lados de la órbita (185 km –92,5 km a cada lado–). El LANDSAT 6 se perdió tras su lanzamiento en 1993 y el LANDSAT-7 se mantiene desde su lanzamiento en 1999, aunque en la actualidad tiene bastantes problemas de emisión.

El presidente Reagan transfirió en 1985 el programa a una empresa privada (EOSAT), aunque la agencia NOAA seguía controlando los satélites. En 1992 ante la futura competencia del SPOT franco-belga volvió al Estado estadounidense, al servicio del organismo oficial U.S. Geological Survey (USGS).

Las áreas de control LANDSAT cubren prácticamente todo el planeta.

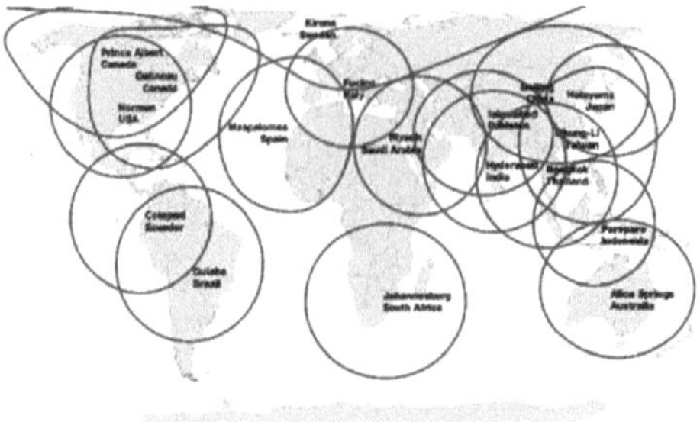

FIG. III.108. *Estaciones terrenas de los satélites Landsat.*

Existen muchas páginas webs que facilitan información de las imágenes LANDSAT.

- http://landsat7.usgs.gov/
- http://www.spaceimage.com/
- http://landsat.gsfc.nasa.gov/
- http://www.eurimage.com/
- http://www.esrin.esa.it/
- Landsat Program Web Page:
  - http://geo.arc.nasa.gov/sge/landsat/landsat.html
- Thematic Mapper Landsat Data:
  - http://edcwww.cr.usgs.gov/glis/hyper/guide/landsat_tm
- Landsat Development Projects:
  - http://landsat.gsfc.nasa.gov/project/index.htm
- Landsat-7 System Concept:
  - http://mtpe.gsfc.nasa.gov/landsat/project/sys-concept.htm
- Landsat - Platforms/satellites:
  - http://www.belspo.be/telsat/landsat/lapl_001.htm

TABLA III.13. *Algunas páginas webs de información LANDSAT.*

III.11.3.2. *Los sensores LANDSAT*

LANDSAT 1, 2 y 3 fueron lanzados portando los primeros sensores multiespectrales denominados MSS (MultiSpectral Scanner), junto a tres cámaras de vídeo RBV (Return Beam Vidicón). En los LANDSAT 4 y 5 se sustituyeron las cámaras RBV por un nuevo explorador de barrido TM (Thematic Mapper) de mayor resolución espacial y espectral, y se mantuvo el MSS para poder seguir comparando con las imágenes de los satélites anteriores.

- MSS (MultiSpectral Scanner)

  Su diseño en laboratorio obedeció a la necesidad de detectar áreas con masas vegetales, hídricas y mineras con los LANDSAT 1, 2 y 3. También para los LANDSAT 4 y 5 se diseñaron las bandas dentro del espectro visible con objeto de diferenciar bien las áreas urbanas y las vías de comunicación; mientras que para los LANDSAT 6 y 7 se diseñaron en las bandas del infrarrojo próximo para detectar la clorofila y la humedad. Cada oscilación del espejo giratorio que incorpora el sensor recoge 6 líneas de radiación terrestre que envía a 24 detectores, constituidos por diodos y tubos.

  Los primeros incorporaban un sistema de grabación de imágenes, el WBVTR (Wide Band Video Tape Recorders), que grababa la información de las zonas de la superficie terrestre en las que no existía ninguna estación terrena que recogiera directamente la información. Los últimos no incorporaban este registrador porque están conectados permanentemente a las estaciones terrenas a través de un sistema de varios satélites de telecomunicaciones.

  Las imágenes de la Península Ibérica llegan a la Estación Terrena de Fucino (cerca de Roma) en Italia, mientras que las de las Islas Canarias y África llegan a la Estación Terrena de Maspalomas en Gran Canaria.

  Una escena MSS consta de 2.340 líneas de barrido x 3.240 columnas, con una resolución por píxel de 57 x 79 metros. Los últimos MSS codifican las radiaciones mediante «palabras» (bytes) de 8 bits (256 niveles digitales).

- Sistema VIDICÓN

  Los LANDSAT 1, 2 y 3 disponían de 3 cámaras de vídeo, cada una trabajando en un intervalo del espectro entre el verde y el IR próximo. Tenían una resolución de 80 metros y eran un auxiliar del MSS, se usaban en estudios de Geomorfología. En los últimos LANDSAT ya no existen.

- TM (Thematic Mapper) y ETM+ (Enhanced Thematic Mapper)

  El primer satélite que lo incorporó fue el LANDSAT 4 y su diseño tenía como objeto la Cartografía Temática. Amplió el número de detectores desde los 24 hasta 100 y se redujo así el «IFOV» (Instantaneous Field of

View). Cada oscilación del espejo recogía 16 líneas de barrido y cada barrido se realizaba en dos direcciones. Así la resolución espacial mejoró desde los 80 metros a los 30. El LANDSAT-7 incorporó un nuevo octavo canal pancromático con una resolución doble que los demás (15 metros). La reorganización del espectro repartido en 7 bandas permite una detección más eficaz de los contaminantes y de la turbidez del agua (banda azul); así como permite una mejora en la exploración minera, en la captación de la humedad en las plantas y en el suelo (SWIR) y en la detección de los focos de calor (SWIR e IRT). Las 8 bandas ETM ocupan 400 Mb de memoria.

MSS[5]		RBV		TM[2]		ETM+[3]	
4	0,5-0,6µm	1[4]	0,475-0,575µm	1	0,45-0,52µm	1	0,45-0,52µm
5	0,6-0,7µm	2[5]	0,580-0,680µm	2	0,52-0,60µm	2	0,52-0,60µm
6	0,7-0,8µm	3[5]	0,690-0,830µm	3	0,63-0,69µm	3	0,63-0,69µm
7	0,8-1,1µm	1[5]	0,505-0,750µm	4	0,76-0,90µm	4	0,76-0,90µm
8[5]	10,4-12,6µm			5	1,55-1,75µm	5	1,55-1,75µm
				6	10,40-12,50µm	6	10,40-12,50µm
				7	2,08-2,35µm	7	2,08-2,35µm
						8	0,52-0,90µm

1 Hasta Landsat-4
2 Desde Landsat-4 hasta -5
3 Landsat -7

Resolución espacial							
4-7	79m	1-3	80m	1-5,7	30m	1-5,7	30m
						6	120m / 60m[3]
8	240m	1	40m	6	120m	8	15m

Tabla III.14. *Características de los sensores de los satélites LANDSAT.*

III.11.3.3. *El programa SPOT (Systeme Pour L'Observation de la Terre)*

Este programa franco-belga fue desarrollado por el CNSE, primero en 1986 y luego en 1990, 1993 y 1998. Tiene una órbita polar heliosíncrona con una altitud de 822 km y una inclinación de 98º; lo que produce un periodo orbital de 101 minutos y un ciclo o pasada sobre la misma escena de la superficie terrestre cada 26 días.

Los tres primeros satélites incorporaron 2 equipos de exploración por empuje de tipo HRV (Haute Resolution Visible) que facilitan imágenes pancromáticas mediante 3.000 detectores tribanda (verde, rojo e IR próximo) a través de 6.000 detectores.

Su resolución espacial es de 10-20 metros y cada escena cubre 60 x 60 km.

Varía el campo de observación un ángulo de 27º a cada lado del nadir. Esto hace que exista solapamiento de parte de las imágenes de una misma zona captada en órbitas sucesivas; lo que permite una visión estereoscópica de dichas zonas.

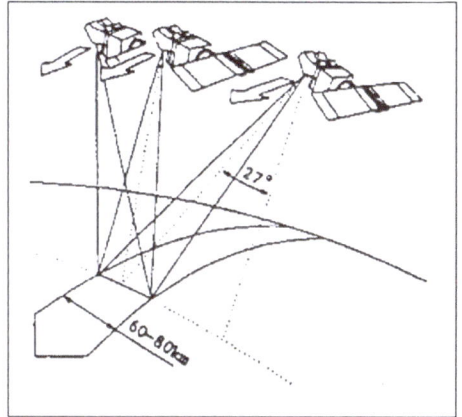

Fig. III.109. *Captura controlada biangular de imágenes del satélite Spot.*

Diariamente cubre todo el planeta (2.500 km). Para España los centros de recepción están situados en Toulouse, Fucino y Maspalomas.

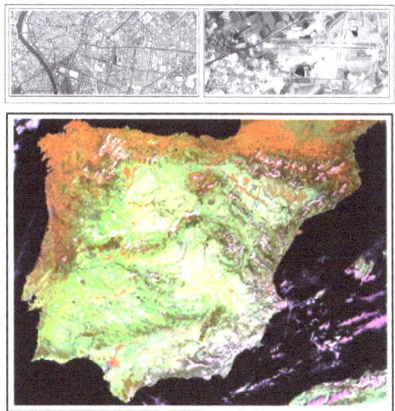

Fig. III.110. *Imágenes de Sevilla y de su aeropuerto captadas por el satélite SPOT (sensor HRVIR) con una resolución espacial de 10 metros. Imagen de la vegetación de la Península Ibérica captada por el sensor Vegetation.*

El SPOT-3 incorpora un equipo DORIS para posicionar y localizar la situación del satélite y otro equipo POAM (Polar Ozone et Aerosol Messurement).

Sensores: Desde 1998, el SPOT-4 incorporó el sensor HRVIR (Haute Resolution Visible et Infrarouge) de 10-20 m, con una nueva cuarta banda «swir» (infrarrojo medio de onda corta). Los dos objetivos tienen una orientación independiente entre sí que permite la captura simultánea de dos imágenes: una vertical y la otra inclinada. También incorporó otro sensor: el VEGETATION, con una resolución de 1 km² y cuatro bandas (Azul, Rojo, IRC y SWIR) para el estudio de las masas vegetales.

HRV[1]		HRVIR[2]		Vegetation[3]	
1	0,50-0,59	1	0,50-0,59	1	0,43-0,47
2	0,61-0,68	2	0,61-0,68	2	0,61-0,68
3	0,79-0,89	3	0,79-0,89	3	0,78-0,89
P	0,51-0,73	4	1,58-1,75	4	1,58-1,75
		P	0,51-0,73		
Resolución espacial					
1-3	20m	1-3	20m	1-4	1000m
P	10m	P	10m		
(1) Solo en los SPOT-1 a 3 (2) Solo en el SPOT-4					

TABLA III.15. *Características de los sensores de los satélites SPOT.*

III.11.3.4. *El programa IRS (Indian Remote Sensing Satellite)*

Fue puesto en marcha en los años 70 del siglo pasado por iniciativa de Jene Bhaskara, creador de la Agencia Espacial India. Se lanzaron varios satélites heliosíncronos en 1988, 1994, 1995 y 1997 con sensores LISS (Linear Imaging Self Scanning) de exploradores de barrido que tienen una resolución de 72,5 km el primero y 36,25 m los otros dos. Tienen un ciclo de recurrencia de 22 días y una altitud de 907 km.

Al IRS-1C, que fue el tercer satélite que se puso en órbita, se le añadió una cámara pancromática con una resolución espacial de 5,8 metros. En el IRS-1D, que fue el cuarto, se incorporó un sensor WIFS con resolución de 188 metros para observaciones regionales de estudios urbanos y forestales.

BANDA	INTERVALO	RESOLUCION ESPACIAL
PAN	0.5 - 0.75 μm	5.8 m
B2 (verde)	0.52 - 0.59 μm	25 m
B4 (Infrarojo próximo)	0.77 - 0.86 μm	25 m
B5 (Infrarrojo medio)	1.55 - 1.70 μm	70 m>

FIG. III.111. *Características del satélite hindú IRS-C e imágenes captadas por el mismo.*

Todos ellos tienen una baja resolución radiométrica (6 bits). En 1999 se lanzó el IRS-P4 *(OCEANSAT)* con ocho canales ópticos de resolución 360 x 236 m y un canal de microondas con 4 bandas y una resolución espacial de 40-10 km.

Luego se lanzó el IRS-P5 *(CARTOSAT)* para levantamientos topográficos con una captación estereoscópica y una resolución espacial de 2,5 m.

LISS-I		LISS-III		WiFS	
1	0,45-0,52	1	0,52-0,59	1	0,62-0,68
2	0,52-0,59	2	0,62-0,68	2	0,77-0,86
3	0,62-0,68	3	0,77-0,86		
4	0,77-0,86	4	1,55-1,70		
		P	0,5-0,75		
Resolución espacial					
1-4	76,5m / 32,25m	1-4	23m	1-2	188m
		P	5,8m		

TABLA III.16. *Características de los sensores de los satélites hindúes IRS.*

III.11.3.5. *Programas de satélites de alta resolución espacial*

Suelen pertenecer a organismos militares, como ocurre con el *CORONA*, o consorcios de capital privado como el *SPACE SHUTTLE*. Sus resoluciones espaciales oscilan entre los 0,5 y 4 metros por lo que, una vez abierto su uso a aplicaciones civiles, se utilizan mucho sus imágenes en estudios urbanos.

FIG. III.112. *Ejemplos de distintos satélites de alta resolución espacial.*

Entre ellos destaca el satélite *IKONOS-2* que, tras un primer lanzamiento fallido, se puso en órbita en 1999. Tiene una resolución de 1 metro en el canal pancromático y de 4 metros en el multiespectral (azul, el verde, el rojo y el infrarrojo próximo). Cada escena abarca un área de 11 km. Tiene una resolución radiométrica de 11 bits por píxel. Y una resolución temporal de 11 días.

FIG. III.113. *Características del satélite IKONOS.*

Un satélite de alta resolución muy utilizado es el *QUICKBIRD*. Puesto en órbita en 2001, porta dos cámaras CCD (batería de detectores o «dispositivos de acoplamiento por carga» –Charge Couple Devices–). Una es pancromática con resolución espacial de 61 cm y la otra es multiespectral (A, V, R e IRC) con 2,5 m de resolución. Cada escena cubre un área de 17 km. Tiene una resolución radiométrica de 11 bits por píxel.

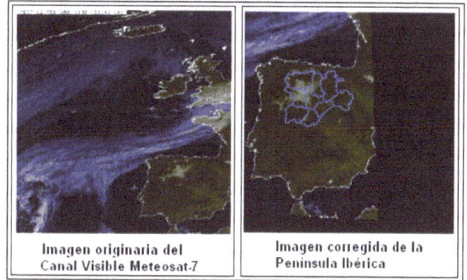

FIG. III.114. *Imágenes del Quickbird.*

Otro ejemplo de satélite de alta resolución es el *EROS A-1*, que capta imágenes estereoscópicas de 1,8 metros de resolución espacial que cubren escenas de 12,5 km. Codifica cada píxel con 11 bits.

III.11.3.6. *Programas de satélites meteorológicos*

Existen de dos tipos: *geoestacionarios* o de órbita ecuatorial, como, por ejemplo, los METEOSAT, y *heliosíncronos* o de órbita polar, como, por ejemplo, los NOAA.

TABLA III.17. *Ejemplos de satélites meteorológicos.*

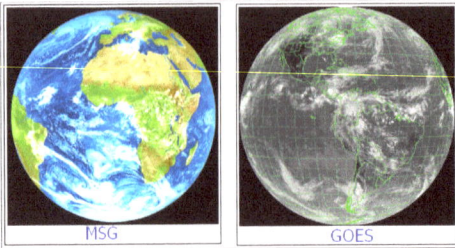

Fig. III.115. *Imágenes del METEOSAT de segunda generación europeo y del estadounidense GOES.*

III.11.3.6.1. Satélites meteorológicos geoestacionarios

Están situados en una órbita en el plano del Ecuador y giran a la misma velocidad angular que la Tierra, aunque a distinta velocidad lineal porque se sitúa dicha órbita a 36.000 km de altitud. El que gire con la misma velocidad angular hace que sus posiciones relativas sean aparentemente fijas respecto a la superficie terrestre. La posición relativa fija del último satélite METEOSAT que se lanza está en la vertical que marca el nadir de 0° de latitud y 0° de longitud (sobre el golfo de Guinea en África). Como cada satélite de cada programa y país (GOES estadounidense, METEOSAT europeo, GMS japonés, INSAT hindú o GOMS ruso) está situado en una posición relativa fija distinta que recoge las imágenes de un hemisferio complementario de los demás, cubren todo el planeta formando un solo conjunto. Existe así una red de satélites de distintas administraciones que están coordinados bajo el programa GARP (Global Atmospheric Research Programme).

En 1966 se puso en órbita el primero de ellos por Estados Unidos, denominado ATS. Luego cambió y el programa pasó a denominarse SMS, para en 1975 adquirir el nombre que se conserva actualmente de GOES (Geostationary Operacional Environmental Satellite). Hoy hay 4 satélites GOES activos que cubren todo el continente americano y el Atlántico Norte. Portan el sensor IMAGER de 5 bandas: una capta el espectro visible, dos el infrarrojo medio y otras dos el infrarrojo térmico. Sus resoluciones espaciales en el punto subsatélite son de 1 Km en el canal visible y de 4 km en los otros cuatro.

También portan otro sensor denominado SOUNDER que permite seguir las evoluciones del ozono y deducir perfiles atmosféricos de humedad y temperatura.

El primer satélite europeo geoestacionario del programa de la Agencia Espacial Europea (ESA) *METEOSAT* fue puesto en órbita en 1977 (antes se lanzó el primer METEOSAT en 1972 cuando no existía aún la ESA) y partir de ese año se lanzaron en 1977, 1981, 1989, 1991, 1993, 1997, 2003/4 y 2005… A medida que se lanza uno nuevo ocupa la situación de nadir (0° latitud, 0° longitud) y los anteriores que siguen operativos se desplazan en la misma órbita ecuatorial, hacia el Oeste como el METEOSAT-3 para seguir los ciclones tropicales atlánticos, o hacia el Este como el METEOSAT-5. El METEOSAT-7 ha sido el último de los de primera generación que ha sido desplazado hacia el Este el 14 de junio de 2006[151]. Las características básicas, hasta el METOSAT-7 incluido, eran que disponían de 4 bandas: dos en el espectro visible con una resolución espacial subsatélite de 2,5 km y una en el IR medio denominada *de vapor de agua* (WV) y otra en el IR térmico, estas dos últimas con una resolución espacial de 5 km. Su resolución temporal es de una imagen cada 30 minutos.

Fig. III.116. *Características de los satélites METEOSAT de primera generación.*

A partir del METEOSAT-8 lanzado en 2002 (2003/04) el programa pasó a denominarse MSG

---

[151] El METEOSAT-6 no entró en funcionamiento y se perdió.

(Meteosat Second Generation –*METEOSAT de 2.ª generación*–) e incorporó otro tipo de sensor de *12 bandas*:

- – *3 en el espectro visible*: una para todo el conjunto del espectro visible como la del METEOSAT de 1.ª generación (entre 0,5 y 0,9 µm); otra entre 0,56-0,71 µm; y una última entre 0,74-0,88 µm.

- – *1 en el infrarrojo medio de onda corta (SWIR)*: entre 1,5-1,78 µm.

- – *3 en el infrarrojo medio*: una entre 3,48-4,36 µm y dos denominadas, como en los METEOSAT de primera generación, «WV» o de «vapor de agua», entre 5,35-7,15 µm y entre 6,85-7,85 µm.

- – *5 en el infrarrojo térmico*: una nueva entre 8,3-9,1 µm; otra para la detección del ozono en su banda de absorción (9,38-9,94 µm); otras dos similares al AVHRR (9,80-11,80 µm y 11-13 µm) para estudios puramente térmicos; y una última en la banda de absorción del CO_2 (12,4-14,4 µm).

La resolución espacial ha aumentado, desde los 2,5 km en el punto subsatélite en los canales del visible que tenían los de primera generación, hasta 1 km. La resolución temporal se redujo desde una imagen cada 30 minutos a 15 minutos. El 9 de diciembre de 2005 se puso en órbita el último, el *METEOSAT-9*, que ocupó la situación 0° latitud 0° longitud tras el desplazamiento del primer MSG (METEOSAT-8). Se tienen imágenes del último MSG desde marzo del 2006.

METEOSAT DE 2ª Generación
MSG-1 y 2 (Meteosat 8 y 9)

Channels	Nominal central wavelenght (µm)	Nominal spectral band (µm)	Radiometric noise	αf	Heritage
VIS 0.6	0.635	0.56 - 0.71	S/N 10	1% albedo	Similar to AVHRR
VIS 0.8	0.81	0.74 - 0.88	S/N 7	1% albedo	Similar to AVHRR
IR 1.6	1.64	1.50 - 1.78	S/N 3	1% albedo	Similar to AVHRR
IR 3.9	3.92	3.48 - 4.36	0.35 K	300 K	Similar to AVHRR
IR 8.7	8.70	8.30 - 9.10	0.28 K	300 K	New
IR 10.8	10.8	9.80 - 11.80	0.25 K	300 K	Similar to AVHRR
IR 12.0	12.0	11.00 - 13.00	0.37 K	300 K	Similar to AVHRR
WV 6.2	6.25	5.35 - 7.15	0.75 K	250 K	Water vapour channel as in Meteosat
WV 7.3	7.35	6.86 - 7.86	0.75 K	250 K	Water vapour channel as in Meteosat
IR 9.7	9.66	9.38 - 9.94	1.50 K	255 K	Ozone absorption channel as in HIRS
IR 13.4	13.40	12.40 - 14.40	1.80 K	270 K	CO_2 absorption channel as the GOES-VAS sounder
HRV		0.6 - 0.9	S/N 1.2	0.3% albedo	Broad and visible channel at current Meteosat VIS

Resolución espacial: 3 Km los IR y 1Km los VIS
Resolución temporal: 15 minutos.

TABLA III.18. *Características de los satélites METEO-SAT de segunda generación.*

III.11.3.6.2. *Satélites meteorológicos heliosíncronos de órbita polar*

Este tipo de satélite de órbita polar pertenecía a programas estadounidenses más antiguos que los geoestacionarios: desde abril de 1960 en que se pone en marcha el programa TIROS con el lanzamiento del TIROS-1 se dispone de imágenes de mayor resolución espacial aunque mucha menor temporal. Desde 1978 pasó a denominarse al proyecto con el nombre de la agencia estadounidense que lo explotaba (NOAA). Sus órbitas oscilan entre 833 y 870 km de altitud, generalmente cubiertas por dos satélites en posiciones complementarias y girando en direcciones opuestas: una órbita ascendente y la otra descendente, respecto al plano ecuatorial, que recogen imágenes de última hora de la noche y de primera de la tarde respectivamente, para hacerlas coincidir aproximadamente con las horas del día en que se suelen producir las temperaturas mínimas y máximas en cada lugar. La operatividad de estos satélites es bastante prolongada: actualmente están operativos los satélites del programa NOAA números 12, 14, 15, 16...

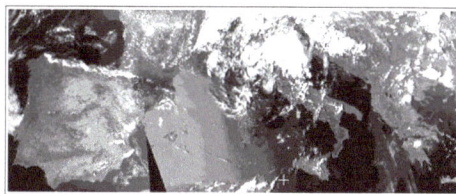

FIG. III.117. *Mosaico de imágenes del Mediterráneo septentrional captadas por el NOAA-16.*

En julio de 2006 la Agencia Espacial Europea lanzó su primer satélite meteorológico de órbita polar, el *METOP-A* (órbita descendente de la mañana), primero de tres que se piensan poner en órbita polar hasta el 2020, con una vida media de cinco años cada uno. El METOP-A consta de varios instrumentos y sensores:

- – AMSU-A (Advanced Microwave Sounding Unit-A) que es un sensor radar.
- – GRASS (Receiver for Atmospheric Sounding) para seguir la evolución de la atmósfera.

– GNSS (Global Navigation Satellite System).
– SRP (Search and Recue Package).

Trabajará coordinado con el último de los NOAA, el NOAA-18 (órbita ascendente de la tarde), en un sistema unificado de satélites de órbita polar, dentro del proyecto IJPS (Initial Joint Polar –orbiting operational satellite– System). En los próximos catorce años la ESA tiene previsto lanzar otros dos METOP.

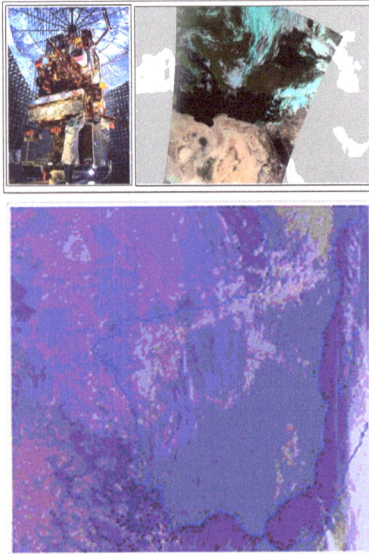

Fig. III.118. *Fotografía del satélite METOP-A. Imagen captada del Mediterráneo Oriental. Imagen captada de la Península Ibérica.*

Los NOAA portan varios sensores y de diverso tipo: AVHRR, TOVS, ERBE, SBUV/2, etc. De ellos el más utilizado es el *AVHRR* (Avanced Very High Resolution Radiometer) que se puso en funcionamiento por primera vez en 1979 en el NOAA-6. Es un radiómetro de *barrido multiespectral*. Su resolución espacial es de 1,1 km en el entorno del punto subsatélite, decreciendo hacia los extremos del barrido hasta 6,5 km. Los formatos de sus imágenes son variados (HRPT, LAC, GAC, GVI, APT).

Cubren la información en 5 canales o bandas:
– Dos canales en el espectro visible. Canal 1: 0,58-0,68 μm y canal 2: 0,72-1,10 μm.

– Un canal en el IR medio. Canal 3: 1,58-1,64 μm. (en el satélite de órbita ascendente nocturno varía: 3,55-3,93 μm).
– Dos canales en el IR térmico. Canal 4: 10'3-11,3 μm y canal 5: 11,5-12,5 μm.

AVHRR/1[1]		AVHRR/2[2]		AVHRR/3[3]		
					Diurna	Nocturna
1	0,58-0,68	1	0,58-0,68	1	0,58-0,68	0,58-0,68
2	0,72-1,10	2	0,72-1,10	2	0,72-1,10	0,72-1,10
3	3,55-3,93	3	3,55-3,93	2	1,58-1,64	3,55-3,93
4	10,3-11,3	4	10,3-11,3	4	10,3-11,3	10,3-11,3
		5	11,5-12,5	5	11,5-12,5	11,5-12,5
Resolución espacial: todos 1,1x1,1km (en el nadir)						

Tabla III.19. *Características de los sensores AVHRR de los satélites NOAA.*

Hasta hace poco tiempo las imágenes NOAA han sido, junto a las LANDSAT, las más utilizadas por sus grandes ventajas que radican en el equilibrio entre sus relativamente altas resoluciones espacial y temporal, su cobertura mundial, su fácil acceso (incluso de modo directo por el usuario) y su gratuidad. Estas ventajas superan a sus desventajas que radican en la dificultad de las correcciones atmosféricas necesarias, a causa de las excesivas distorsiones geométricas en los extremos de cada barrido; y su escasa resolución radiométrica, sobre todo del canal 3. En todo caso, pronto se utilizaron sus imágenes para muchas aplicaciones más que para su originario fin meteorológico.

Sus sensores *TOVS* y *TOMS* para el estudio del ozono permiten deducir su distribución en altura en la atmósfera y el seguimiento de la evolución y tamaño de los agujeros polares.

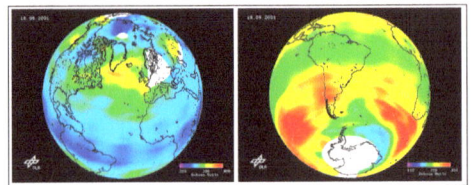

Fig. III.119. *Extensión de los agujeros en la capa de ozono obtenida desde imágenes captadas por el sensor TOVS del NOAA.*

Una variedad de satélites polares pero de una definición especial son los de aplicación puramente militar que abrieron la utilización de sus imágenes para uso civil desde no hace mucho tiempo. El programa más ambicioso es el de EE.UU., agrupando lo que se conoce como DMSP (Defense Meteorological Satellite Program) con fines de análisis meteorológico para usos militares, que incorpora sensores como el *OLS* (Operational Linescan System) de vídeo y barrido, que trabaja en el espectro visible entre 0,5 y 0,9 m con una resolución de 560 m y altísima sensibilidad para la captación de luces artificiales y nubes durante la noche, y las capas medias y altas de la atmósfera; o el pasivo de microondas SSM/1 (Special Sensor Microwave Imagen). En el año 2005 estaba previsto lanzar el último de los satélites de este programa.

Son tan altas sus sensibilidades a la luz y al calor que facilitan la captación de las iluminaciones artificiales nocturnas urbanas y demás núcleos de población, de manera que permiten realizar correlaciones demográficas espaciales y por tanto estimaciones de la población. También detecta muy bien focos térmicos de no muy alta intensidad.

Otro tipo de sensor incorporado en satélites meteorológicos heliosíncronos de órbita polar son los que detectan vegetación oceánica, oleajes marinos y deducen vientos, como el *SEAWIFS*, que tiene una cobertura simultánea de 2.800 km cada 24 horas, mediante sus 6 canales o bandas en el espectro visible (C1: 0,402-0,422 μm; C2: 0,433-0,453 μm; C3: 0,48-0,5 μm; C4: 0,5-0,52 μm; C5: 0,545-0,565 μm; C6: 0,66-0,68 μm) y sus 2 canales en el IR próximo (C7: 0,745-0,785 μm; C8: 0,845-0,885 μm). Estos canales dan una resolución espacial subsatélite de 1,6 Km.

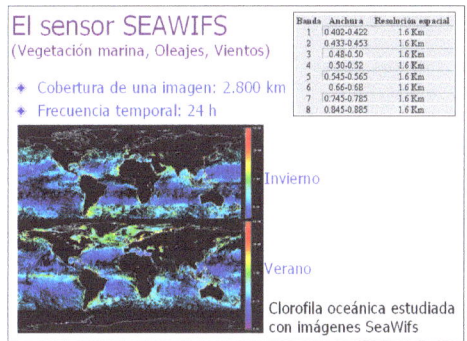

Fig. III.122. *Características del sensor SEAWIFS.*

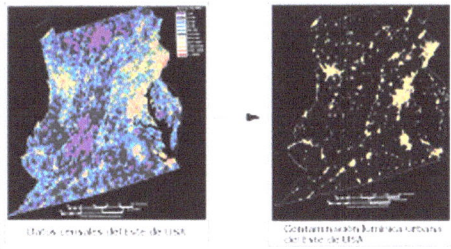

Fig. III.120. *Correspondencia entre un mapa de población y la imagen de la contaminación lumínica urbana de la misma zona captada por un satélite DMSP.*

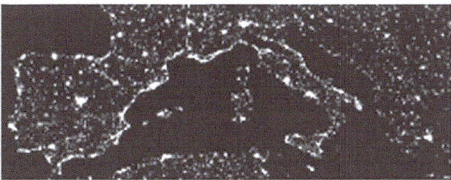

Fig. III.121. *Focos urbanos de luz artificial captadas en el Mediterráneo por un satélite DMSP.*

III.11.3.6.3. Últimas generaciones de satélites de órbita polar

1. Satélites TERRA, AQUA y AURA. En diciembre de 1999 se pusieron en marcha los proyectos más ambiciosos que se han diseñado por la NASA, en consorcio con Japón y Canadá, para constituir un *sistema global de observación de la Tierra*, denominado EOS (Earth Observing System), que permitiera el seguimiento y estudio de la distribución de aerosoles, nubes, incendios, erupciones volcánicas, distribución y estado de las cubiertas vegetales, mantos de hielo y nieve, y las temperaturas del mar y de tierra firme. Fundamentalmente se planeó este proyecto para determinar con la mayor precisión posible el papel de los océanos y el de los cambios de usos del suelo en el *cambio climático*. Este sistema global de observación se basa en tres tipos de satélites, encuadrados en tres

proyectos con un satélite cada uno: TERRA, AQUA y AURA. Son satélites de órbitas helio-síncronas con una altura de 705 km que tienen su cruce con el plano ecuatorial (lo que se conoce como *nodo* del satélite) a las 10:30 horas solares.

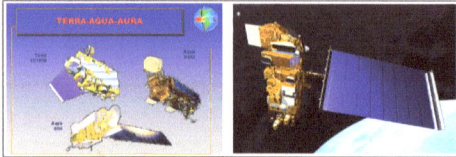

FIG. III.123. *Proyecto TERRA-AQUA-AURA.*

Portan varios tipos de sensores: MODIS, ASTER, MISR, CERES y MOPITT.

– El sensor *MODIS* (Moderate resolution Imaging Spectroradiometer) es muy utilizado para Cartografía. Es el primer sensor hiperespectral que ha existido sobre satélite y consta de 36 canales o bandas con distintas resoluciones espaciales:
  • Las bandas 1 y 2 (visible e IR próximo): *250 metros* de resolución.
  • Las bandas 3 a 7 (verde y varias SWIR): *500 metros.*
  • Las bandas 8 a 36 (12 bandas desde el Visible hasta el IR próximo [0,4-9,9 µm] y 6 bandas desde el IR medio hasta el IR Térmico [10,78-14,38 µm]): *1.000 metros.*

Su cobertura o área de barrido es de 2.300 km, con un periodo que permite cubrir a todo el Planeta cada día y facilita por lo tanto una imagen de todo el planeta diaria.

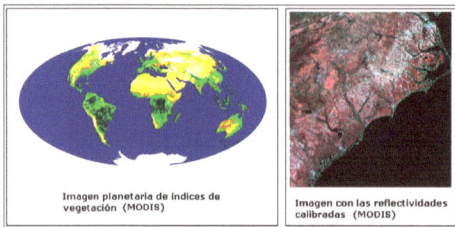

FIG. III.124. *Imagen planetaria de la vegetación y de la costa de Carolina suministradas calibradas por el sensor MODIS.*

Los datos que suministran las imágenes están ya calibrados.

Existe una libre disposición de las imágenes, gracias al sistema DAAC (Distributed Active Archive Center Alliance), en la página «web»: http://daac.gsfc.nasa.gov

– El sensor *ASTER* (Advanced Spaceborne Thermal Emission and Reflection Radiometer) fue construido por Japón, que a su vez distribuye las imágenes y datos que suministra, para el satélite TERRA. Es uno de los sensores con mayores resoluciones espaciales y trabaja en 15 canales o bandas:
  • 3 bandas (verde, rojo y dos desdoblados en IR Próximo que permiten visión estereoscópica): 15 metros de resolución espacial.
  • 6 bandas en el IR Medio de onda corta –SWIR–: 30 metros.
  • 5 bandas en el IR térmico: 90 metros.

Su inconveniente es que solo recoge datos durante algunos minutos en cada órbita. A causa de esto, tendrán que transcurrir varios años antes de poder obtener un mosaico de todo el planeta para realizar el MDE global de mayor resolución de los existentes hasta ahora (15 metros).

Se dispone de información en: http://visibleearth.nasa.gov

FIG. III.125. *Imagen de la bahía de Algeciras suministrada por el sensor ASTER.*

– El sensor *CERES* (Clouds and the Earth's Radiant Energy System) mide el balance de radiación global de la Tierra, mediante tres canales o bandas: VIS (espectro visible), IRT (infrarrojo térmico) y un tercero global que cubre todo su espectro de trabajo (0,3-100 μm) y mide el flujo de radiación completo. Estos tres canales captan el espacio desde dos ángulos de barrido diferentes para detectar perfiles atmosféricos.

– El sensor *MISR* (Multi-angle Imaging Spectometer) obtiene desde nueve ángulos distintos (26°, 45°, 60°, 70°, etc. incluido el vertical o nadiral) el conjunto de imágenes simultáneas de cada sector de la superficie terrestre que capta hacia delante y hacia atrás de su recorrido, con una anchura de 360 km. La resolución espacial es variable en función al ángulo de captura, siendo en el nadir de 275 metros.

Trabaja en cuatro canales o bandas espectrales: azul, verde, rojo e IR próximo.

Su capacidad multiangular permite analizar el espesor óptico de la atmósfera y la cantidad, tipo y altura de las nubes en distintos niveles o estratos atmosféricos.

Fig. III.126. *Sensor MISR de Terra. Tormenta de arena sobre las Islas Canarias.*

– El sensor *MOPITT* (Measurements Of Pollution In The Troposphere) fue diseñado para el estudio de la baja atmósfera y sobre todo la interacción del Sistema Tierra-Océano. Mediante sus datos se puede seguir la distribución, el transporte, las fuentes y los sumideros de los contaminantes atmosféricos. Esto se realiza basándose en el uso de técnicas de correlación espectroscópica de gases, que consisten en hacer pasar las radiaciones por unas cámaras existentes en el satélite que contienen monóxido de carbono (CO) y metano (CH_4) para compararlas con las radiaciones directas sin pasar por dichas cámaras.

Trabaja en tres canales o bandas en el IR medio que recogen imágenes de áreas de 640 km con una resolución espacial de 22 km.

Fig. III.127. *Contenido de CO_2 y CH_4 en la baja atmósfera facilitado por la absorción diferencial de dichos gases en el sensor MOPITT de Terra.*

2. Satélite EO-1 (Earth Observing-1)

Dentro de un programa denominado *Nuevo Milenio*, el primer satélite denominado EO-1 fue lanzado por EE.UU. el 21 de noviembre de 2000, con el propósito de que sea el continuador del LANDSAT-7 ETM+, para lo que se situó en la misma órbita y altura (705 km) y con la misma inclinación del plano orbital (98°) que éste, pero con un desfase de 1 minuto. Es de menor peso que el LANDSAT. Tiene igualmente una órbita heliosíncrona y polar.

Fig. III.128. *Satélite EO-1.*

Está dotado de 3 sensores multiespectrales e hiperespectrales: ALI, AC e HYPERION.

– El sensor *ALI* (Advanced Land Imager) capta imágenes en 10 bandas del espectro radiométrico; es decir, dos más que el Landsat: una banda nueva en pancromático con una resolución de 10 metros; dos que desdoblan la antigua TM-1 del LANDSAT-7; otras dos que se corresponden con los canales TM-2 y TM-3 del mismo; otras dos bandas que desdoblan la TM-4; otras dos que desdoblan la TM-5; y, por último, una banda que se corresponde con la TM-7. No tiene ninguna banda equivalente a la TM-6 del LANDSAT-7. Las 9 bandas multiespectrales tienen la misma resolución que las del LANDSAT-7, es decir, 30 metros.

Band	Wavelength (mm)	Spatial Resolution (m)
Pan	0.480-0.690	10
MS-1*	0.433-0.453	30
MS-1	0.450-0.515	30
MS-2	0.525-0.605	30
MS-3	0.630-0.690	30
MS-4	0.775-0.805	30
MS-4*	0.845-0.895	30
MS-5*	1.200-1.300	30
MS-5	1.550-1.750	30
MS-7	2.080-2.350	30

Fig. III.129. *Características del sensor ALI del satélite EO-1.*

– El sensor *AC* en realidad es un *corrector atmosférico* que trabaja en el intervalo de 0,85-1,5 µm para calibrar la distorsión atmosférica de los otros sensores y sirve también para estudiar el contenido del vapor de agua atmosférico.

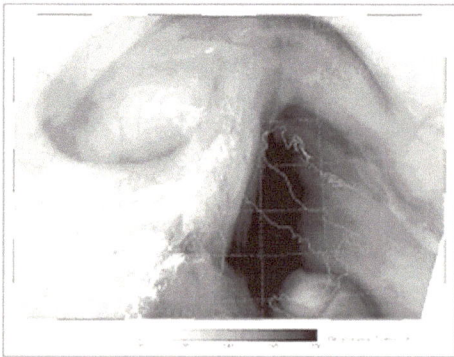

Fig. III.130. *Temperatura de brillo (canal 27) del Mediterráneo septentrional facilitada por el sensor AC del satélite EO-1.*

– *HYPERION* es un sensor *hiperespectral* que trabaja en el intervalo entre 0,4-2,5 µm, repartido en 220 bandas con una resolución espacial de 30 metros. Recoge simultáneamente 220 imágenes de una escena de la superficie terrestre de 7,5 x 100 km.

Fig. III.131. *Sensor HYPERION del satélite EO-1.*

III.11.3.7. *Otros programas nacionales*

Muchos países van progresivamente diseñando programas propios y poniendo en órbita sus satélites.

Por ejemplo, el MOS (Marine Observation Satellite), primer satélite *japonés* que fue lanzado en 1987 y al que siguió el MOS-2 en 1990 que estuvo operativo hasta 1996. Portaban tres sensores:

a) El *MESSR* (Multispectral Electronic Self-Scanning Radiometer) con 4 bandas (2 en el segmento espectral visible y 2 en el IR próximo) y una resolución espacial de 50 metros.

b) El *VTIR* (Visible and Thermal Infrared Radiometer) con 1 banda en el visible de 900 m de resolución y 3 en el infrarrojo térmico con una resolución de 2.700 m.

c) El *MSR* (Microwave Scanning Radiometer) con dos bandas en el intervalo de las microondas (una en una frecuencia de 23 GHz con resolución de 32 km y otra en la frecuencia de 31 GHz con 23 km de resolución).

En 1996 Japón lanzó el satélite ADEOS que solo funcionó durante un año y portaba un sensor *TOMS* para el estudio del ozono estratosférico.

Rusia posee una gran cantidad de satélites. Tiene en órbita satélites meteorológicos, tales como el METEOR-3 que porta cámaras de vídeo, o el GOMS, muy parecido a los METEOSAT de 1.ª generación (3 bandas), situado en 0° latitud y 76°50' longitud.

También dispone de satélites heliosíncronos para el estudio de los recursos naturales, como el RESURS, que es un satélite cuyas características se encuentran entre las de los LANDSAT MSS y los NOAA.

Corea del Sur lanzó en 1999 el KOMPSAT-1.

Brasil tiene el proyecto CBERS cuyo satélite porta 3 sensores que trabajan en 4 bandas.

Argentina controla el satélite SAC-C que trabaja en 5 bandas con una resolución entre 175 y 300 m y con el que se estudian muy bien los campos geomagnéticos.

III.11.4. LOS SENSORES HIPERESPECTRALES

Hasta hace poco estos sensores que trabajan captando imágenes simultáneas en muchas bandas (hasta el orden de las centenas) y, por tanto, son de muy alta resolución espectral, solo se portaban sobre aviones, dentro de misiones muy concretas y vuelos programados. En la actualidad ya se portan en algunos satélites.

Los más utilizados en los *aviones* son:
- Sensor *HIRIS* (High Resolution Imaging Spectrometer) con 192 canales en el visible y en el IR próximo de una alta resolución espacial que se aplica a estudios de vegetación y mineralogía.
- Sensor *AVIRIS* (Airbone Visible-Infrared Imaging Spectrometer) en uso desde 1995 sobre aviones U-2 con 224 canales entre 0,4 y 2,5 μm con una resolución radiométrica de 12 bits, y una resolución espacial de 5 a 20 m (depende de la altura de vuelo). Se aplica al estudio de cubiertas vegetales en general y forestales en particular, llegando incluso a poder determinarse con su utilización la edad de las plantaciones.
- Sensor *DAIS* (Digital Airbone Imaging Spectrometer) diseñado en Alemania con 79 canales que trabajan en el intervalo espectral visible y en el IR térmico.
- Sensor *CASI* (Compact Airbone Spectrographic Imagen) diseñado en Canadá con 228 bandas entre 0,4 y 1 μm.
- Sensor *HyMap* de Australia con 125 bandas entre 0,4 y 2,5 μm.

Cada vez existen más sensores hiperespectrales transportados en *satélites*, como el *MODIS* (36 bandas) o el *HYPERION* (220 bandas entre 0,4 y 2,5 μm); el *MERIS* a bordo del satélite ENVISAT; el *ALI*; o el más reciente *WARFIGHTER-1* en el satélite ORBVIEW-4.

III.11.5. PROGRAMAS DE SATÉLITES CON RADAR

Existe una gran variedad y de distintos países, como SEASAT, ALMAZ, SIR, ERS (ENVISAT), RADARSAT o JERS.

El SEASAT fue lanzado en 1978 con polarización H-H y una resolución espacial de 25 m. Estaba dotado de un altímetro de precisión y se diseñó para aplicaciones marinas, en concreto para realizar medidas de precisión del geoide en los mares; medir las alturas del oleaje; detectar las corrientes marinas; y los bancos de arena para la navegación. Dejó de funcionar 99 días después de su lanzamiento. Además de su objeto principal, servía con eficacia para localizar accidentes geológicos y otros tipos de coberteras como las vegetales o las urbanas.

El ALMAZ ruso fue puesto en órbita en 1991 y sucedió a otro similar (el COSMOS, lanzado en 1970). Está dotado de un SAR (sensor de apertura sintética). Trabaja en la banda *S* del intervalo del espectro de las microondas. Cada escena cubre 30 x 40 km con una resolución espacial de 10-15 m. Capta ángulos entre 30° y 60°. La información la facilita en formato digital.

El JERS-1 fue lanzado por Japón en 1992 y dejó de emitir en 1998. Fue sustituido en 2003 por el ALOS (Advanced Land Observing System). Trabajaba en la banda *L* de microondas, en polarización H-H, con un ángulo de observación de 35°. Cada imagen cubre áreas de 75 x 75 km con una resolución de 20 metros. Incorporaba un sensor óptico de 8 bandas (el OPS) que permitía levantamientos estereoscópicos con 18 metros de resolución.

III.11.5.1. *Programa ERS*

El ERS (European Remote-Sensing Satellite) fue el primer programa de satélites de observación no geoestacionarios con diseño propio y puesto en órbita por la *ESA (Agencia Espacial*

Europea). El primero de la serie (ERS-1) se lanzó al espacio en 1991 con objeto de complementar las imágenes de LANDSAT y SPOT. En 1995 se puso en órbita el segundo de la serie (ERS-2) para el seguimiento de hielos e icebergs y para estudios oceanográficos en general. Sus tamaños eran grandes (12 x 12 x 2,5 m) y sus pesos considerables (2.400 kg). La altura de sus órbitas era de 780 km.

Fig. III.132. *Satélite radar ERS.*

Portan dos sensores radar y uno térmico: AMI, ALTÍMETRO y ATRS (el ERS-2 tenía además el sensor GOME):

– Sensor *AMI* (Active Microwave Instrument). Es un *radar* de imágenes que trabaja en la banda *C* de microondas (5,3 GHz) con polaridad vertical. Tiene una alta resolución espacial (6-30 m) y llega a una profundidad bajo el suelo de 26 metros. Cada escena cubre un área de 102 km² y trabaja bajo un ángulo de 23°. Su inconveniente es que solo se pone en actividad durante 12 minutos en cada órbita (justo cuando pasa sobre sus estaciones terrenas y puede enviar la información). Su aplicación fundamental es el estudio del oleaje, pero puede realizar funciones de dispersómetro y medir la dirección e intensidad de los vientos marinos. Esto último lo realiza mediante tres antenas que emiten con distinto ángulo y cubren áreas oceánicas de 500 km de ancho con una resolución espacial de 45 km.

– Sensor *ALTÍMETRO*. Este altímetro es también un *radar* que trabaja en la banda *K* (13,8 GHz) con observaciones verticales, permitiendo el cálculo de las alturas de las olas con 10 cm de precisión. También se

utiliza mucho para calcular los espesores de los hielos polares.

– Sensor *ATRS* (Along Track Scanning Radiometer: radiómetro de trayectoria permanente escáner). Es un sensor *térmico* que diferencia 4 bandas en SWIR, IR medio e IR térmico. El ERS-2 porta el *ATRS-2*, mejorado con dos ángulos de observación y un añadido de tres bandas más en el visible y una en el IR próximo; es decir, tiene 8 bandas. Permite medir la temperatura con una precisión de 0,1 °Kelvin y cubre una escena de un área de 500 x 500 km con una resolución de 1 km.

– Sensor *GOME* (sólo en el ERS-2) (Global Ozone Monitoring Experiment). Es un sensor especial para el estudio en la atmósfera del ozono, el dióxido de nitrógeno y de oxígeno.

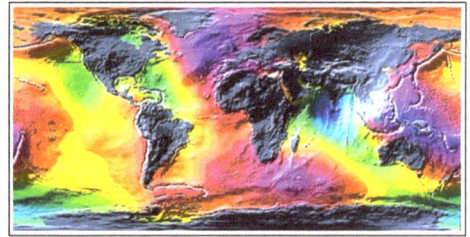

Fig. III.133. *Alturas medias de los océanos obtenidas con ERS.*

Fig. III.134. *Anomalías gravimétricas en el océano Índico obtenidas con ERS.*

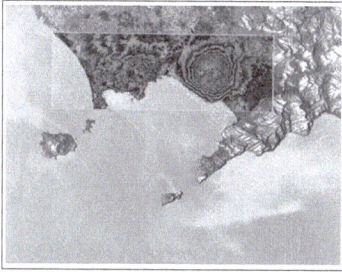

Fig. III.135. *Interferometría del golfo de Nápoles realizada con ERS.*

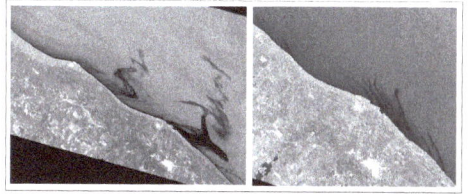

Fig. III.136. *Seguimiento de vertidos litorales de petróleo en La Plata (Argentina) realizado con RADARSAT.*

Recientemente se ha puesto en orbita el satélite ENVISAT, que continúa las observaciones de los ERS en su principal aplicación de estudio de la química atmosférica y oceanográfica. No sólo permite seguir la evolución de la temperatura del mar y de la capa de ozono sino que realiza auténticos perfiles de la atmósfera y de todos sus parámetros (temperatura, presión, vapor de agua y balance de radiación). También es heliosíncrono con un periodo de retorno de 35 días en una órbita de 800 km de altitud. Porta tres sensores:

– *ASAR*, que es un *radar* de apertura sintética avanzado.
– *MERIS*, que es un sensor *hiperespectral*.
– *AATRS*, que es un sensor *térmico* ATRS avanzado.

III.11.5.2. *Programa RADARSAT*

El satélite RADARSAT es el primero de tecnología completamente *canadiense*. Fue puesto en órbita en noviembre de 1995 a 798 km de altura, en un plano orbital con una inclinación de 98° sobre el plano ecuatorial. Es un radar de funcionamiento muy flexible que trabaja en la banda *C* (5,3 GHz) –como los ERS– con polarización horizontal. Cubre áreas entre 50 y 500 km con una resolución espacial de entre 11 y 100 m, con ángulos de observación entre 20° y 50°.

En 2003 se lanzó el RADARSAT-2 que mejoraba la resolución espacial hasta 3 m ampliaba sus escenas a 20-500 km; y utilizaba multipolarización (varios grados de polarización entre la vertical y la horizontal).

III.11.5.3. *Misiones especiales*

Los Estados Unidos han diseñado varias misiones utilizando las *lanzaderas*, plataformas que sirven a la vez para volar dentro de la atmósfera como los aviones y desplazarse en el espacio exterior como los satélites[152]. De estas misiones especiales las más importantes han sido las del SPACE SHUTTLE en 1981, 1984 y 1994, con sensores *SIR* (Sirius): *SIR-A* y *SIR-B* que trabajan en la banda *L* de microondas, polarización horizontal (H-H) y resolución entre 25 y 40 metros; el primero con un ángulo de 47° y el segundo con ángulos de 15°-60°. Un tercero es el *SIR-C* que trabaja en tres bandas de microondas (*L, C* y *X*), bajo un ángulo de observación variable entre 20° y 55°, con polarización horizontal y vertical, resolución espacial entre 20 y 30 m, y una grabación digital de los datos.

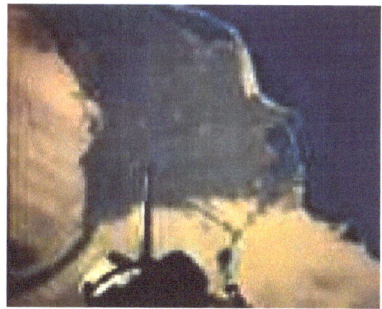

Fig. III.137. *Imagen de la cola de la Space Shuttle y al fondo el delta del Nilo.*

[152] Además de portar sensores, una misión fundamental actual de las lanzaderas es colocar en órbita a los satélites artificiales.

FIG. III.138. *Fondo marino en el entorno de la isla Isabela (Galápagos-Ecuador) obtenido con el sensor SIR-C de la lanzadera SPACE SHUTTLE.*

Sin embargo, puede calificarse como fundamental para el desarrollo de la Cartografía la misión realizada en el año 2000, durante once días, por el transbordador ENDEAVOUR, en los que realizó 176 órbitas alrededor de la Tierra. El proyecto tuvo como objetivo la confección de un MDE (Modelo Digital de Elevaciones) de la superficie de toda la Tierra. Esta misión es conocida por su acrónimo SRTM (misión de topografía desde un transbordador). Se basaba en 2 antenas radar separadas 60 metros entre sí para realizar los levantamientos mediante interferometría. La misión ENDEAVOUR puede seguirse en la web: http://photojournal.jpl.nasa.gov/targetFamily/Earth. Algunas de las imágenes obtenidas pueden verse en http://seamless.usgs.gov.

III.11.6. LOS PROGRAMAS DE POSICIONAMIENTO

Uno de los mayores problemas que a lo largo de la historia humana se ha intentado solucionar es el de la determinación lo más exacta posible de la propia posición (situación y localización), así como de objetos y lugares, sobre la superficie terrestre respecto a los sistemas de líneas y puntos de referencia como meridianos, paralelos, polos, etc. Éste ha sido un problema que ha ido evolucionando en sus soluciones, pero siempre sobre la base de considerar puntos referenciales. Primero con medidas angulares respecto a astros de trayectorias bien conocidas (Sol, Estrella Polar, etc.); luego con referencias existentes en la propia superficie terrestre de ubicación bien conocida (cabos, montes, etc.); y, por último, mediante señales de radio.

En el siglo XX, durante la Segunda Guerra Mundial, se inventó el *radiogoniómetro* que permitía localizar y situar una fuente de radiación de ondas electromagnéticas, captada desde distintos puntos. La localización del ángulo que forma con el Norte (el geográfico o el magnético) la línea que pasa por el punto del foco emisor y el punto receptor se realiza mediante la orientación angular de la antena receptora hasta recibir la máxima cantidad o intensidad eléctrica de la señal radioeléctrica y la mínima; ambos puntos de la circunferencia determinan dicha línea. Así mismo, mediante la emisión de señales a distintas frecuencias y longitudes de onda desde distintos lugares geográficos se puede localizar el punto en el que se localiza el receptor.

Al gran avance tecnológico del radiogoniómetro se unían los *radiofaros direccionales*, las *radiobalizas* y los *lóranes* (LORAN: LOng RAnge Navigation); todos ellos, basados en la emisión de ondas electromagnéticas, lo que facilitó mucho la navegación marítima y la aérea.

La localización del punto-problema se basa en todos los casos en la utilización de un sistema matemático de triangulación por el que, conociendo las distancias desde dicho punto a otros tres de ubicación conocida y trazando tres circunferencias con centro en cada uno de los tres puntos y radio igual a la distancia desde cada uno de ellos, se determina la localización del primero en el lugar en que se corten las tres circunferencias[153]. El sistema de triangulación mediante circunferencias obliga a la situación

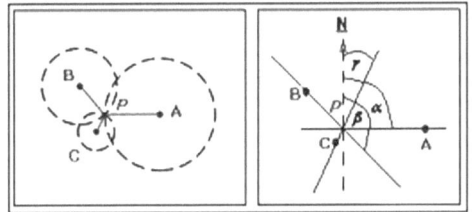

FIG. III.139. *Sistema de la determinación de un punto por el método de triangulación, conocidas las distancias y sin conocerlas.*

[153] En navegación no es fácil conocer las distancias a cada punto de los tres de control, pero sí el ángulo que forma la línea que une cada uno de ellos con el que se trata de determinar. Trazando las tres líneas obtendremos la ubicación del navegante en el punto en que se corten.

de los cuatro puntos o sus proyecciones verticales en un mismo plano, por lo que solo facilita las coordenadas bidimensionales, bien geográficas (latitud y longitud) o de cualquier otro sistema de proyección (UTM, Lambert, etc.).

Hasta el último tercio del siglo XX se utilizaron pulsos de señales de radio analógicas emitidas por estaciones litorales terrestres en modulación de amplitud (AM) que se veían bastante afectadas por las interferencias y los problemas producidos por la atmósfera, especialmente por la ionosfera. Después se utilizaron las frecuencias de longitudes de onda ultracortas (UHF) y la modulación de las señales en frecuencia (FM), consiguiendo mayor direccionalidad rectilínea en las señales y menores problemas e interferencias en su transmisión. También se intentó aminorar los problemas debidos al contenido iónico de la atmósfera y a la curvatura de la superficie terrestre mediante la situación de los emisores de ondas en el espacio exterior, portados por plataformas (satélites artificiales) que describen órbitas repetidas alrededor de la Tierra; y, junto a esto, con la transmisión de señales digitales.

FIG. III.140. *Esquema de un sistema de satélites para el posicionamiento de puntos terrestres.*

La implantación de un sistema o constelación de satélites artificiales orbitando de forma controlada y armónica alrededor del planeta permite la aplicación de un sistema de cálculo matemático, basado en la triangulación esférica, que facilita no solo la ubicación de cualquier punto geográfico mediante sus coordenadas en el sistema bidimensional de referencia elegido (geográfico, UTM, Lambert, etc.), sino la tercera dimensión de su localización; es decir, su altitud.

Además evita, en mayor medida, trayectos largos de los pulsos dentro de la atmósfera que, como ya hemos mencionado, es la mayor causante de problemas de transmisión.

Tras una larga experiencia aeroespacial desde que en 1957 se lanzó el primer satélite artificial[154], en los años noventa del siglo pasado entraron en funcionamiento dos sistemas diseñados exclusivamente para permitir ubicaciones: el GPS estadounidense y el Glonass ruso que, hasta la próxima entrada en funcionamiento del sistema europeo, son los dos únicos existentes en la actualidad. Ambos comenzaron a dar servicio en 1993 con unas características parecidas:

– GPS (Global Positioning System: Sistema de Posicionamiento Global)

El servicio de la Defensa de los Estados Unidos de América fue el impulsor del proyecto con fines exclusivamente militares: la ubicación precisa de sus objetivos de destrucción y el guiado de los misiles utilizados para ello[155]. Este origen militar hizo que se programaran errores de cálculo en la emisión codificada de las señales de los satélites que para quienes fuesen conocidos podían ser compensados, pero para quienes no supieran sus valores obtenían ubicaciones erróneas. El progresivo uso civil del sistema hizo que en el año 2000 se eliminasen los errores inducidos, aunque pueden ser reimplantados para las zonas concretas de la Tierra que entren en conflicto bélico. Los satélites actualmente en órbita pertenecen a una segunda generación denominada «Block II».

El sistema consta de 24 satélites que circunvalan la Tierra en 6 órbitas polares distintas (cuatro satélites por órbita) que tienen un radio o distancia a la superficie terrestre de 21.690 km. Esto hace que una mayoría de los lugares del planeta estén cubiertos por el sistema: cada satélite da dos vueltas completas cada día; por eso, por encima del horizonte de los lugares cubiertos siempre hay visibles un mínimo imprescindible de 4, y casi siempre entre 6 y 8.

---

[154] El satélite Sputnik soviético que emitía pitidos o pulsos de onda con una cadencia regular.
[155] Algo similar ocurrió con la red Internet.

Cada satélite pesa 860 kg y despliega paneles solares para la alimentación eléctrica de sus componentes y circuitos electrónicos. Está equipado con un emisor de señales en alta frecuencia codificadas digitalmente; un sistema de computación; otro de navegación controlado desde las estaciones terrenas; y un reloj atómico de cesio de muy alta precisión (1 s/30.10⁵ años).

Su sistema de triangulación esférica permite la ubicación tridimensional de cualquier lugar de la superficie terrestre o de su atmósfera. En este caso no se consideran triangulaciones mediante circunferencias sino mediante esferas móviles (las ondas son omnidireccionales e isotrópicas), cuyos centros son cada satélite y sus radios las distancias entre cada satélite y el lugar donde esté situado el receptor. Con el cruce de dos esferas se configura un anillo o circunferencia en la que estará situado el punto a ubicar, y con el cruce de una tercera esfera que corte a las otras dos se configuran dos puntos: uno en el espacio exterior y otro, que es el que interesa, en la superficie terrestre. El cruce de 4 esferas permite determinar la altitud del punto sobre el esferoide terrestre, cuyas características incorpora el receptor como información auxiliar a computar junto a los datos del tiempo que tarda el pulso de los emisores en llegar al receptor y, por tanto, la distancia que media entre ellos. Los problemas de retardo de las señales (diferencias de la velocidad de las señales con la velocidad de la luz)[156], producidos por el estado iónico de la atmósfera en la dirección satélite-receptor,

son compensados mediante la sincronización del reloj de cesio del satélite y el reloj del receptor GPS, gracias a una señal auxiliar que emite el primero. Este último aspecto corrector, junto a los de los parámetros orbitales que están influidos por las variaciones gravitacionales del Sol, la Tierra y la Luna, se controlan desde las estaciones terrenas.

En cuanto al receptor GPS, la progresiva miniaturización e integración de sus componentes electrónicos ha hecho que su tamaño se reduzca cada vez más; y que su memoria y su capacidad de computación sean, por el contrario, cada vez mayores. Además de realizar las funciones de recepción y descodificación de la transmisión de las señales de los emisores de los satélites, incorpora mapas digitalizados a gran escala topográficos, de carreteras y planos urbanos de gran detalle, para ubicar visualmente en minipantallas o monitores el lugar en el que se encuentra; así como registrar trayectos realizados o proyectados.

Fig. III.142. *Monitor de un receptor GPS con mapas digitales.*

Los receptores pueden ser fijos y portátiles. Los primeros pueden estar soportados por trípodes o mástiles y van sustituyendo a los teodolitos

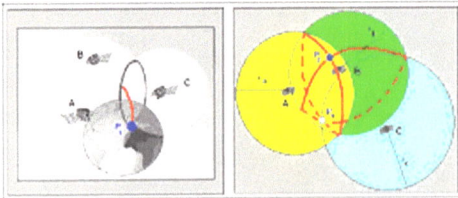

Fig. III.141. *Esquema de un sistema de triangulación de tres esferas de radios igual a la distancia entre cada satélite emisor y el receptor localizado en P_1.*

[156] 300.000 km por segundo.

Fig. III.143. *Receptores en trípodes y mástiles para trabajos de topografía.*

en las labores topográficas de campo, o también pueden situarse en distintos medios de transporte, como automóviles, trenes, embarcaciones, submarinos, aviones, etc.

Fig. III.144. *Monitor de un receptor GPS en automóvil.*

Los segundos son de mano o bolsillo y tienen tamaños similares a los teléfonos móviles, incluso están incorporados a los mismos (Blackberry, Ipod, Iphone, etc.).

Fig. III.145. *Receptores GPS de bolsillo y de mano.*

La precisión estándar es de 100 metros, pero a veces son necesarias precisiones mucho mayores, como, por ejemplo, para las operaciones

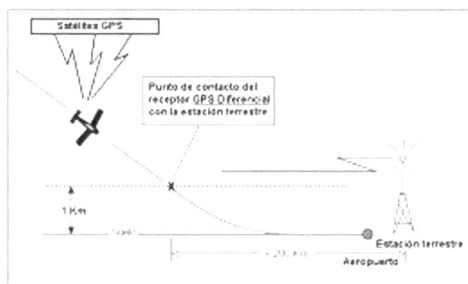

Fig. III.146. *Esquema de funcionamiento de un receptor GPS Diferencial para aproximación de aviones a los aeropuertos.*

de acercamiento y aterrizaje de los aviones en los aeropuertos. En esos casos se dispone de receptores denominados «diferenciales» que, además de la información procedente de parte de la constelación de satélites artificiales (generalmente de ocho), reciben, computan y analizan, con los programas informáticos que incorporan, la que contienen otras señales adicionales de radio, procedentes de estaciones situadas sobre la propia superficie terrestre y situadas en lugares no muy alejados (no más de 200 km) de las ubicaciones que necesitan mayor precisión. Así se alcanzan altas precisiones de hasta 25 cm.

– GLONASS (GLObal NAvigation Satellite System)

Este proyecto ruso puso en órbita su primer satélite en 1982 y entró en servicio al completo en 1993. El sistema también consta de una constelación de 24 satélites, tres de ellos de reserva, que giran alrededor de la Tierra en 3 planos orbitales polares, separados angularmente 120°. Cada órbita está a una distancia de la superficie terrestre de 19.100 km. Cada satélite completa una órbita cada 11 horas y 15 minutos. Sobre el horizonte de cada lugar hay simultáneamente visibles 4 ó 5 satélites, lo que permite una cobertura del 97% de toda la superficie terrestre.

Algunos de los receptores existentes en el mercado pueden trabajar con ambos sistemas (GPS y GLONASS).

– GALILEO

Toma su nombre del astrónomo italiano del siglo xvii Galileo Galilei. Su desarrollo como proyecto depende de la AEE (Agencia Espacial Europea). Su funcionamiento será más similar al GPS que al GLONASS, aunque mejorándolo porque dispondrá de un conjunto de 30 satélites (27 activos y 3 en reserva) que cubrirán completamente toda la superficie terrestre. La altura orbital será de 24.000 km. El origen totalmente civil del proyecto hará que no exista la posibilidad de codificaciones de las señales que produzcan errores inducidos de precisión. El control será compartido por varios países de la UE y su precisión alcanzará los

10 m (10 veces menos que los dos existentes actualmente). Tras la puesta en órbita en diciembre de 2005 del primer satélite (Giove-A: Galileo in orbit validation element), la puesta en servicio del sistema completo estaba prevista para el año 2008, pero distintos problemas políticos, financieros y técnicos han atrasado la fecha de funcionamiento que se espera se produzca entre el 2011 y el 2014, llegando a constar entonces de 36 satélites. Para compensar el retraso, en 2008 se puso en funcionamiento el sistema EGNOSS (European Geostationary Navigation Overlay Service System) que consta de tres satélites geoestacionarios que mejoran la precisión de GPS.